高等院校精品课程系列教材

自动控制理论

卢子广　林靖宇　周永华　编著

机械工业出版社

本书基于系统的输入/输出响应，论述反馈控制原理及其改善系统动态过程和处理系统不确定性的方法。为适应信息时代的控制科学与工程的需要，本书在课程体系与内容上作了较大幅度的更新。全书以控制系统的稳定性为主线，围绕 "动态、建模、互联和不确定性" 4 个重要概念展开。全书共 7 章，包括绪论、动态系统模型、连续时间线性系统的时域分析、线性控制系统的频域分析、线性控制系统的综合与校正、非线性控制系统分析、离散控制系统的基本理论。

本书可作为高等院校自动化、电气工程与信息技术专业本科生的教材，也可作为理工科其他专业学习自动控制理论的本科生、研究生和科技人员的参考书。

图书在版编目（CIP）数据

自动控制理论/卢子广，林靖宇，周永华编著．—北京：机械工业出版社，2009.10 （2017.7 重印）

（高等院校精品课程系列教材）

ISBN 978-7-111-28361-4

Ⅰ．自…　Ⅱ．①卢…②林…③周…　Ⅲ．自动控制理论－高等学校－教材　Ⅳ．TP13

中国版本图书馆 CIP 数据核字（2009）第 170479 号

机械工业出版社（北京市百万庄大街22号　邮政编码100037）

策划编辑：时　静

责任编辑：时　静　吴超莉

责任印制：李　飞

北京汇林印务有限公司印刷

2017 年 7 月第 1 版·第 3 次印刷

184mm×260mm·15.5 印张·382 千字

5001–6000 册

标准书号：ISBN 978-7-111-28361-4

定价：39.00 元

前　言

　　自动控制理论是自动化技术的理论基础。它提供了设计物理系统和信息系统的原理和方法，使这些系统可以自动地适应环境的变化以保持期望的性能。在过去的 50 多年里，随着控制理论取得突破性进展，以及传感技术和计算技术的改善，使得自动化技术能更广泛地服务于经济和国防需求。如今，在工程系统中，自动控制已成为不可或缺的使能技术（Enabling Technology）。

　　近 20 年来，随着计算机、通信和传感器技术的发展，控制原理和方法的应用机遇快速增长。自动化设备的价格日渐低廉并且无所不在，拥有嵌入式处理器、传感器和网络硬件的设备越来越多，这使开发具有一定智能和高性能的机器成为可能，并将大大影响我们生活的每一方面，不但包括各种生活必需品，而且包括我们生存的环境。

　　2000 年，美国空军科研部（Air Force Office of Scientific Research）邀请世界各国一些著名控制专家成立了一个委员会，研讨 21 世纪控制科学的未来方向，于 2002 年 6 月发布了一份 104 页的报告——《信息爆炸时代的控制——关于控制、动力学和系统未来方向的专家小组报告》（Control in an Information Rich World: Report of the Panel on Future Directions in Control, Dynamics and Systems）。该报告提出了 21 世纪控制科学的发展机遇与挑战。针对控制工程教育的未来发展，专家小组建议统一和压缩过去 40 年所积累的资料和体系，为专业和非专业人士开发新的课程和教科书，使控制成为大学理工专业的必修课，以满足未来控制教育的新要求。

　　与此同时，我国逐步实施创新人才培养的教育改革。为培养具有创新能力的自动化人才，需要构建适应时代需求的控制科学与工程学科基础教育及课程体系。自 2003 年以来，我们在自动控制理论课程的教学中，进行了重要的改革与尝试，以控制系统的稳定性为主线，围绕"动态、建模、互联和不确定性" 4 个重要概念，在参考国外同类最新教材的基础上，重新编写自动控制理论讲义和组织教学，取得了良好的效果。

　　2008 年 2 月，由中国自动化学会组织国内自动化领域著名专家编写的《控制科学与工程学科发展报告（2007-2008）》正式发布，报告中指出了控制科学与工程学科基础教育及课程体系改革的重要性。

　　基于已有的教学实践和自动化技术的现实需求，作者将多年来的讲义加以整理和扩充，写成本书。

　　本书较全面地论述了自动控制的基本理论，使学生清晰地建立起反馈控制系统的基本概念，学会利用控制理论的方法分析和设计自动控制系统，掌握控制系统的定性分析、定量估算和仿真实验方法。

　　以下是本书不同于国内已出版教材的地方。

　　（1）问题导向：全书对控制理论的诸多基本原理的论述采用了"问题背景→启发式求解→严格的数学证明→工程应用"处理方式。

　　（2）时效性与工程化：为与实际工程更紧密地结合，除了考虑通常的"稳、快、准"技术指标，还考虑模型不确定性的稳定鲁棒约束、执行器饱和的控制信号约束（带宽限制）、测量传感器噪声的能量约束、非最小相位系统的带宽约束及二自由度控制设计等内容。

（3）易用性原则：针对所有重要理论和方法内容的讲授，都能给出详尽的分析或设计范例，并把 MATLAB 计算软件合理地融入其中。

全书共 7 章，各章讲解的内容如下。

第 1 章是绪论，讲述自动控制的发展历程并阐明控制系统的一般概念。

第 2 章是动态系统模型，介绍了建立数学模型的一般原理和方法，包括动态系统的因果性、微分方程描述、卷积、Laplace 变换与传递函数、系统互联运算、灵敏度函数等。

第 3 章是连续时间线性系统的时域分析，在介绍稳定性概念和系统性能指标后，重点讲解了典型系统的时域分析、暂态和稳态性能指标、零极点分布与系统动态响应的对应关系、根轨迹图解法。

第 4 章是线性控制系统的频域分析，在介绍频率特性的基础上，重点论述了 Nyquist 稳定性判据、稳定裕度、Bode 图、最小相位系统及非最小相位系统、鲁棒性能指标的概念或方法。

第 5 章是线性控制系统的综合与校正，论述了满足系统"稳、快、准"和鲁棒性指标的频域校正方法，以及极点配置的时域控制设计方法。

第 6 章是非线性控制系统分析，介绍了研究非线性控制系统的两种常用方法——相平面法和描述函数法，并分析了改善非线性系统性能的措施及非线性特性的利用。

第 7 章是离散控制系统的基本理论，在论述信号的采样与保持、z 变换理论之后，基于差分方程与脉冲传递函数，对离散系统进行暂态和稳态分析，并简要介绍了线性离散系统的校正。

书中每章都适量配备了全新的习题。

本书的执笔人为卢子广（第 1、2、4、5 章），林靖宇（第 3、6 章），周永华（第 7 章），最后由卢子广统稿。在撰写本书期间，得到了学生郭元彭、韩彦、黄绿橙、谢钦和杨本和的帮助，在此对他们表示衷心的感谢。

由于作者水平所限，书中难免有不足之处，殷切希望广大读者批评指正。

作 者

目　录

第1章 绪　　论

1.1　引言

自动控制是人类的一项极其重要的智慧与工程成就。在我们的日常生活中，随处可见自动控制的例子，如家用电冰箱和空调器的温控器、全自动洗衣机的控制器，这些自动控制装置的普及使用极大地提高了人们的生活品质。但自动控制更重要的应用是在工程领域，在那里已成为不可缺少的关键技术，如飞机和卫星的导航与控制、汽车电子控制、化工生产过程控制、Internet 流量控制、电力系统的稳定控制等。

1.2　自动控制理论的建立和发展

自动控制的方法可以追溯到久远的古代，但人们普遍认为，自动控制技术的第一项重大成果是 J. Watt 的离心调速器。早在 1769 年，Watt 就发明了蒸汽机，但由于最初的蒸汽机的转速受负荷变化的影响很大，工作效率极低，应用并不广泛。Watt 于 1788 年对蒸汽机进行改良，设计出具有反馈控制功能的离心调速器，解决了蒸汽机的速度控制问题，极大地提高了蒸汽机的工作效率，并促使以蒸汽机为动力的工业革命迅速发展。在此后很长一段时间内，由于没有科学理论指导，蒸汽机自动调速系统的设计纯粹是一门手艺，完全凭借工程师的直觉和经验。

1868 年，英国物理学家 J. C. Maxwell 为离心调速系统建立了线性常微分方程（Ordinary Differential Equations，ODEs）模型，指出系统的稳定性取决于 ODEs 特征方程的根是否具有负实部，并采用特征方程的系数建立三阶线性系统稳定性条件，解释了蒸汽机离心调速系统中出现的不稳定现象，开创了控制理论研究的先河。英国数学家 E. J. Routh 和瑞士数学家 A. Hurwitz 把 Maxwell 的结果加以推广，分别在 1877 年和 1894 年独立地建立了判定高阶系统稳定性的代数准则。20 世纪初期，ODEs 模型及稳定性代数准则普遍被机械工程师接受和应用，成为经典控制理论中时域法的基础。

20 世纪 30 年代，应用于电信系统的电子放大器往往包含数十个以上的微分方程，难以直接获得系统的 ODEs 模型。针对这些技术难题，电信学家另辟蹊径，注重系统外部变量（输入信号和输出信号）的行为特性，而不深究系统的内部结构和内部变量的特性，采用了"黑箱"模型，并把 Laplace 变换和 Fourier 变换广泛应用于线性时不变（Linear Time Invariant，LTI）系统的研究。

为克服长距离电话信号传输中继放大器的失真和消噪问题，Bell 实验室的工程师 H. S. Black 于 1927 年提出了将放大器输出信号经倒相变换后回送到输入端的负反馈电路原理，使放大器的许多性能得以改善，但负反馈放大电路极易发生自激振荡。为有效地解决反馈电子放大器的稳定分析与设计问题，1932 年，Bell 实验室的物理学家 H. Nyquist 运用复变函数的幅角原理，依据开环系统的幅相频率特性建立了反馈系统的频域稳定性准则，使反馈放大器的设计迅速实用化。Nyquist 稳定性判据的重要性在于，它指明了如何调整系统参数以改进系统的稳定性，为利用低性能电子器件构造高性能电子系统提供了技术途径。

第二次世界大战期间，Bell 实验室的科学家 H. W. Bode 领导了美国火炮控制研究小组的工作，进一步将频域方法加以发展，使用对数频率特性图和稳定裕度定量地估算闭环系统的性能，奠定了现代形式的频域控制基础。与此同时，美国麻省理工学院（MIT）学者把传递函数、方框图和频域响应等重要概念应用于伺服机构和雷达天线控制系统的分析设计，并取得极大成功。此外，频域法还被拓展应用于非线性系统、采样系统以及平稳随机控制系统的研究，促使了自动控制许多新见解和方法的产生。

1948 年，MIT 的数学家 N. Wiener 的专著《Cybernetics: or Control and Communication in the Animal and the Machine》出版，该专著把反馈确立为普遍性的科学概念，标志着控制作为一门独立学科的正式诞生。同年，美国学者 W. R. Evans 提出闭环系统特征根在 s 平面分布的根轨迹（Root Locus）法，为分析系统性能随系统参数变化规律性提供了有力工具，由此重新唤起控制界对时域法的重视。20 世纪 50 年代早期，根轨迹法的极大成功引起人们了对系统时域响应法研究的热情。

至 20 世纪 50 年代中期，已有多本经典控制科学名著相继出版，包括 Ed. S. Smith 的《Automatic Control Engineering》（1942），H. W. Bode 的《Network Analysis and Feedback Amplifier》（1945），H.M.Jame，N.B. Nichols 和 R.S. Phillips 的《Theory of Servomechanisms》（1947），以及钱学森的《Engineering Cybernetics》（1954）。至此，以 LTI 系统为研究对象，以输入/输出模型为工具，以 Routh 判据和根轨迹（时域法）、Nyquist 图和 Bode 图（频域法）为主要分析和设计方法的经典控制理论构建完毕，为指导控制工程实践发挥了极大的作用。时至 21 世纪的今天，经典控制理论在控制工程中应用仍然十分广泛，也是所有控制课程的基础。

20 世纪 50 年代末期，由于数字计算机的出现及空间技术发展的需求，以时域法为主的多变量控制理论的研究得以迅猛发展，重要的成就包括：1957 年美国数学家 R. Bellman 提出的动态规划（Dynamic Programming）；1958 年前苏联数学家 L.S. Pontryagin 提出的求解控制受约束的极大值原理（Maximum Principle）；1960 年美籍匈牙利科学家 R. E. Kalman 引入的状态空间描述模型、能控性、能观测性、最佳滤波、Lyapunov 稳定性等概念和方法。这些工作奠定了现代控制理论的基础。现代控制理论基于系统状态方程模型（内部描述），利用计算机作为系统建模、分析和控制设计手段，在航空、航天系统的制导与控制中取得辉煌的成就。

1967 年，瑞典学者 K. J. Astrom 提出在线最小二乘辨识算法，解决了 LTI 系统参数估计和定阶问题，6 年后，他又提出了自校正调节器，将现代控制理论和方法成功地应用于工业生产过程。1976 年，美国学者 R. Brockett 提出用微分几何研究非线性控制系统的方法，经过意大利学者 A. Isidori 等人的完善和发展，至 20 世纪 80 年代中期，建立了较为完整的非线性控制理论体系。至此，以多变量、非线性、时变和随机系统为研究对象，以状态空间法为主要分析和设计工具的现代控制理论基本构建完毕。

1979 年，加拿大学者 G. Zames 从早期的频域控制理论中借鉴了一些关键思想，基于严格的现代数学理论，提出求解最佳扰动抑制问题的频域 H[∞]优化控制理论，显式地求解干扰和系统不确定性的控制问题，控制理论步入了鲁棒控制的发展阶段，为解决现代控制理论应用中被控对象精确模型不易建立、合适的最优性能指标难以构造、所得最优控制器过于复杂等问题开辟了新的途径。此后，经过众多学者的努力，又相继建立了时域线性鲁棒控制和非线性鲁棒控制理论。

20 世纪 70 年代中期以来，基于模糊逻辑（源于控制科学家 L. Zadeh 在 1965 年提出的模糊数学理论）、神经元网络模型和遗传优化算法等智能控制方法也得到充分的研究，并取得成效。1983 年，哈佛大学的华裔学者 Y.C Ho 等还提出离散事件系统控制理论。

在信息日益丰富的今天，控制理论又有新的发展，重要的进展有网络化控制、量子控制。未来的自动控制理论将在重要的发展领域，如航空与航天、信息与网络、机器人与智能机器、生物技术与医学工程、纳米材料制备与加工、交通运输、环境保护等工程领域，以及社会、经济管理等非工程领域得到广泛应用。

1.3 自动控制系统的基本概念

1.3.1 自动控制问题

在许多过程或设备运行中，为了保证正常的工作条件，往往需要对某些物理量（如温度、压力、流量、液位、电压、位移、转速等）进行控制，使其尽量维持在某个数值附近，或使其按一定规律变化。要满足这种需要，就应该对设备进行及时的操作，以抵消外界干扰和设备内部参数变化的影响，这种操作通常称为控制，用人工操作称为人工控制，用自动装置来完成称为自动控制。

图 1-1a 是驾驶员人工控制车速保持恒定的过程。车速是被控制的物理量，简称被控量。汽车是控制的对象，简称被控对象。当发动机输出转矩与行车阻力相等时，它处于匀速状态。当车辆上坡时，受重力的影响，车速下降，坡度变化等效为负载扰动。驾驶员用眼观看车速情况，用脑比较实际车速与期望车速的差异，并根据经验做出决策，用脚操作加速踏板调整节气门开度，改变发动机的输出功率和转速。只要车速偏离了期望值，驾驶员便要重复上述踏下或松抬加速踏板，调整车速，这是驾驶员参与于其中的车速控制过程。

图 1-1b 是汽车定速巡航控制系统（Cruise Control System）的车速自动控制的示意图。图中车速传感器代替人的眼睛，用来检测汽车的行驶速度；另用电子控制单元（Electronic Control Unit，ECU）和节气门执行器代替人的大脑和脚的功能，用来进行比较、计算误差并实施控制。电子控制单元将实际车速与设定车速进行比较，当实际车速高于设定车速时，节气门执行器将节气门适当关闭；当实际车速低于设定车速时，节气门执行器将节气门适当开启，从而使车速保持恒定。整个过程中无须驾驶员直接参与，车速的控制过程是自动进行的。当汽车在高速公路上长时间行驶时，打开定速巡航控制系统的自动操纵开关后，无论是上坡、下坡，还是行车阻力的变化，巡航控制系统都将自动增减节气门开度，无须驾驶员踩加速踏板，可保证汽车以预先设定的速度行驶，驾驶员只要把住转向盘就可以了，从而大大减轻了驾驶员的疲劳强度，改善了汽车燃料经济性和发动机的排放性能，同时还能提高行车的安全性。

由此可见，自动控制和人工控制极为相似，两者都利用期望的车速与实际车速信号相比较，利用两者的偏差来进行控制，使产生的偏差越来越小，这种控制方法称为负反馈控制。自动控制系统只不过是把某些装置有机地组合在一起，以代替人的职能而已。图 1-1 中的车速传感器相当于人的眼睛，对行车速度进行测量；电子控制单元的功能类似于大脑，完成比较运算，给出偏差的大小和极性；节气门执行器的功能相当于人的脚，调节节气门开度，对车速实施控制。这些装置相互配合，承担着控制的职能，通常称为控制器。任何一种控制器，主要组成都可分为信号测量单元、电子控制单元和执行单元 3 部分，被控对象和控制器组成完整的控制系统。

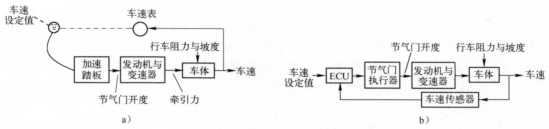

图 1-1　汽车定速巡航控制系统示意图

a) 人工控制　　b) 自动控制

1.3.2　控制系统的基本术语

在研究控制理论和控制技术时，常遇到如下一些专用术语。

被控量和控制量（Controlled Variable and Controlling Variable）：被控量是指被测量和被控制的量，如车速。控制量是一种由控制器改变的量，它将影响被控量的值，如节气门开度。被控量通常称为系统的输出量，而控制量则是被控系统的输入量。

对象（Plant）：在工程中，对象一般是一个设备，通常由一些机器零件有机地组合在一起，以完成一个特定的任务。通常将被控物体称为对象，如汽车发动机、加热炉、精馏塔、机床、电梯。

过程（Process）：通常将任何被控制的运行状态称为过程，如化学过程、经济学过程、生物学过程。在控制理论中，"对象"与"过程"经常被等同地使用。

系统（System）：系统是指由相互关联、相互制约、相互影响的若干个组成部分结合而成的具有某种功能的有机整体。

控制（Control）：控制是指为了改善系统的性能或达到特定的目的，通过信息的采集和加工而施加到系统的作用。

参考值（Reference）：参考值用于指定被控量随时间的变化规律，也称为指令值或设定值。

扰动（Disturbance）：扰动是指一种对系统的输出产生不利影响的信号。如果扰动产生在系统内部，则称为内扰，如半导体元件由于温漂所致的参数变化和热噪声；如果扰动产生在系统外部，则称为外扰，如汽车行驶过程中的上坡、下坡和风速引起行车阻力的变化。外扰也是系统的一种输入量。

信息（Information）：信息是指信号或消息所包含的内容，用来消除扰动引起系统的不确定性，如误差信号或输出量中的噪声信号。

反馈（Feedback）：反馈是指将两个（或两个以上）系统互联，使系统 1 影响系统 2，系统 2 影响系统 1 的作用过程，整体上系统输出信号对控制作用有直接影响，形成闭环系统，如图 1-2 所示。

图 1-2　闭环系统示意图

反馈控制（Feedback Control）：反馈控制能够在存在扰动的情况下，力图减小系统的输出量与参考值之间的偏差，而且其工作正是基于这一偏差及其函数的基础之上。

反馈控制系统（Feedback Control System）：反馈控制系统对控制结果进行检测，对输出量与参考输入量进行比较，并力图保持两者之间的既定关系的系统，它利用输出量与输入量的偏差来进行控制。若反馈的信号与输入信号相减，使产生的偏差越来越小，则称为负反馈或非再生反馈；反之，则称为正反馈或再生（Regeneration）反馈，本书着重研究负反馈。

调节（Regulation）：调节是指通过反馈信号自动校正系统的误差，使诸如速度、压力、温度、流量等变量保持恒定或在给定范围之内的过程。

开环控制（Open-Loop Control）：系统的输出量与输入量之间不存在反馈的通道，这种控制方式称为开环控制系统，如图 1-3 所示。开环控制系统的控制方式比较简单，系统只根据指令信号对被控量进行控制，而控制结果对其控制过程没有影响。

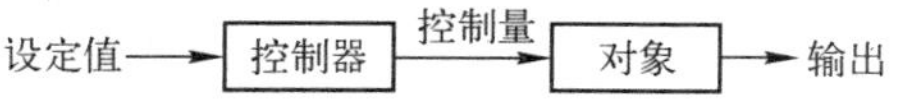

图 1-3　开环控制系统示意图

前馈控制（Feedforward Control）：前馈控制将预知的或可测的扰动施加于系统的输入端，对控制量的大小进行补偿。由于控制没有形成闭环，所以是一种开环控制。在实际工程中，常常在反馈控制的基础上使用前馈控制，构成复合控制系统。

1.3.3　自动控制的构成和要素

一个自动控制主要由以下 3 个基本单元构成。

1．测量单元

测量单元（Sensing Unit）是指各种传感器，用于检测被控量的大小，如速度传感器、电流传感器、流量传感器、压力传感器、位置传感器、温度传感器等，给出系统的反馈信号。

2．控制单元

控制单元（Control Unit）提供参考指令，接受传感器的反馈信号，计算给定值与被控量之间的误差，进行存储、计算和分析处理后向执行器发出指令，完成系统控制功能，即完成如图 1-4 所示的比较和算法的功能。目前，一般采用嵌入式数字控制器构成控制单元，如汽车上的电子控制单元（Electronic Control Unit，ECU）。

在图 1-4 中，"$\otimes$"表示比较运算（综合单元），"$-$"代表减运算，"$+$"代表加运算（"$+$"也可以不标出）。信号沿箭头方向从输入端到达输出端的传输通路称为前向通路；系统输出量经测量元件反馈到输入端的传输通路称为反馈通路。前向通路与反馈通路共同构成环路。

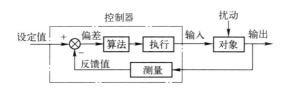

图 1-4　自动控制构成示意图

3．执行器

执行器（Actuator）对控制命令进行功率放大，推动被控对象，如电磁阀、节气门控制电动机、液压缸、气压缸。

反馈是自动控制系统的要素，扰动引起系统的不确定性是采用反馈控制系统的主要原因之一。自动控制理论把反馈看做是处理不确定性的工具。即使不知道系统准确的工作状态，或者外部干扰使系统偏离正常的工作状态，通过测量系统的输出量与参考量相比较，调整可用的控制变量，就能够使系统恢复到正常的工作状态。

测量、计算和执行构成的反馈环路是自动控制的基本结构。控制器通过参考输入值和系统输出值计算出校正值，并作用于被控系统使其产生期望的变化。控制的关键是采用反馈方法消除或减少系统的不确定性，不确定性包括传感器的测量噪声、系统负载扰动及系统本身的不确定性（参数变化、模型简化引起的误差）。

反馈控制可以使互联系统的整体性能高于子系统，当系统存在不确定性时，反馈控制将提供高性能、高可靠以及可重复的工作状态。例如，电子系统利用反馈机制补偿元件或参数的变化。

1.3.4　开环控制与反馈控制的特点

反馈控制具有修正偏差的能力，可以克服参数变化和负载扰动、测量噪声的影响，提高系统的动态响应速度、使非线性环节线性化、使不稳定的系统变成为稳定系统等。但反馈控制使控制系统结构及其分析和设计复杂化，可能出现系统稳定性降低、执行器饱和、测量噪声在环路中传播等不利情形。相比之下，开环控制则不会改变系统的稳定性，控制结构简单、系统调整方便、成本低，但开环控制没有修正偏差的能力，它的抗扰动性能较差。

充分利用开环控制和闭环控制的优点的典范是 TCP/IP 协议。Internet 能连接各种各样的计算机，它使用了 IP 和 TCP 两种控制机制。其中，IP（Internet Protocol）负责传送路径的建立，并将传输的信息切成小段信息，打包为数据包（Packet），然后在网络中传出，各数据包可选择不同的路径到达接收端，到达接收端后再重组起来，实现数据通信的低成本化。TCP（Transmission Control Protocol）具有流量控制能力，依照对方回应已收到几个数据包后再送出新的数据包，以保证传输的数据包个数不超过一定的数目，在接收端发现数据有误时，也可要求重新传送。IP 采用了开环控制和非连接式的传送方式，无法将传送网络产生的异常状况回报，因此，并不能保证正确无误的数据传送每次都成功；TCP 则采用了反馈控制和连接式的传输机制，用于实现数据传输的稳定性和可靠性，保证数据包正确送达目的地。

1.3.5　对控制系统的要求

控制理论把系统满足物理约束条件下的负载扰动抑制、测量噪声衰减、指令跟踪、系统结构及参数变化的不确定性问题，归结为求解反馈系统的稳定性、快速性、准确性和鲁棒性。

稳定性是受扰系统偏离期望的工作状态后重新恢复原工作状态的能力。不稳定的系统是无法使用的，其他性能也无从谈起。稳定性包括绝对稳定性和相对稳定性，前者表明系统是否稳定，后者表明系统稳定的程度。使用反馈控制可以改善系统的稳定性，但如果反馈控制使用不当，也可能引起系统振荡和设备损坏。

快速性是对系统动态性能的要求。它使系统尽快进入稳态，要求系统运动到新的平衡状态所需要的时间较短。使用反馈控制可以提高控制系统的快速性，但受执行器饱和（功率限制）与延时（系统惯性）的影响，实际系统的快速性是受限的。

准确性是对系统稳态性能的要求。对一个稳定的系统而言，暂态过程结束后，系统输出量的实际值与期望值的差称为稳态误差，它是衡量系统指令跟踪精度、负载扰动抑制和测量噪声衰减性能的重要指标。稳态误差越小，表示系统的准确性越好，控制精度越高。使用反馈控制可以提高控制系统的准确性。但受传感器精度的影响，实际系统的控制精度也是受限的。

鲁棒性（Robustness）是指系统参数或结构发生变化后，系统原来所具有的性能品质可以保持的特性。如果是保持系统的稳定性，则称为稳定鲁棒性；如果是保持系统的控制性能品质，则称为性能鲁棒性。使用反馈控制可以改善控制系统的鲁棒性。

在许多情况下，对鲁棒性的要求与对稳定性、快速性和准确性的要求是一致的。

1.3.6 控制系统的分类

自动控制系统的形式是多种多样的，用不同的标准划分，就有不同的分类方法。常见的分类有：按被控量的给定值是否随时间变化，可分为定值调节系统和随动系统；按系统输入/输出关系是否满足叠加原理（叠加性和齐次性），可分为线性系统和非线性系统；按系统参数是否随时间变化，可分为时不变系统和时变系统；按系统的运动性质，可分为连续时间系统、离散时间系统、离散事件系统和混合系统；按输入信号和输出信号的数目，可分为单输入/单输出（Single Input Single Output，SISO）系统和多输入/多输出（Multi Input Multi Output，MIMO）系统；按系统信号是否具有统计特性，可分为确定性系统和随机系统；按系统是否依赖于空间分布特性，可分为集总参数系统和分布参数系统，等等。

1.4 自动控制理论的基本概念及主要内容

控制是一门工程科学，与自然科学不同，工程科学的目的在于理解和发展造福人类的新系统，如交通系统和通信系统。工程科学的重要成果是发现了能够作为分析和设计复杂系统的反馈控制理论，它对工程系统产生了深远的影响。

自动控制理论提供了分析和设计控制系统的原理、方法和工具，使这些系统可以自动地适应环境的变化，并保持期望的性能。控制理论有 4 个重要概念：动态、模型、互联和不确定性，这 4 个概念是系统分析和设计的关键。

动态是所有控制系统重要的特性。实际系统一般都具有惯性，即系统的输出量总是滞后于输入量的变化，当输入量发生变化时，输出量从原工作状态变化到新的工作状态要经历一定时间，称这样的输入和输出为因果关系。在变化输入量的作用下，系统的输出变量由初始状态达到最终稳态的变化过程称为动态过程。动态过程结束后的输出响应称为稳态响应。

模型是动态系统分析与设计的基础，与此同时，控制理论为系统建模提供了新的途径，如实验建模技术。面向控制的建模和其他学科的建模的主要区别在于系统间相互作用的表示方式不同。依据独特的输入/输出建模方法，控制理论以新的角度考察系统行为，如干扰抑制、模型降阶、系统的鲁棒连接。

　　互联概念普遍应用于控制理论。若已知实际系统的模型，直接求解十分烦琐或不得要领。控制理论采用的方法是将系统分解为若干个典型的基本单元，如果熟知各单元性能，将它们组合构成复杂系统，求解过程将得以简化，而且获得构造良好系统的方法。这种将复杂系统分解成简单系统，然后相互连接起来就比较容易计算。利用系统分解与互联的概念，不但简化了系统分析，而且也有助于从系统分析过渡到系统设计。系统的特性不仅取决于各基本单元的动态，也与这些单元间的互联结构密切相关。反馈系统的研究是利用分解与互联概念而获得成功的典型范例。

　　不确定性是控制理论的最显著特征。基于反馈原理，控制理论为解决系统的不确定性问题提供了基本方法。当存在干扰和参数不确定性因素时，应用传统动力学和动态系统理论是难以解决的。控制理论分析动态系统是否可以到达新的或恢复原来的工作状态，以及改变系统动态过程的方法。通过反馈可以改变系统的动态过程，使不稳定的系统变得稳定，使响应迟缓的系统加快响应速度，使工作点漂移的系统保持恒定的性能。

　　本课程论述反馈控制及其改变系统动态和处理不确定性的方法，内容为动态系统的输入/输出建模、互联和不确定性分析，重点是系统的稳定性、快速性、准确性和鲁棒性，以及为改善系统性能的设计（校正）方法，所使用的基本工具是线性时不变系统的相关概念与理论，包括传递函数、阶跃响应、频率特性和灵敏度函数等。

1.5　小结

　　测量、计算和执行构成反馈环路，是自动控制的基本结构。

　　反馈是处理不确定性的工具。控制理论把求解系统的不确定性问题，归结为求解反馈系统的稳定性、快速性、准确性和鲁棒性。

　　控制理论是围绕动态、模型、互联和不确定性这4个重要概念展开的。

1.6　习题

1-1　简述自动控制的发展。

1-2　简述开环控制系统和闭环控制系统的特点。

1-3　试列举几个日常生活中的自动控制装置及其工作原理。

1-4　简述控制系统的不确定性因素。

1-5　简述自动控制系统的组成。

第 2 章　动态系统模型

2.1　引言

科学的每一个分支都有自己的一套"模型"理论,在模型的基础上可以运用数学工具进行研究。为了便于对动态系统进行分析,同样需要建立动态系统的模型。所谓模型,是指系统物理特性的数学抽象,以数学表达式或具有理想特性的符号组合图形来表征系统特性。对于不同的物理系统,经过抽象和近似,可以得到形式上完全相同的数学模型,这为不同领域的系统提供了统一的分析与设计方法。在控制工程中,一般基于物理概念,将系统分解为若干典型的基本环节,然后将它们互联组合成复杂系统,以简化分析过程。分解与互联的概念使人们容易理解反馈系统的本质,也有助于从系统分析过渡到系统设计。

在本书的论述中,采用的是输入/输出描述方法,即着眼于系统外部输入与输出的行为特性,并不关心系统内部变量的情况。许多系统可以抽象或近似为确定性、集总线性时不变(Linear Time Invariant,LTI)系统。本章论述连续时间 LTI 系统模型,包括微分方程、传递函数,以及描述系统互联关系的结构图和信号流图。

2.2　系统的时域模型

2.2.1　常微分方程模型

一个函数的导数描述了因变量对自变量的变化率。含有一个未知函数及其一阶或更多阶导数的方程,叫微分方程。在自然过程中,有关变量及其变化率之间,根据制约该过程的一些基本原理之间是彼此有联系的,这些联系用数学语言表达出来,往往都是微分方程。微分方程源于力学领域。Newton 基于万有引力和力学第二定律(作用力等于质量乘以加速度),对天体的运行轨道呈椭圆形的现象进行了解释,在此过程中,还发明了微积分和微分方程。

对于集总参数系统,只含一个自变量——时间 t,系统的描述模型为常微分方程(Ordinary Differential Equations,ODE)。在给定外作用及初始条件下,求解 ODE 可以得到系统输出随时间的变化过程,即输出响应。在对系统运行机理清楚,且系统所含的元部件数不多的情况下,可以应用解析法建立系统的 ODE 模型。

下面举例说明建立系统 ODE 模型的步骤和方法。

【例 2-1】　电阻 R、电感 L、电容 C 为常数的无源网络,如图 2-1 所示。求描述输入电压 u_i 与输出电压 u_o 之间的微分方程。

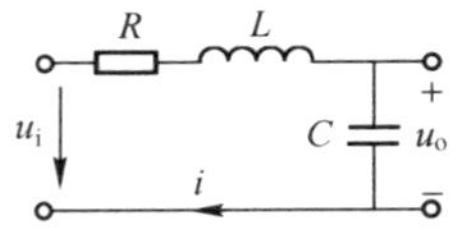

图 2-1　R-L-C 无源网络

解　根据 Kirchhoff 电压定律可写出

$$Ri(t) + L\frac{di(t)}{dt} + u_o(t) = u_i(t) \tag{2-1}$$

10

$$i(t) = C\frac{\mathrm{d}u_\mathrm{o}(t)}{\mathrm{d}t} \tag{2-2}$$

消去中间变量 $i(t)$，整理可得

$$LC\frac{\mathrm{d}^2 u_\mathrm{o}(t)}{\mathrm{d}t^2} + RC\frac{\mathrm{d}u_\mathrm{o}(t)}{\mathrm{d}t} + u_\mathrm{o}(t) = u_\mathrm{i}(t) \tag{2-3}$$

或者

$$T^2\frac{\mathrm{d}^2 u_\mathrm{o}(t)}{\mathrm{d}t^2} + 2\zeta T\frac{\mathrm{d}u_\mathrm{o}(t)}{\mathrm{d}t} + u_\mathrm{o}(t) = u_\mathrm{i}(t) \tag{2-4}$$

式中，T 为 R-L-C 网络的时间常数；ζ 为阻尼系数。

$$T = \sqrt{LC}, \quad \zeta = \frac{R}{2}\sqrt{\frac{C}{L}} \tag{2-5}$$

【例 2-2】 弹簧-质量-阻尼系统如图 2-2 所示。其中，k 为弹簧的刚性系数，b 为阻尼器的粘性系数，m 为质量，这些参数都为恒值。求描述作用力 $f(t)$ 与位移 $y(t)$ 关系的微分方程。

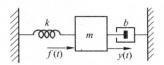

图 2-2 弹簧-质量-阻尼系统

解 利用 Newton 力学第二定律，可以得到

$$m\frac{\mathrm{d}^2 y(t)}{\mathrm{d}t^2} + b\frac{\mathrm{d}y(t)}{\mathrm{d}t} + ky(t) = f(t) \tag{2-6}$$

或写成

$$\frac{\mathrm{d}^2 y(t)}{\mathrm{d}t^2} + 2\zeta\omega_n\frac{\mathrm{d}y(t)}{\mathrm{d}t} + \omega_n^2 y(t) = \frac{f(t)}{m} \tag{2-7}$$

其中

$$\omega_n = \sqrt{\frac{k}{m}}, \quad \zeta = \frac{b}{2\sqrt{mk}}$$

【例 2-3】 永磁直流电动机驱动系统如图 2-3 所示。其中，R 和 L 分别是电枢电阻和电感，b 是电动机和负载折合到电动机轴上的粘性摩擦系数，J 是电动机和负载折合到电动机轴上的转动惯量，T_l 是折合到电动机轴上的总负载转矩。试求以转子转速 ω 为输出变量，电枢电压 u 和负载转矩 T_l 为输入变量的微分方程。

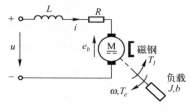

图 2-3 永磁直流电动机驱动系统

解 施加于电枢端的电压 u 产生电枢电流 i，i 与磁钢产生的磁通相互作用，产生的电磁转矩 T_e 驱动负载。该系统的 ODE 由两部分组成。

1）电压方程。

$$L\frac{\mathrm{d}i}{\mathrm{d}t} + Ri + e_b = u \tag{2-8}$$

其中，反电势 e_b 正比于转速，即 $e_b = k_e\omega$，k_e 是反电势系数（单位为 $\mathrm{V\cdot s/rad}$）。

2）机械方程。

$$J\frac{\mathrm{d}\omega}{\mathrm{d}t} + b\omega = T_e - T_l \tag{2-9}$$

其中，电磁转矩正比于电枢电流，即

$$T_e = k_t i \tag{2-10}$$

式中，k_t 为转矩系数（单位为 $\mathrm{N\cdot m/A}$）。由式（2-8）～（2-10）消去中间变量 i，e_b，T_e，可以得到所求的微分方程

$$LJ\frac{\mathrm{d}^2\omega}{\mathrm{d}t^2} + (Lb + RJ)\frac{\mathrm{d}\omega}{\mathrm{d}t} + (Rb + k_t k_e)\omega = k_t u - L\frac{\mathrm{d}T_l}{\mathrm{d}t} - RT_l \tag{2-11}$$

由于电枢电感 L 较小，在工程应用中常常忽略不计，式（2-11）可简化成

$$\tau_m\frac{\mathrm{d}\omega}{\mathrm{d}t} + \omega = k_a u - k_c T_l \tag{2-12}$$

式中，τ_m 为电动机的机电时间常数（单位为 s）；k_a，k_c 是传动系数，分别为

$$\tau_m = \frac{RJ}{Rb + k_t k_e}, \quad k_a = \frac{k_t}{Rb + k_t k_e}, \quad k_c = \frac{R}{Rb + k_t k_e}$$

若以转子位移角 θ 作为输出量，将 $\omega = \dfrac{\mathrm{d}\theta}{\mathrm{d}t}$ 代入式（2-12），有

$$\tau_m\frac{\mathrm{d}\theta^2}{\mathrm{d}t^2} + \frac{\mathrm{d}\theta}{\mathrm{d}t} = k_a u(t) - k_c T_l \tag{2-13}$$

从上述系统的微分方程可以看出，不同类型的系统可具有形式相同的数学模型。这为不同领域的控制系统提供了相同的分析和设计理论。

2.2.2 非线性系统的局部线性化模型

例 2-1～例 2-3 中的系统模型都抽象或近似为线性常微分方程。实际上，任何一个系统的数学模型都存在一定程度的非线性。例如，电感 L 的参数值与通过它的电流幅值有关，受磁路饱和的影响，一般不是常数。直接求解非线性微分方程非常困难，为简化系统分析和设计，一般将非线性系统转化为线性系统来研究。如果系统的非线性程度不是特别严重，可以采用局部线性化的近似处理方法。这种近似法能较好地描述系统在工作点附近的动态特性，在工程实际中得到广泛的应用。

下面举例说明非线性系统的局部线性化处理过程。

【例 2-4】 汽车的行驶速度受到乘员、上坡、下坡、平路上行驶、风速变化和发动机输出功率变化等因素的影响。图 2-4 为汽车定速巡航控制系统的工作示意图。该系统的工作过程如下，比例-积分（PI）控制器将实际车速与设定车速进行比较，当车速高于设定车速时，控制器将节气门适当关闭；当车速低于设定车速时，控制器将节气门适当开启，从而使车速保持恒定。设牵引力 f 正比于节气门开度 u，即 $f = cu$，$0 \leqslant u \leqslant 1$，$c$ 为由发动机的功率和变速器的挡位决定的常数；忽略路面摩擦阻力 f_0，行车阻力主要是空气阻力，它正比于车速的平方，即 ρv^2；坡度变化引起的阻滞力为 $mg\sin\theta$，m 为车身质量，g 为重力加速度，θ 为坡度角；指定车速 v_r 为恒值，车速传感器反馈系数为 k_v，试写出汽车匀速行驶时的最大速度和爬坡时允许的最大坡度，求出车速差 $e = v_r - k_v v$ 依赖于坡度变化的微分方程。

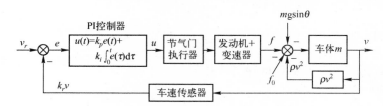

图 2-4 汽车定速巡航控制系统

解 利用 Newton 力学第二定律，可写出

$$m\frac{\mathrm{d}v}{\mathrm{d}t} = cu - \rho v^2 - mg\sin\theta，\ t \geqslant 0 \tag{2-14}$$

这是一个非线性微分方程。

当汽车在平坦道路上行驶，$\theta = 0°$，若节气门开度 $u = 1$，汽车匀速行车的最大速度满足

$$c - \rho v_{\max}^2 = \left.\frac{\mathrm{d}v}{\mathrm{d}t}\right|_{v=v_{\max}} = 0$$

由此求出

$$v_{\max} = \sqrt{c/\rho}$$

爬坡时，由 $u = 1$，$v = 0$，$\mathrm{d}v/\mathrm{d}t > 0$ 得到最大坡度方程

$$c - mg\sin\theta_{\max} > 0$$

由此求出最大坡度不超过

$$\theta_{\max} = \arcsin(c/mg)$$

定义 $w = v/v_{\max}$，把车速表示成最大车速的百分比，微分方程（2-14）变为

$$T\frac{\mathrm{d}w}{\mathrm{d}t} = u - w^2 - \frac{mg}{c}\sin\theta \tag{2-15}$$

式中，T 为时间常数，T 的典型值为 10s，T 的公式为 $T = m/\sqrt{\rho c}$。

设恒定的节气门开度 u_0 和坡度 θ_0 对应恒定的巡速 w_0，由式（2-15）得到

$$T\frac{\mathrm{d}w}{\mathrm{d}t}\bigg|_{w=w_0} = u_0 - w_0^2 - \frac{mg}{c}\sin\theta_0 = 0 \tag{2-16}$$

如果在行驶过程中，坡度在工作点 θ_0 邻域内作微小的变化，$|\Delta\theta| \ll \theta_0$，则 $\theta = \theta_0 + \Delta\theta$，$u = u_0 + \Delta u$，$v = v_0 + \Delta v$，将式（2-15）进行 Taylor 级数展开，忽略高次项，取一次项近似，有

$$T\frac{\mathrm{d}(w_0+\Delta w)}{\mathrm{d}t} = (u_0+\Delta u) - (w_0^2 + 2w_0\Delta w) - \frac{mg}{c}[\sin\theta_0 + (\cos\theta_0)\Delta\theta]$$

利用式（2-16），得到

$$T\frac{\mathrm{d}\Delta w}{\mathrm{d}t} = \Delta u - 2w_0\Delta w - \frac{mg\cos\theta_0}{c}\Delta\theta$$

略掉增量记号，得到

$$\frac{\mathrm{d}w}{\mathrm{d}t} + \frac{1}{\tau}w = \frac{1}{T}u - \alpha\theta \tag{2-17a}$$

或

$$m\frac{\mathrm{d}v}{\mathrm{d}t} + 2v_0\rho v = cu - (mg\cos\theta_0)\theta \tag{2-17b}$$

在式（2-17a）中，$\tau = \frac{T}{2w_0}$ 为与工作点有关的时间常数，$\alpha = \frac{g\cos\theta_0}{v_{max}}$。系统工作点的变化将导致模型参数的改变。例如，若 $T=10\mathrm{s}$，当巡速从最大速度的 25% 变化至 75% 时，τ 将从 20s 降至 6.7s。

将 PI 控制器的输出

$$u = k_p[v_r - k_v v(t)] + k_i\int_0^t [v_r - k_v v(\tau)]\mathrm{d}\tau$$

代入式（2-17a）并微分，消去 $\mathrm{d}u/\mathrm{d}t$ 项，得到

$$\frac{\mathrm{d}^2w}{\mathrm{d}t^2} + \frac{1}{\tau}\frac{\mathrm{d}w}{\mathrm{d}t} = \frac{k_p}{T}\frac{\mathrm{d}e}{\mathrm{d}t} + \frac{k_i}{T}e - \alpha\frac{\mathrm{d}\theta}{\mathrm{d}t} \tag{2-18}$$

由于指定车速 v_r 为恒值，结合 $w = v/v_{max}$，得到

$$\frac{\mathrm{d}w}{\mathrm{d}t} = -\frac{1}{v_{max}k_v}\frac{\mathrm{d}e}{\mathrm{d}t}, \quad \frac{\mathrm{d}^2w}{\mathrm{d}t^2} = -\frac{1}{v_{max}k_v}\frac{\mathrm{d}^2e}{\mathrm{d}t^2}$$

代入式（2-18），得到

$$\frac{\mathrm{d}^2e}{\mathrm{d}t^2} + \left(\frac{1}{\tau} + \frac{v_{max}k_v k_p}{T}\right)\frac{\mathrm{d}e}{\mathrm{d}t} + \frac{v_{max}k_v k_i}{T}e = \alpha v_{max}k_v\frac{\mathrm{d}\theta}{\mathrm{d}t} \tag{2-19a}$$

或

$$m\frac{\mathrm{d}^2e}{\mathrm{d}t^2} + (2v_0\rho + ck_v k_p)\frac{\mathrm{d}e}{\mathrm{d}t} + ck_v k_i e = mgk_v\cos\theta_0\frac{\mathrm{d}\theta}{\mathrm{d}t} \tag{2-19b}$$

由式（2-19b）可见，若 e 和 θ 为常数，必有 $e=0$，这是积分控制的作用结果。PI 控制器的比例系数影响闭环系统的阻尼系数，积分系数则影响闭环系统的刚性系数，参见弹簧-质量-阻尼系统的式（2-6）。特别是，取大比例系数，使 $ck_v k_p \gg 2v_0\rho$，可以使工作点的变化不导致线性化模型参数变化。换句话讲，高增益反馈控制把非线性系统线性化了。

【例 2-5】 考虑如图 2-5 所示的液位系统，图中 q_i 和 q_o 分别为输入流量和输出流量（单位为 $\mathrm{m^3/s}$），h 为液面高度（单位为 m）。如果通过节流阀的是稳定的液体流，则输出流量

q_o 与液面高度 h 的关系为

$$q_o = a\sqrt{2gh} = k\sqrt{h} \qquad (2\text{-}20)$$

式中，a 为输出管道的截面，g 为重力加速度，k 为与输出管道截面和重力加速度有关的系数（单位为 $m^{2.5}/s$），$k = a\sqrt{2g}$。由式（2-20）可知，q_o 与 h 之间是非线性关系。

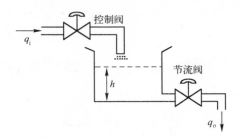

图 2-5 液位系统

设 A 为容器的底面积（单位为 m^2），溶液的密度为常数，根据质量守恒定律，有

$$A dh = (q_i - q_o) dt$$

$$\frac{dh}{dt} = \frac{q_i - q_o}{A} \qquad (2\text{-}21)$$

消去中间变量 q_o，有

$$\frac{dh}{dt} + \frac{k}{A}\sqrt{h} = \frac{1}{A}q_i \qquad (2\text{-}22)$$

这是一阶非线性微分方程。如果在工作过程中，h 只在平衡工作点 h_0 附近作微小的变化 Δh，由于 $\sqrt{h}$ 在 h_0 的邻域内连续可导，则在工作点 h_0 邻域内，将 q_o 中的 $\sqrt{h}$ 在 Taylor 级数展开，忽略高次项，取一次项近似

$$\sqrt{h} = \sqrt{h_0} + \frac{1}{2\sqrt{h_0}}\Delta h \qquad (2\text{-}23)$$

代入式（2-22），有

$$\frac{d(h_0 + \Delta h)}{dt} + \frac{k}{A}\left(\sqrt{h_0} + \frac{1}{2\sqrt{h_0}}\Delta h\right) = \frac{1}{A}(q_{i0} + \Delta q_i)$$

由于

$$\frac{k}{A}\sqrt{h_0} = \frac{1}{A}q_{i0}$$

所以

$$\frac{d\Delta h}{dt} + \frac{k}{A}\frac{1}{2\sqrt{h_0}}\Delta h = \frac{1}{A}\Delta q_i \qquad (2\text{-}24)$$

也就是说，若仅考虑平衡工作点 h_0 附近的变化情况，则液面高度的变化量与输入流量的变化量之间为一阶线性微分方程。

对于在工作点处不连续、无法进行线性化的本质非线性化问题，将采用其他近似方法，如谐波平衡法（描述函数法），将在第 6 章中讲解。

2.2.3 "黑箱"模型

若构成系统的部件很多，如电子放大器的器件总数可达数十件，甚至更多，建立系统的ODEs模型的过程就显得非常繁杂，有时甚至不可能。对此，若不深究系统的内部结构，仅关心其外部行为特性，则可用"黑箱"模型。

"黑箱"模型源于20世纪早期的电信研究领域。采用信息隐藏的"黑箱"模型，可将长途电话系统按功能分解为发送、调制、中继、解调和接收等环节。在每一环节的输入端施加特定的测试信号，通过测量相应的输出信号，可获得这些环节的输入/输出模型。对于如图2-6a所示的电子放大器，输入为差分电压信号 $u=V_{i1}-V_{i2}$，输出为 $y=V_o$，可用如图2-6b所示的方框图（Block Diagram）简洁地表示出来，指向方框的箭头表示输入信号，从方框出来的箭头表示输出信号。一个系统被视为从输入信号 u 到输出信号 y 的一种变换——映射算子。经典控制理论的诸多概念及理论、方法都源于LTI系统模型的输入/输出描述的概念。对于内部运行机理不清楚的系统，无法使用解析法建立模型时，输入/输出描述也是系统实验建模的基础。

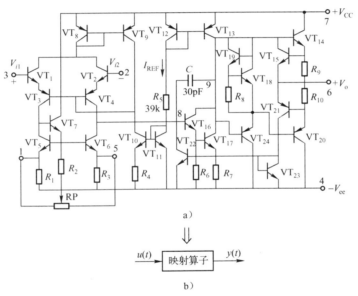

图 2-6　电子放大器系统的"黑箱"模型

a) 集成运算放大器 F007 的电路图　b) 方框图

控制系统常常可以简化为LTI系统模型。线性的含义是：若 (u_1,y_1) 和 (u_2,y_2) 为系统的输入/输出对，a 和 b 为实数，则 (au_1+bu_2,ay_1+by_2) 也是系统的输入/输出对（叠加性）。时不变的含义是：若 $(u(t),y(t))$ 为系统的输入/输出对，则对于正实数 τ，$(u(t+\tau),y(t+\tau))$ 也为系统的输入/输出对，即与时间原点的平移无关。

令 $u(t)$ 是时间 t 的函数，$-\infty<t<\infty$，对于任意时刻 t，当 $\tau_1\leqslant t$ 时，$u(\tau_1)$ 的值可以求得，但当 $\tau_1>t$，$u(\tau_1)$ 的值则不能求得。实际动态系统还具有因果性（Causality），即系统在 t_0 时刻的输出只与 $t\leqslant t_0$ 时刻的输入有关，系统的输出延迟于输入。对于输入 $u(t)$，输出是 $u(t-\tau)$，τ 是固定的延时时间。

选取不同的延时时间，可以得到输出 $u(t-\tau_1)$，$u(t-\tau_2)$，…，$u(t-\tau_n)$。借助于这些输出，可

获得 t 时刻加权的系统输出为

$$\sum_1^n g_k u(t-\tau_k)$$

式中，加权系数 g_k 表示不同延时时间对系统输出的影响程度。随着 τ_k 的数目的增加，并适当选择加权系数 g_k，这个系统输出可以无限接近于下列的输出

$$y(t) = \int_0^\infty g(\tau)u(t-\tau)\mathrm{d}\tau \qquad (2\text{-}25)$$

这是一个卷积积分，积分限为从 0 到 ∞，而不是从 $-\infty$ 到 ∞，因为 $\tau_1 > t$，$u(\tau_1)$ 的值则不能求得。显然卷积表达式（2-25）具有叠加性和与时间原点的平移无关性。若 $t<0$ 时，$u(t)=0$，则式（2-25）又可以简化为

$$y(t) = \int_0^t g(\tau)u(t-\tau)\mathrm{d}\tau = \int_0^t g(t-\tau)u(\tau)\mathrm{d}\tau$$

若取输入为单位脉冲函数

$$\delta(t-\tau) = \begin{cases} 0 & t \neq \tau \\ \infty & t = \tau \end{cases}$$

$$\int_{-\infty}^\infty \delta(t-\tau)\mathrm{d}\tau = 1(t)$$

则有

$$y(t) = \int_0^t g(\tau)\delta(t-\tau)\mathrm{d}\tau = g(t)$$

称这样的输出为脉冲响应，相应地将 $g(t)$ 称为系统脉冲函数。这是一种重要的时域模型，它的性质可用于表示系统的因果性和稳定性（详见第 3 章）。

若取输入为单位阶跃函数

$$1(t) = \begin{cases} 0 & t < 0 \\ 1 & t \geqslant 0 \end{cases}$$

则有

$$y(t) = h(t) = \int_0^t g(\tau)\mathrm{d}\tau$$

这是系统的阶跃响应，通常用它来定义系统的时域性能指标。

由于指数函数对时间的微分或积分仍然是指数函数，所以由指数函数 e^{st} 构成输入函数 $u(t)$ 的集合，对于卷积算子（2-25）特别重要，因为

$$\mathrm{e}^{s(t-\tau)} = \mathrm{e}^{st} \cdot \mathrm{e}^{-s\tau}$$

延时运算变成了一个仅仅依赖于 s 的乘子，于是式（2-25）变为

$$y(t) = \mathrm{e}^{st} \int_0^\infty g(\tau)\mathrm{e}^{-s\tau}\mathrm{d}\tau \qquad (2\text{-}26)$$

它也是一个仅仅依赖于 s 的倍加算子。取 $s = \sigma + \mathrm{i}\omega$，$\sigma$ 和 ω 为实数，i 为虚数单位，即 $\mathrm{i}^2 = -1$，表达式

$$G(s) = \int_0^\infty g(\tau)\mathrm{e}^{-s\tau}\mathrm{d}\tau \qquad (2\text{-}27)$$

称为卷积算子（2-25）的复频率表示式，它就是系统脉冲函数的 Laplace 变换。

若取输入为正弦信号 $\sin\omega t$，利用 Euler 公式 $e^{i\omega t} = \cos\omega t + i\sin\omega t$，由式（2-26）可以获得

$$y(t) = \text{Im}\left[e^{i\omega t} \int_0^\infty g(\tau)e^{-i\omega\tau}d\tau \right]$$

表达式

$$G(i\omega) = \int_0^\infty g(\tau)e^{-i\omega\tau}d\tau = \int_{-\infty}^\infty g(\tau)e^{-i\omega\tau}d\tau \qquad （2-28）$$

为系统脉冲函数的 Fourier 变换，它与频域法的频率特性模型密切相关。

LTI 系统的卷积算子（2-25）及其复频率表示式是联系时域分析与频域分析的纽带，由此时域法与频域法得到统一。

2.3　复频域模型与传递函数

作为系统时域描述的 ODE 模型，对于复杂系统的研究很不方便。基于"黑箱"模型得到的输入/输出模型的卷积表达式（2-25）也不便于使用。利用 Laplace 变换表达式（2-27），可以导出一种更为简洁、便于应用的系统模型——传递函数。

2.3.1　Laplace 变换

由表达式（2-27），可定义函数 $f(t)$ 的 Laplace 变换。若函数 $f(t)$ 在 $0 \leqslant t < \infty$ 的任一有限区间上分段连续，对于正实数 σ 和大的 t，设 $f(t)$ 的增长速度慢于 $e^{\sigma t}$，即

$$\int_0^\infty | f(t)e^{-\sigma t} | dt < \infty \qquad （2-29）$$

称积分变换

$$F(s) = \mathscr{L}[f(t)] = \int_0^\infty f(t)e^{-st}dt \qquad （2-30a）$$

为 $f(t)$ 的 Laplace 变换。式中，$s = \sigma + i\omega$ 为复变量，称为复频率。其中，ω 为实数频率，它描述信号的振荡频率，正实数 σ 描述信号函数 $f(t)$ 振荡幅度的增长或衰减速率。当函数 $f(t)$ 在 0 点有跳跃时，Laplace 变换的积分下限从 0^- 开始，即

$$F(s) = \mathscr{L}[f(t)] = \int_{0^-}^\infty f(t)e^{-st}dt$$

由象函数 $F(s)$ 求原函数 $f(t)$，可以使用如下的 Laplace 反变换

$$f(t) = \mathscr{L}^{-1}[F(s)] = \frac{1}{2\pi i} \int_{\sigma-i\infty}^{\sigma+i\infty} F(s)e^{st}ds \qquad （2-30b）$$

1. 几种常见函数的 Laplace 变换

（1）单位脉冲 $\delta(t)$

$$\mathscr{L}[\delta(t)] = \int_0^\infty \delta(t)e^{-st}dt = e^{-st}\big|_{t=0} = 1$$

（2）单位阶跃 1(t)

$$\mathscr{L}[1(t)] = \int_0^\infty 1 \cdot e^{-st}dt = -\frac{1}{s}e^{-st}\bigg|_0^\infty = \frac{1}{s}$$

（3）单边指数函数

$$f(t) = \begin{cases} 0 & t < 0 \\ \mathrm{e}^{-at} & t \geqslant 0 \end{cases}$$

$$\mathscr{L}[\mathrm{e}^{-at}] = \int_0^\infty \mathrm{e}^{-at} \cdot \mathrm{e}^{-st} \mathrm{d}t = -\frac{1}{s+a} \mathrm{e}^{-(s+a)t} \bigg|_0^\infty = \frac{1}{s+a}$$

（4）正弦函数

$$f(t) = \begin{cases} 0 & t < 0 \\ \sin \omega t & t \geqslant 0 \end{cases}$$

$$\begin{aligned} \mathscr{L}[\sin \omega t] &= \mathscr{L}\left[\frac{1}{2\mathrm{i}}(\mathrm{e}^{\mathrm{i}\omega t} - \mathrm{e}^{-\mathrm{i}\omega t}) \right] \\ &= \frac{1}{2\mathrm{i}} \left\{ \mathscr{L}[\mathrm{e}^{\mathrm{i}\omega t}] - \mathscr{L}[\mathrm{e}^{-\mathrm{i}\omega t}] \right\} \\ &= \frac{1}{2\mathrm{i}} \left(\frac{1}{s - \mathrm{i}\omega} - \frac{1}{s + \mathrm{i}\omega} \right) \\ &= \frac{\omega}{s^2 + \omega^2} \end{aligned}$$

2．卷积定理

若 $y(t) = \int_0^\infty g(\tau)u(t-\tau)\mathrm{d}\tau$ ，则 $Y(s) = G(s)U(s)$ 。

证明： $Y(s) = \int_0^\infty y(t) \cdot \mathrm{e}^{-st} \mathrm{d}t = \int_0^\infty \left[\int_0^\infty g(\tau)u(t-\tau)\mathrm{d}\tau \right] \cdot \mathrm{e}^{-st} \mathrm{d}t$

$$= \int_0^\infty \int_0^\infty g(\tau)u(t-\tau) \cdot \mathrm{e}^{-s(t-\tau)}\mathrm{e}^{-s\tau} \mathrm{d}\tau \mathrm{d}t$$

$$= \left[\int_0^\infty g(\tau) \cdot \mathrm{e}^{-s\tau} \mathrm{d}\tau \right] \cdot \left[\int_0^\infty u(t) \cdot \mathrm{e}^{-st} \mathrm{d}t \right] = G(s)U(s)$$

利用卷积定理，我们可以把时域中两个原函数的卷积运算转换为复频域中两个象函数的乘法运算，在这基础上建立了系统的传递函数概念，这一重要概念的应用为研究信号经 LTI 系统传输和系统互联提供了方便。

3．Laplace 变换的重要特性

在控制理论中，除了 Laplace 变换的卷积定理外，还应用 Laplace 变换的如下特性。

（1）线性性质

$$\mathscr{L}[af(t) + bg(t)] = a\mathscr{L}[f(t)] + b\mathscr{L}[g(t)]$$

证明： $\mathscr{L}[af(t) + bg(t)] = \int_0^\infty [af(t) + bg(t)]\mathrm{e}^{-st}\mathrm{d}t$

$$= a\int_0^\infty f(t)\mathrm{e}^{-st}\mathrm{d}t + b\int_0^\infty g(t)\mathrm{e}^{-st}\mathrm{d}t$$

$$= a\mathscr{L}[f(t)] + b\mathscr{L}[g(t)]$$

这种线性性质表征了 LTI 系统的叠加性和齐次性。

（2）微分定理

$$\mathscr{L}\left[\frac{\mathrm{d}f(t)}{\mathrm{d}t} \right] = s\mathscr{L}[f(t)] - f(0)$$

证明：

$$\mathscr{L}\left[\frac{\mathrm{d}f(t)}{\mathrm{d}t}\right] = \int_0^\infty \frac{\mathrm{d}f(t)}{\mathrm{d}t}\mathrm{e}^{-st}\mathrm{d}t$$
$$= \int_0^\infty \mathrm{e}^{-st}\mathrm{d}f(t)$$
$$= f(t)\mathrm{e}^{-st}\Big|_0^\infty + s\int_0^\infty f(t)\mathrm{e}^{-st}\mathrm{d}t$$
$$= -f(0) + s\mathscr{L}[f(t)]$$

进一步，可以推出

$$\mathscr{L}[f^{(n)}(t)] = s^n\mathscr{L}[f(t)] - s^{n-1}f(0) - s^{n-2}f^{(1)}(0) - \cdots - f^{(n-1)}(0)$$

在零初始条件下，$f(0) = f'(0) = \cdots = f^{(n-1)}(0) = 0$，有 $\mathscr{L}[f^{(n)}(t)] = s^n\mathscr{L}[f(t)]$。用微分定理可以把微分方程的求解问题简化为 s 域代数方程的求解。

（3）积分定理

$$\mathscr{L}\left[\int_0^t f(\tau)\mathrm{d}\tau\right] = \frac{1}{s}\mathscr{L}[f(t)]$$

证明： 借助分部积分求得

$$\mathscr{L}\left[\int_0^t f(\tau)\mathrm{d}\tau\right] = \int_0^\infty\left[\int_0^t f(\tau)\mathrm{d}\tau\right]\mathrm{e}^{-st}\mathrm{d}t$$
$$= -\frac{1}{s}\int_0^\infty\left[\int_0^t f(\tau)\mathrm{d}\tau\right]\mathrm{d}\mathrm{e}^{-st}$$
$$= -\frac{1}{s}\left[\mathrm{e}^{-st}\int_0^t f(\tau)\mathrm{d}\tau\right]_0^\infty + \frac{1}{s}\int_0^\infty \mathrm{e}^{-st}\mathrm{d}\left[\int_0^t f(\tau)\mathrm{d}\tau\right]$$
$$= 0 + \frac{1}{s}\int_0^\infty \mathrm{e}^{-st}f(t)\mathrm{d}t$$
$$= \frac{1}{s}\mathscr{L}[f(t)]$$

进一步，可以推出

$$\mathscr{L}\left[\iint\cdots\int f(t)\mathrm{d}t^n\right] = \frac{1}{s^n}\mathscr{L}[f(t)]$$

在系统实现和仿真系统中，积分定理的应用非常普遍。

（4）延时定理

$$\mathscr{L}[f(t-\tau)] = \mathrm{e}^{-\tau s}\mathscr{L}[f(t)], \quad \tau > 0$$

证明：

$$\mathscr{L}[f(t-\tau)] = \int_0^\infty f(t-\tau)\mathrm{e}^{-st}\mathrm{d}t$$
$$= \int_0^\infty f(t-\tau)\mathrm{e}^{-s(t-\tau)}\mathrm{e}^{-\tau s}\mathrm{d}(t-\tau)$$
$$= \mathrm{e}^{-\tau s}\int_0^\infty f(t-\tau)\mathrm{e}^{-s(t-\tau)}\mathrm{d}(t-\tau)$$
$$= \mathrm{e}^{-\tau s}\int_{-\tau}^\infty f(r)\mathrm{e}^{-s(r)}\mathrm{d}r$$
$$= \mathrm{e}^{-\tau s}\mathscr{L}[f(t)]$$

（5）终值定理

$$\lim_{t \to \infty} f(t) = f(\infty) = \lim_{s \to 0} sF(s)$$

证明：$\lim_{s \to 0} sF(s) = \lim_{s \to 0} \int_0^\infty se^{-st} f(t)\mathrm{d}t = \lim_{s \to 0} \int_0^\infty e^{-\tau} f\left(\frac{\tau}{s}\right)\mathrm{d}\tau = f(\infty)$

函数 $f(t)$ 在较大 t 值处的行为特性取决于函数 $sF(s)$ 在较小 s 值处的值。在计算系统的稳态误差时，常使用终值定理，把时域信号无穷时间的值简化为 s 域原点象函数的计算。

（6）初值定理

$$\lim_{t \to 0} f(t) = f(0) = \lim_{s \to \infty} sF(s)$$

证明：$\lim_{s \to \infty} sF(s) = \lim_{s \to \infty} \int_0^\infty se^{-st} f(t)\mathrm{d}t = \lim_{s \to \infty} \int_0^\infty e^{-\tau} f\left(\frac{\tau}{s}\right)\mathrm{d}\tau = f(0)$

函数 $f(t)$ 在小 t 处的行为特性取决于函数 $sF(s)$ 在大 s 处的值。

2.3.2 传递函数

基于卷积定理，可以建立动态系统输入/输出的代数模型——传递函数，用于简洁地表征系统的动态特性。传递函数模型不仅可以应用于解析建模的系统，也可以应用于实验建模的系统。传递函数已成为控制系统描述的标准语言。

定义 2.1 在零初始条件下，LTI 系统输出的 Laplace 变换与输入的 Laplace 变换的比为传递函数或系统增益。

注释：传递函数是在零初始条件下定义的。零初始条件的含义是输入与输出及其各阶导数在 $t \leqslant 0$ 时的值均为零。

若已知 LTI 系统的输出 $y(t)$ 和输入 $u(t)$ 的 ODE 模型

$$\frac{\mathrm{d}^n y(t)}{\mathrm{d}t^n} + a_{n-1} \frac{\mathrm{d}^{n-1} y(t)}{\mathrm{d}t^{n-1}} + \cdots + a_1 \frac{\mathrm{d}y(t)}{\mathrm{d}t} + a_0 y(t)$$
$$= b_m \frac{\mathrm{d}^m u(t)}{\mathrm{d}t^m} + b_{m-1} \frac{\mathrm{d}^{m-1} u(t)}{\mathrm{d}t^{m-1}} + \cdots + b_1 \frac{\mathrm{d}u(t)}{\mathrm{d}t} + b_0 u(t) \tag{2-31}$$

式中，$a_{n-1}, \cdots, a_0$ 及 $b_m, b_{m-1}, \cdots, b_0$ 为由系统结构、参数决定的时不变系数。在零初始条件下，对式（2-31）两端进行 Laplace 变换，可得到相应的代数方程

$$(s^n + a_{n-1}s^{n-1} + \cdots + a_1 s + a_0)Y(s)$$
$$= (b_m s^m + b_{m-1}s^{m-1} + \cdots + b_1 s + b_0)U(s) \tag{2-32}$$

系统的传递函数为

$$G(s) = \frac{Y(s)}{U(s)} = \frac{b_m s^m + b_{m-1}s^{m-1} + \cdots + b_1 s + b_0}{s^n + a_{n-1}s^{n-1} + \cdots + a_1 s + a_0} \tag{2-33}$$

由此可见系统的 ODE 模型与传递函数具有一一对应的关系，它们都是由系统结构、参数决定的，两种模型可以互相转化。

【例2-6】 试求例 2-4 定速巡航控制系统中车速误差 e 依赖于坡度变化 $\mathrm{d}\theta/\mathrm{d}t$ 的传递函数。

解 由式（2-19b）可知车速误差 e 依赖于坡度变化 $\mathrm{d}\theta/\mathrm{d}t$ 的微分方程为

$$m\frac{\mathrm{d}^2 e}{\mathrm{d}t^2} + (2v_0\rho + ck_v k_p)\frac{\mathrm{d}e}{\mathrm{d}t} + ck_v k_i e = mgk_v \cos\theta_0 \frac{\mathrm{d}\theta}{\mathrm{d}t}$$

在零初始条件下，对上式两端取 Laplace 变换并整理，可得传递函数

$$G(s) = \frac{E(s)}{s\Theta(s)} = \frac{mgk_v\cos\theta_0}{ms^2 + (2v_0\rho + ck_vk_p)s + ck_vk_i}$$

注释 1：对于物理系统，由于系统的因果性，传递函数分母的阶次 n 总是大于或等于分子的阶次 m，传递函数是复变量 s 的有理真分式。

注释 2：传递函数只取决于系统结构和参数，与输入和初始条件无关。

注释 3：传递函数的 Laplace 反变换即为系统的脉冲响应，即 $g(t) = \mathscr{L}^{-1}[G(s)]$。

注释 4：传递函数只适用于 LTI 系统。

2.3.3 典型环节

不同的元部件可以有相同形式的传递函数，按传递函数形式的不同可将它们划分为几种典型环节。建立典型环节概念，是系统分解和互联的方法的基础。可以认为典型环节是构成系统传递函数的最基本单元，复杂系统是由典型环节互联构成的。表 2-1 给出了典型环节的名称及对应的传递函数模型。

表 2-1　典型环节的时间函数模型和传递函数模型

典型环节	时间函数模型	传递函数模型
比例环节	$y=ku$	k
微分环节	$y = \dfrac{\mathrm{d}u}{\mathrm{d}t}$	s
积分环节	$y = \int_0^t u(\tau)\mathrm{d}\tau$	$\dfrac{1}{s}$
惯性环节	$T\dfrac{\mathrm{d}y}{\mathrm{d}t} + y = u$	$\dfrac{1}{Ts+1}$
振荡环节	$\dfrac{\mathrm{d}^2y}{\mathrm{d}t^2} + 2\zeta\omega_n\dfrac{\mathrm{d}y}{\mathrm{d}t} + \omega_n^2y = \omega_n^2u,\quad 0\leqslant\zeta\leqslant1$	$\dfrac{\omega_n^2}{s^2 + 2\zeta\omega_ns + \omega_n^2}$
延迟环节	$y = u(t-\tau)$	$\mathrm{e}^{-\tau s}$

2.3.4 传递函数的两个标准式

传递函数通常表示成式（2-33）形式的有理真分式，根据系统分析的需要，也常表示成如下两种标准式。

1. 零、极点标准式

将传递函数（2-33）的分子、分母最高次项（首项）系数均化为 1，表示为

$$G(s) = \frac{K_1\prod\limits_{j=1}^{m}(s - z_j)}{\prod\limits_{i=1}^{n}(s - p_i)} \tag{2-34}$$

的形式，称为零、极点标准式。式中，$z_1, z_2, \cdots, z_m$ 为传递函数分子多项式等于零的根，称为传递函数的零点；$p_1, p_2, \cdots, p_n$ 为传递函数分母多项式等于零的根，称为传递函数的极点或特征根。

相应地，分母多项式称为系统的特征多项式。传递函数的零、极点及其分布在表征系统时域响应特性方面具有重要的作用。

2. 时间常数标准式

将传递函数（2-33）的分子、分母最低次项（尾项）系数均化为 1，表示为

$$G(s) = K \frac{\prod\limits_{k=1}^{m_1}(\tau_k s + 1) \prod\limits_{l=1}^{m_2}(\tau_l^2 s^2 + 2\xi \tau_l s + 1)}{s^v \prod\limits_{i=1}^{n_1}(T_i s + 1) \prod\limits_{j=1}^{n_2}(T_j^2 s^2 + 2\zeta T_j s + 1)} \qquad (2\text{-}35)$$

的形式，称为传递函数的时间常数标准式，式中每个因子都对应一个时间常数表示的典型环节。时间常数标准式在表征系统的频域特性时具有重要的作用。静态增益 K 与 K_1 的关系为

$$K = \frac{K_1 \prod\limits_{j=1}^{m}|z_j|}{\prod\limits_{i=1}^{n-v}|p_i|} \qquad (2\text{-}36)$$

在 MATLAB 中，使用语句 G=zpk(zero,pole,k)或 G=tf(num,den) 定义传递函数。

【例 2-7】 已知某系统的传递函数为 $G(s) = \dfrac{s+3}{s(s+2)(s^2+s+1)}$，求①系统的微分方程。

②系统传递函数的零、极点标准式和时间常数标准式。

解 ① 传递函数为

$$G(s) = \frac{Y(s)}{U(s)} = \frac{s+3}{s(s+2)(s^2+s+1)} = \frac{s+3}{s^4 + 3s^3 + 3s^2 + 2s}$$

即 $$(s^4 + 3s^3 + 3s^2 + 2s)Y(s) = (s+3)U(s)$$

在零初始条件下进行 Laplace 反变换，可得系统的微分方程

$$\frac{\mathrm{d}^4 y(t)}{\mathrm{d}t^4} + 3\frac{\mathrm{d}^3 y(t)}{\mathrm{d}t^3} + 3\frac{\mathrm{d}^2 y(t)}{\mathrm{d}t^2} + 2\frac{\mathrm{d}y(t)}{\mathrm{d}t} = \frac{\mathrm{d}u(t)}{\mathrm{d}t} + 3u(t)$$

② 令分子多项式等于零，求出 $z_1 = -3$；令分母多项式等于零，求出 $p_1 = 0$，$p_2 = -2$，$p_{3,4} = -\dfrac{1}{2} \pm \mathrm{i}\dfrac{\sqrt{3}}{2}$。系统的零、极点标准式为

$$G(s) = \frac{s+3}{s(s+2)\left(s + \dfrac{1}{2} - \mathrm{i}\dfrac{\sqrt{3}}{2}\right)\left(s + \dfrac{1}{2} + \mathrm{i}\dfrac{\sqrt{3}}{2}\right)}$$

时间常数标准式为

$$G(s) = \frac{1.5(0.33s + 1)}{s(0.5s + 1)(s^2 + s + 1)}$$

2.4 结构图及系统互联

复杂系统由若干个典型环节通过互联构成。如何描述系统的互联结构及简化系统传递函数的计算是一个重要的问题。结构图是一种简便的图形化系统模型，并存在代数运算规则。

2.4.1 结构图

系统的结构图是描述系统各组成元部件之间信号传递关系的数学图形，如图 2-7 所示。在系统方框图中将方框对应的元部件名称换成其相应的传递函数，并将环节的输入、输出量改用 Laplace 变换表示后，就转换成了相应的系统结构图。结构图不仅能清楚地表明系统的组成和信号的传递方向，而且能清楚地表示系统信号传递过程中的数学关系，它是一种图形化的系统数学模型，在控制理论中应用很广。

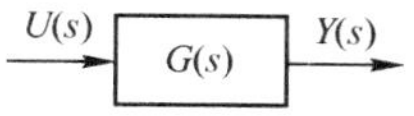

$U(s) \longrightarrow \boxed{G(s)} \longrightarrow Y(s)$

图 2-7　动态系统的结构图

结构图抓住系统本质，易于看出不同系统的相似结构，由于系统的传递函数是脉冲响应信号的 Laplace 变换，因此系统信号的 Laplace 变换与系统的传递函数具有相同的代数表征，由此结构图的运算遵循初等代数的运算规则，给系统分析和传递函数计算带来极大方便。

目前，控制工程已有专门的方框图建模工具，如 Mathworks 公司的 Simulink。图 2-8 为二阶欠阻尼系统 $\dfrac{V(s)}{V_r(s)} = \dfrac{\omega_n^2}{s^2 + 2\zeta\omega_n s + \omega_n^2}$ 的 Simulink 仿真实现。

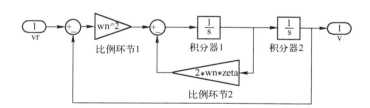

图 2-8　二阶欠阻尼系统的 Simulink 仿真实现

【例 2-8】　试绘制如图 2-4 所示的汽车定速巡航控制系统的结构图。

解　图 2-4 给出了汽车定速巡航控制系统的方框图。根据例 2-4 所写出的各元件的微分方程，可分别写出各元件对应的传递函数。

1）节气门执行器、发动机和变速箱：$\dfrac{F(s)}{U(s)} = c$

2）车体：$\dfrac{V(s)}{F(s)} = \dfrac{1}{ms + 2v_0\rho}$；$\dfrac{V(s)}{\Theta(s)} = \dfrac{-mg\cos\theta_0}{ms + 2v_0\rho}$

3）车速传感器：$\dfrac{V_f(s)}{V(s)} = k_v$

4）控制器：$\dfrac{U(s)}{E(s)} = k_p + \dfrac{k_i}{s}$，$E(s) = V_r(s) - k_v V(s)$

将图 2-4 中的元部件名称换成相应的传递函数，得到定速巡航控制系统的结构图，如图 2-9 所示。

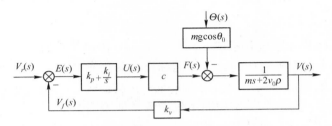

图 2-9　定速巡航控制系统的结构图

2.4.2　系统互联结构

在进行系统分析时，常需要按系统功能，把复杂系统分解为若干个简单子系统（环节）的互联。利用系统的结构图的等效变换（变换前、后输入量与输出量之间的传递函数保持不变），可以获得复杂系统的传递函数。下面介绍 3 种基本的系统互联结构及其等效变换公式。

1．串联结构

在图 2-10a 中，一个环节的输出为另一个环节的输入，称这两个环节为串联结构。把串联的两个环节看做一个整体，如图 2-10b 所示，则有

$$G(s) = \frac{Y(s)}{U(s)} = \frac{Y(s)}{U_1(s)}\frac{U_1(s)}{U(s)} = G_2(s)G_1(s) \qquad (2\text{-}37)$$

在 MATLAB 中，两个子系统模型 G_1 和 G_2 串联的传递函数由语句 $G = G_1 * G_2$ 求出。

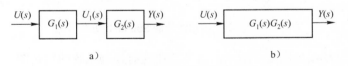

a)　　　　　　　　　　　　　　b)

图 2-10　串联结构及其等效变换

a) 串联结构　b) 等效变换

2．并联结构

在图 2-11a 中，两个环节的输入相同，而输出相加或相减成为总的输出，称这两个环节为并联结构。把并联的两个环节看做一个整体，如图 2-11b 所示，则有

$$G(s) = \frac{Y(s)}{U(s)} = \frac{Y_1(s) \pm Y_2(s)}{U(s)} = \frac{Y_1(s)}{U(s)} \pm \frac{Y_2(s)}{U(s)} = G_1(s) \pm G_2(s) \qquad (2\text{-}38)$$

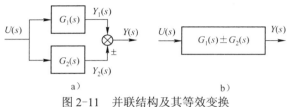

图 2-11 并联结构及其等效变换

a) 并联结构　b) 等效变换

在 MATLAB 中，两个子系统模型 G_1 和 G_2 并联的传递函数由语句 $G=G_1+G_2$ 或 $G=G_1-G_2$ 求出。

上述结论可以推广到多个环节的串联或并联情况，环节串联后的总传递函数等于各个串联环节传递函数的乘积，环节并联后的总传递函数等于各个并联环节传递函数相加或相减。

3. 反馈结构

在图 2-12a 中，每个环节的输出都为另一个环节的输入，整体上系统输出信号对控制作用有直接影响，形成环路，称为反馈结构。把反馈结构看做一个整体，如图 2-12b 所示，由此可写出

$$Y(s) = G(s)E(s) = G(s)[U(s) \pm Z(s)] = G(s)[U(s) \pm H(s)Y(s)]$$

由此得到

$$Y(s) = \frac{G(s)}{1 \mp G(s)H(s)}U(s)$$

所以反馈联结后的闭环传递函数为

$$G_{yu}(s) = \frac{G(s)}{1 \mp G(s)H(s)} \tag{2-39}$$

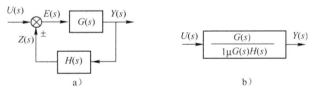

图 2-12 反馈结构及其等效变换

a) 反馈结构　b) 等效变换

当反馈通道的传递函数 $H(s) = 1$ 时，相应系统为单位反馈系统，此时闭环传递函数为

$$G_{yu}(s) = \frac{G(s)}{1 \mp G(s)} \tag{2-40}$$

在 MATLAB 中，子系统 G 和 H 负反馈或正反馈连接的总传递函数 T 由函数调用 T=feedback(G, H ,-1) 或 T=feedback(G, H, +1) 求出。

上述 3 种互联为典型结构，它们的等效传递函数计算可直接应用公式。在结构图简化过程中，当系统中出现信号交叉时，需要移动综合点或引出点的位置，这时应注意保持移动前后信号传递的等效性。除了上面讲述的系统互联结构外，表 2-2 还汇集了一些常用的结构图等效变换关系。

表 2-2　结构图化简中常用的等效变关系

原　结　构	等　效　结　构
(框图：$U(s) \to G(s) \to \otimes \to Y(s)$，$\pm D(s)$)	(框图：$U(s) \to \otimes \to G(s) \to Y(s)$，$\pm$，$\frac{1}{G(s)} \leftarrow D(s)$)
(框图：$U(s) \to \otimes \to G(s) \to Y(s)$，$\pm D(s)$)	(框图：$U(s) \to G(s) \to \otimes \to Y(s)$，$D(s) \to G(s) \to \pm$)
(框图：$U(s) \to G(s)$，输出 $Y(s)$，$Y(s)$)	(框图：$U(s) \to G(s) \to Y(s)$；$G(s) \to Y(s)$)
(框图：$U(s) \to G(s) \to Y(s)$，引出 $U(s)$)	(框图：$U(s) \to G(s) \to Y(s)$；$\frac{1}{G(s)} \to U(s)$)
(框图：$U(s) \to \otimes \to \otimes \to E(s)$，$\pm D(s)$，$\pm F(s)$)	(框图：$F(s)$，$U(s) \to \otimes \to E(s)$，$\pm$，$\pm$，$D(s)$)

【例 2-9】　求如图 2-13a 所示的多回路系统的闭环传递函数 $G_{yu}(s)$。

　　解　先将引出点 c 后移至点 d，综合点 a 和点 b 合并，将图 2-13a 简化成图 2-13b 所示结构；在图 2-13b 中，$H_3(s)$ 和 $1/G_3(s)$ 串联，再与 $H_2(s)$ 并联构成反馈通道，此反馈通道与串联的 $G_2(s)$ 和 $G_3(s)$ 组成反馈回路，可以简化为如图 2-13c 所示的单回路结构，对此单回路结构图再进行串联及反馈变换，最后得到的系统闭环传递函数如下：

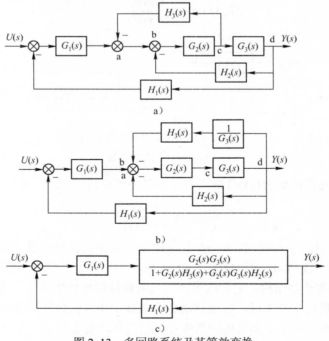

图 2-13　多回路系统及其等效变换

a) 原系统　b) 点 c 后移至点 d，点 a 与点 b 合并　c) 单回路结构

$$G_{yu}(s) = \frac{G_1(s)G_2(s)G_3(s)}{1 + G_2(s)H_3(s) + G_2(s)G_3(s)H_2(s) + G_1(s)G_2(s)G_3(s)H_1(s)}$$

2.5 信号流图及 Mason 增益公式

对于关联性复杂的互联系统，利用结构图化简法求取系统的传递函数较为琐碎甚至是难以完成的，较为直接和简易的方法是利用信号流图（Signal Flow Graphs）及 Mason 增益公式。

信号流图也是描述系统的一种图示模型。它和结构图一样，可用于表示系统的结构及变量传递过程中的数学关系。它的符号简单，不必经过图形简化，可以通过 Mason 增益公式直接求得系统的传递函数，特别适合于复杂互联系统的增益计算。

2.5.1 信号流图

对于如图 2-14a 所示的控制系统，其相应的信号流图如图 2-14b 所示。图 2-14b 中的各变量用圆圈表示，各变量之间的关系采用有向线段描述。

在信号流图中，使用了如下一些术语和定义。

节点：表示系统中的变量或信号的点。节点在图中用圆圈表示。

支路：连接两个节点之间因果关系的定向线段。

支路增益：两个节点之间的传递函数叫做支路增益。

源节点：只有输出支路而无输入支路的节点称为源点或输入节点。图 2-14b 中的 R 节点、D 节点和 N 节点均为源点，相当于输入信号。

输出节点：只有输入支路而无输出支路的节点称为输出节点。图 2-14b 中的 Y_1 节点就属于输出节点，对应系统的输出信号。

混合节点：既有输入支路、又有输出支路的节点称为混合节点，图 2-14b 中的 E、V、Y 就是混合节点。

通路：沿支路箭头方向通过各相连支路的途径（不允许有反方向的支路存在）。

开通路：通路与任一节点相交不多于一次。

回路：通路的终点就是通路的起点，并且与其他任何节点相交不多于一次的闭合路径。回路又称闭通路，如图 2-14b 中的 E-V-Y-E。

前向通路：从源节点到输出节点方向的通路上，通过其他任何节点不多于一次的全部通路，如图 2-14b 中的 R-E-V-Y-Y_1、D-V-Y-Y_1 和 N-Y-Y_1。

回路增益：回路中各支路增益的乘积称为回路增益，如图 2-14b 中的 $-CPH$。

前向通路增益：前向通路中各支路增益的乘积称为前向通路增益，如图 2-14b 中的 FCP。

不接触回路：信号流图中没有任何共同节点的回路，称为不接触回路。

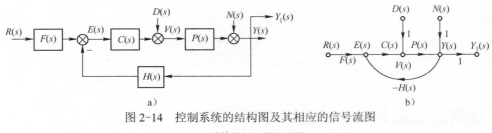

图 2-14　控制系统的结构图及其相应的信号流图

a) 结构图　b) 信号流图

2.5.2　Mason 增益公式

采用 Mason 增益公式可以根据信号流图或结构图的观察和分析，方便地求得系统输入与输出之间的传递函数。Mason 增益公式为

$$G = \frac{1}{\Delta} \sum_{k=1}^{l} F_k \Delta_k \tag{2-41}$$

式中，

$$\Delta = 1 - \sum L_a + \sum L_b L_c - \sum L_d L_e L_f + \cdots \tag{2-42}$$

称为信号流图的特征行列式。

其中，$\sum L_a$ 为所有不同回路的回路增益之和；

$\sum L_b L_c$ 为每两个互不接触回路增益的乘积之和；

$\sum L_d L_e L_f$ 为每 3 个互不接触回路增益的乘积之和；

l 是从输入节点到输出节点间的前向通路数；

F_k 表示由源节点到输出节点间第 k 条前向通路的支路增益；

Δ_k 称为第 k 条前向通路特征行列式的余子式。它是除去与第 k 条前向通路相接触的回路外，余下的特征行列式。

【例 2-10】　已知某控制系统的结构图如图 2-15 所示，试求传递函数 $Y(s)/R(s)$。

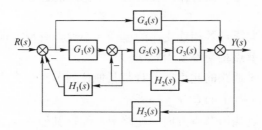

图 2-15　复杂系统的结构图

解　由于存在相邻的不可互换位置的引出点和综合点，采用结构图变换方法非常困难，采用 Mason 增益公式可以很容易地求取传递函数。由于信号流图与结构图具有一一对应关系，不必画出信号流图，使用结构图更容易看出各回路及它们之间的关联性。在图 2-15 中，有 4 个独立回路：$L_1 = -G_4 H_3$，$L_2 = -G_1 G_2 G_3 H_3$，$L_3 = -G_2 G_3 H_2$，$L_4 = -G_1 H_1$；有 2 条前向通路，

其前向通路的传递函数分别为 $F_1 = G_1G_2G_3$，$\Delta_1 = 1$，$F_2 = G_4$，$\Delta_2 = 1 + G_2G_3H_2$；有 1 组互不接触回路：L_1 和 L_3。应用 Mason 增益公式（2-42）可直接写出系统的传递函数为

$$\frac{Y}{R} = \frac{F_1\Delta_1 + F_2\Delta_2}{\Delta}$$

$$= \frac{G_1G_2G_3 + G_4(1 + G_2G_3H_2)}{1 + G_4H_3 + G_1G_2G_3H_3 + G_2G_3H_2 + G_1H_1 + G_2G_3G_4H_2H_3}$$

当系统中有多个输入和多个输出信号时，用 Mason 增益公式仍可以方便地求任意一对输入和输出信号间的传递函数。

2.6 闭环系统的特性

为减少负载扰动或系统结构和参数变化引起的系统不确定性，可以使用反馈控制。不失一般性，考虑图 2-16 所示的单位反馈控制系统，该系统由"控制器"与"过程"两部分构成。许多闭环控制系统的特性都可以归结为该系统的传递函数的分析。其中，$R(s)$ 表示指令输入信号，$D(s)$ 表示负载扰动信号，$N(s)$ 表示测量噪声信号，$Y(s)$ 表示测量输出，$X(s)$ 为过程输出，$E(s)$ 为误差信号，$U(s)$ 为控制信号，$V(s)$ 为过程输入。$C(s)$ 为控制器的传递函数，$P(s)$ 为被控对象的传递函数。若将 $R(s)$、$D(s)$ 和 $N(s)$ 分别作为系统的输入，$Y(s)$、$E(s)$ 和 $U(s)$ 作为系统的输出，则图 2-16 中的系统就成为具有 3 个输入、3 个输出的系统。当 3 个输入量同时作用于线性系统时，应用叠加原理，可以先考虑各输入分别作用于系统的响应，然后计算作用到闭环系统总的输出响应。

还可以地把如图 2-16 所示的系统进一步抽象，形式化地用如图 2-17 所示的输入-输出描述表示。其中，$\boldsymbol{W} = [R \quad D \quad N]^{\mathrm{T}}$ 为系统的外部输入，U 为控制信号，Y 为系统的测量输出，$\boldsymbol{Z} = [E \quad V \quad X]^{\mathrm{T}}$ 为系统的输出。该系统所有的闭环传递函数的分母都为 $1 + C(s)P(s)$，这是闭环控制系统的本质特征。$1 + C(s)P(s) = 0$ 的根即为闭环系统的极点。

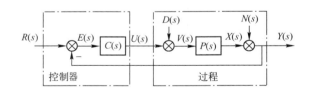

图 2-16 单位反馈控制系统

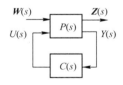

图 2-17 反馈控制系统的抽象化模型

传递函数

$$L(s) = P(s)C(s) \tag{2-43}$$

在系统的描述和研究中起着非常重要的作用，称为开环传递函数。人为地在反馈点断开系统反馈通路（见图 2-18 中的 B 点），就可以获得开环传递函数 $L(s) = P(s)C(s)$。在这里，$L(s)$ 是针对闭环系统而言的，而不是指开环系统的传递函数。

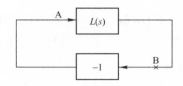

图 2-18　开环传递函数

1．闭环传递函数

在描述指令输入、负载扰动、测量噪声和模型摄动等对系统的影响时，常使用如下 4 个基本的闭环传递函数。

（1）指令输入至测量输出的传递函数

令 $D(s)=0$ ， $N(s)=0$ ，可求出测量输出对指令输入的传递函数为

$$G_{yr}(s)=\frac{Y(s)}{R(s)}=\frac{P(s)C(s)}{1+L(s)} \tag{2-44}$$

（2）测量噪声至测量输出的传递函数

令 $R(s)=0$ ， $D(s)=0$ ，可求出测量输出对测量噪声输入的传递函数为

$$G_{yn}(s)=\frac{Y(s)}{N(s)}=\frac{1}{1+L(s)} \tag{2-45}$$

（3）负载扰动至测量输出的传递函数

令 $R(s)=0$ ， $N(s)=0$ ，可求出测量输出对负载扰动输入的传递函数为

$$G_{yd}(s)=\frac{Y(s)}{D(s)}=\frac{P(s)}{1+L(s)} \tag{2-46}$$

（4）指令输入至控制的传递函数

令 $D(s)=0$ ， $N(s)=0$ ，可求出控制对指令输入的传递函数为

$$G_{ur}(s)=\frac{U(s)}{R(s)}=\frac{C(s)}{1+L(s)} \tag{2-47}$$

由 $\dfrac{P(s)C(s)}{1+L(s)}$ ， $\dfrac{1}{1+L(s)}$ ， $\dfrac{P(s)}{1+L(s)}$ ， $\dfrac{C(s)}{1+L(s)}$ 组成的闭环系统"四元组"具有相同的分母，由开环传递函数 $L(s)$ 唯一确定。其他的闭环传递函数都由这 4 个基本传递函数导出。例如，很容易计算各输入作用下的系统响应：

负载扰动至误差的传递函数

$$G_{ed}(s)=-\frac{P(s)}{1+L(s)}=-G_{yd}(s) \tag{2-48}$$

测量噪声至误差的传递函数

$$G_{en}(s)=-\frac{1}{1+L(s)}=-G_{yn}(s) \tag{2-49}$$

测量噪声至控制的传递函数

$$G_{un}(s)=-\frac{C(s)}{1+L(s)}=-G_{ur}(s) \tag{2-50}$$

负载扰动至控制的传递函数

$$G_{ud}(s) = -\frac{P(s)C(s)}{1+L(s)} = -G_{yr}(s) \qquad (2\text{-}51)$$

指令输入至误差的传递函数

$$G_{er}(s) = \frac{1}{1+L(s)} = G_{yn}(s) \qquad (2\text{-}52)$$

测量噪声至过程输出的传递函数

$$G_{xn}(s) = -\frac{P(s)C(s)}{1+L(s)} = -G_{yr}(s) \qquad (2\text{-}53)$$

2. 指令跟踪和负载扰动、测量噪声抑制

由叠加原理及式（2-44）～（2-52），可求出系统在指令输入、负载扰动和测量噪声同时作用下系统总的测量输出、控制和误差，写成矩阵形式为

$$\begin{pmatrix} Y(s) \\ U(s) \\ E(s) \end{pmatrix} = \frac{1}{1+L(s)} \begin{pmatrix} P(s)C(s) & P(s) & 1 \\ C(s) & -P(s)C(s) & -C(s) \\ 1 & -P(s) & -1 \end{pmatrix} \begin{pmatrix} R(s) \\ D(s) \\ N(s) \end{pmatrix} \qquad (2\text{-}54)$$

如果设计控制器的传递函数 $C(s)$ ，使 $\frac{P(s)C(s)}{1+L(s)} \approx 1$，$\frac{P(s)}{1+L(s)} \approx 0$，$\frac{1}{1+L(s)} \approx 0$，则 $y(t) \approx r(t)$，$e(t) \approx 0$，即系统输出几乎跟踪指令的变化，并且几乎不受扰动和噪声的影响。

3. 灵敏度函数

当被控系统的某些部件的参数发生变化时（如由车速的改变、电子器件的老化、温度的变化，以及电源电压波动等引起），系统的外部特性将随之改变，利用反馈技术可以削弱参数变化对整个闭环系统的影响。记闭环传递函数为

$$T(s) = \frac{P(s)C(s)}{1+P(s)C(s)} = G_{yr}$$

若过程模型具有微变量 $\mathrm{d}P$ ，则 T 的微变量为

$$\begin{aligned} \mathrm{d}T(s) &= \frac{C(s)\mathrm{d}P(s)}{1+P(s)C(s)} - \frac{P(s)C(s)^2\mathrm{d}P(s)}{(1+P(s)C(s))^2} \\ &= \frac{P(s)C(s)}{1+P(s)C(s)} \left(\frac{1}{P(s)} - \frac{C(s)}{1+P(s)C(s)} \right) \mathrm{d}P(s) \\ &= \frac{T(s)\mathrm{d}P(s)}{P(s)(1+P(s)C(s))} \end{aligned}$$

则闭环传递函数的相对微变量为

$$\frac{\mathrm{d}T(s)}{T(s)} = \frac{1}{1+P(s)C(s)} \frac{\mathrm{d}P(s)}{P(s)} \qquad (2\text{-}55)$$

称

$$S(s) = \frac{1}{1+P(s)C(s)} = \frac{\mathrm{d}T(s)/T(s)}{\mathrm{d}P(s)/P(s)} \qquad (2\text{-}56)$$

为**灵敏度函数**(Sensitivity Function)。其中，$dT(s)/T(s)$ 和 $dP(s)/P(s)$ 分别为系统闭环传递函数的相对微变量和过程模型的相对微变量。灵敏度函数越小，系统性能变化越小。称闭环传递函数 $T(s)$

$$T = \frac{P(s)C(s)}{1+PC} = 1 - \frac{1}{1+PC} = 1 - S$$

为**余灵敏度函数**（Complementary Sensitivity）。

对于开环系统，显然有 $S(s)=1$；引入反馈后，若 $|L(s)|\gg1$，则 $|S(s)|\ll1$，$T(s)\approx1$，模型摄动不影响闭环系统的性能，我们称这样的系统为鲁棒控制系统。

若指令输入信号 $R(s)=0$，对于开环控制，输出为 $Y_{ol}(s) = P(s)D(s) + N(s)$；对于反馈控制，由式（2-54）给出输出

$$Y_{cl}(s) = \frac{1}{1+L(s)}(P(s)D(s) + N(s)) = \frac{1}{1+L(s)}Y_{ol}(s) = S(s)Y_{ol}(s)$$

有

$$\frac{Y_{cl}(s)}{Y_{ol}(s)} = S(s) \tag{2-57}$$

若 $|S(s)|\ll1$，则 $|Y_{cl}(s)|\ll|Y_{ol}(s)|$，就扰动的抑制性能而言，闭环系统远远优于开环系统。

由此可见，灵敏度函数不但可以描述系统对于过程参数变化的鲁棒性能，同时也刻画了闭环系统对于扰动的抑制性能。在后续章节中，我们将会看到系统的稳定鲁棒性能和测量噪声衰减与灵敏度函数相关。

2.7 小结

本章是后续章节的基础，主要介绍了 3 个方面的内容：时域模型和复频域模型；传递函数与系统互联；闭环控制系统传递函数。

1）数学模型是描述系统变量之间关系的数学表达式，是对系统进行理论分析研究的主要依据。

ODE 和卷积积分表示式是 LTI 系统的主要时域数学模型。

传递函数是在零初始条件下 LTI 系统输出的 Laplace 变换和输入的 Laplace 变换之比。熟练掌握和运用传递函数的概念，有助于我们分析和研究复杂系统。

2）结构图和信号流图是两种用图形表示的系统数学模型，直观形象，便于进行系统分解和互联的研究。应用 Mason 增益公式易于求解复杂互联系统的传递函数。

3）闭环系统可以抑制系统外部扰动和内部结构参数变化对系统性能的影响，这些作用和影响可以由灵敏度函数刻画。

2.8 习题

2-1 已知 $R\text{-}L\text{-}C$ 网络如题 2-1 图所示，试列写以 u_i 为输入，u_o 为输出的微分方程模型。

2-2 已知机械系统如题 2-2 图所示，其中，位移 x_i 为输入，位移 x_o 为输出。试列写该系统的微分方程模型及其传递函数。

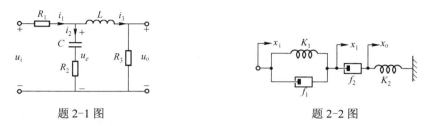

题 2-1 图　　　　　　　　　　　　题 2-2 图

2-3 已知水箱系统如题 2-3 图所示，该系统为有自衡能力的双容过程，其中，C_1、C_2 分别为水箱 1 和水箱 2 的容量系数，R_1、R_2 和 R_3 分别为阀门 1、阀门 2 和阀门 3 的液阻，q_1、q_2 和 q_3 为通过阀门 1、阀门 2 和阀门 3 的流量，h_1、h_2 为水箱 1 和水箱 2 中液面的高度。试列写该系统以 q_1 为输入，以 h_2 为输出的微分方程，并求传递函数 $G(s) = \dfrac{H_2(s)}{Q_1(s)}$。

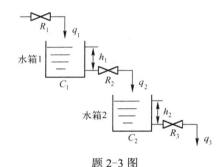

题 2-3 图

2-4 试求下列函数的 Laplace 变换，假设 $t < 0$ 时，函数 $f(t) = 0$。

（1）$f(t) = 2\sin\left(3t + \dfrac{\pi}{6}\right)$ 　　　　（2）$f(t) = 5(1 - \cos 2t)$

（3）$f(t) = e^{-3t}\cos 4t$ 　　　　　　　（4）$f(t) = t\cos 3t$

2-5 已知某传递函数为 $G(s) = \dfrac{2s^2 + 14s + 12}{s^4 + 5s^3 + 12s^2 + 18s}$，求

（1）传递函数的零、极点标准式。

（2）系统的静态增益 K。

（3）系统的微分方程。

2-6 试用结构图等效化简求如题 2-6 图所示的传递函数 $\dfrac{Y(s)}{U(s)}$。

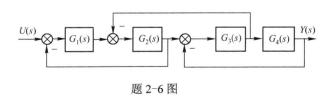

题 2-6 图

2-7 已知系统方程组如下：

$$\begin{cases} X_1(s) = G_1(s)\{U(s) - [H_3(s) - H_4(s)]Y(s)\} \\ X_2(s) = G_2(s)[X_1(s) - H_1(s)X_3(s)] \\ X_3(s) = G_3(s)[X_2(s) - Y(s)H_2(s)] \\ Y(s) = G_4(s)X_3(s) \end{cases}$$

试绘制系统结构图，并求闭环传递函数 $\dfrac{Y(s)}{U(s)}$。

2-8 试用 Mason 增益公式求题 2-8 图中各系统的传递函数 $\dfrac{Y(s)}{U(s)}$。

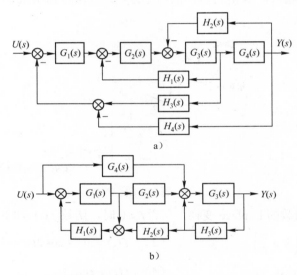

a)

b)

题 2-8 图

2-9 已知系统如题 2-9 图所示，试求系统的传递函数 $\dfrac{Y(s)}{U(s)}$。

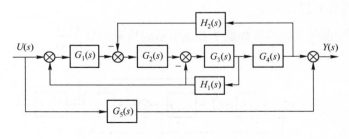

题 2-9 图

2-10 已知系统如题 2-10 图所示，试求系统的输出 $Y(s)$。

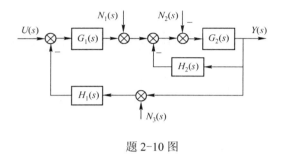

题 2-10 图

第3章　连续时间线性系统的时域分析

在控制理论中，对控制系统的分析可以分为时域分析和频域分析两类。对系统施加一个给定的输入信号，通过研究系统的时间响应来评价系统的性能，这就是控制系统的时域分析。本章的主要内容就是通过对 ODEs 模型进行 Laplace 变换来研究线性控制系统的时域性能。

3.1　典型输入信号及其 Laplace 变换

控制系统的时域响应取决于系统本身的结构和参数，还有系统的初始状态和输入信号的形式。实际上，系统的输入往往都是不确定的。为了便于分析和设计，常采用一些典型的输入信号，这样可以使问题的数学处理系统化，而且可以由此应用线性系统的叠加原理推知更复杂输入下的系统性能。所谓典型输入信号，是指很接近实际控制系统经常遇到的输入信号，并在数学描述上加以理想化后能用较为简单的函数形式表达出来的信号。

3.1.1　阶跃函数

阶跃函数形式的输入信号在实际控制系统中最为常见。例如，给冰箱设置一个固定的温度，冰箱的电气系统就运转输出给定温度的环境。这个设置的温度，就是冰箱系统的阶跃输入信号，一般它在短期内不会再变化。对于火炮控制系统，给定目标的距离和方位都是一个阶跃输入信号。类似的系统还有空调、水位调节系统、飞机的自动驾驶仪等。

阶跃函数的数学表达式为

$$r(t) = \begin{cases} 0 & t < 0 \\ A & t \geqslant 0 \end{cases} \tag{3-1}$$

式中，A 为常数。$A = 1$ 时称为单位阶跃函数，记为 $\mathrm{l}(t)$。单位阶跃函数的 Laplace 变换为

$$R(s) = \frac{1}{s} \tag{3-2}$$

3.1.2　斜坡函数

斜坡函数通常用于跟踪系统。例如，高射炮控制系统要瞄准巡航中的飞机，就必须不断调整方向，跟随飞机位置的变化。这种位置随时间线性增长的输入信号，就是斜坡函数。故斜坡函数也称为等速度函数，它是阶跃函数对时间的积分。

斜坡函数的数学表达式为

$$r(t) = \begin{cases} 0 & t < 0 \\ At & t \geqslant 0 \end{cases} \tag{3-3}$$

式中，A 为常数。$A = 1$ 时称为单位斜坡函数。单位斜坡函数的 Laplace 变换为

$$R(s) = \frac{1}{s^2} \tag{3-4}$$

3.1.3 抛物线函数

抛物线函数也称为等加速度函数，它是斜坡函数对时间的积分。这种信号可用于研究导弹的控制系统。导弹追踪战斗机不同于高射炮瞄准巡航中的飞机，因为战斗机的速度是不断变化的。在这种情况下，控制系统跟随的是变化的速度。

抛物线函数的数学表达式为

$$r(t) = \begin{cases} 0 & t < 0 \\ At^2 & t \geqslant 0 \end{cases} \tag{3-5}$$

式中，A 为常数。$A = 1/2$ 时称为单位抛物线函数。单位抛物线函数的 Laplace 变换为

$$R(s) = \frac{1}{s^3} \tag{3-6}$$

图 3-1 为阶跃函数、斜坡函数和抛物线函数的图形。

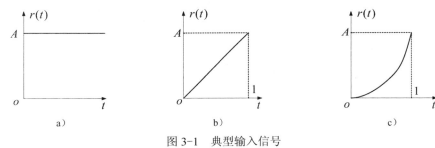

图 3-1 典型输入信号

a）阶跃函数 b）斜坡函数 c）抛物线函数

3.1.4 脉冲函数

脉冲函数是作用时间无限短，幅值无限大的一种特殊函数。实际上，输入控制信号类似脉冲函数的控制系统并不多见。但是很多系统的扰动具有脉冲信号的特征。

脉冲函数的数学表达式为

$$r(t) = \begin{cases} \dfrac{A}{\varepsilon} & 0 < t < \varepsilon \\ 0 & t < 0 \text{或} t > \varepsilon \end{cases} \tag{3-7}$$

式中，A 为常数，$\varepsilon \to 0$。$A = 1$ 时称为单位脉冲函数，记为 $\delta(t)$。单位脉冲函数的 Laplace 变换为

$$R(s) = 1 \tag{3-8}$$

3.1.5 正弦函数

系统对不同频率的正弦输入信号的稳态响应称为频率响应。利用系统的频率响应分析自动控制系统，这种方法就是频域分析。这部分内容将在后面的章节中学习。

上面介绍了几种典型的输入信号，将其作为系统的测试信号。在实际应用中究竟使用哪一种信号，要取决于系统的工作状态以及系统的类型。对于一些定值控制系统，如恒温、恒压、恒速，考虑最不利的扰动影响，可以使用阶跃信号作为输入。如果研究系统对输入信号的跟踪情况，如天线控制系统、卫星跟踪系统，可以使用斜坡信号、加速度信号或者正弦信号作为输入。如果要测试控制系统的频率特性，则使用正弦信号。对于过程工业中使用比较多的预测控制，要先使用阶跃信号或者脉冲信号获得系统阶跃响应或者脉冲响应，将其作为系统的预测数学模型。

必须注意，虽然一个系统对于不同的输入信号得到的输出响应是不同的，但是线性控制系统的性能只由系统本身的结构和参量决定。因此，在系统分析和设计的初期，通常选取阶跃信号作为典型输入信号，这样才能在统一的标准下比较分析不同控制系统的性能。

3.2 线性时不变系统的时域响应

设线性时不变（Linear Time-Invariant，LTI）系统的输入为 $r(t)$，输出为 $y(t)$。系统的 ODE 模型为

$$y^{(n)}(t) + a_{n-1}y^{(n-1)}(t) + \cdots + a_1 y^{(1)}(t) + a_0 y(t)$$

$$= b_m r^{(m)}(t) + b_{m-1}r^{(m-1)}(t) + \cdots + b_1 r^{(1)}(t) + b_0 r(t) \tag{3-9}$$

式中，系数 $a_{n-1},\cdots,a_1,a_0,b_m,\cdots,b_1,b_0$ 为常数，且 $n \geqslant m$。时域分析就是分析系统的时间响应，也就是分析微分方程式（3-9）的解。本节涉及不少数学知识，列出和推导这些数学公式的主要目的是对 LTI 系统的时域响应进行定性的分析，而不是为了给出实用的公式。

3.2.1 用线性微分方程理论分析

根据线性微分方程的理论，解的结构形式为

微分方程的通解 $y(t) =$ 齐次方程的通解 $y_1(t) +$ 非齐次方程任一特解 $y_2(t)$

齐次微分方程的通解可以写为

$$y_1(t) = k_1(t)e^{\lambda_1 t} + k_2(t)e^{\lambda_2 t} + \cdots + k_p(t)e^{\lambda_p t} \tag{3-10}$$

$\lambda_1, \lambda_2, \cdots, \lambda_p$ 是特征方程 $\lambda^n + a_1\lambda^{n-1} + \cdots + a_{n-1}\lambda + a_n = 0$ 的根；$k_1(t), k_2(t), \cdots, k_p(t)$ 是变量 t 的多项式。如果特征方程没有重根，则 $p = n$，$k_1, k_2, \cdots, k_n$ 为任意常数。

非齐次微分方程的特解 $y_2(t)$ 与输入信号有关。对于阶跃函数、斜坡函数和抛物线函数形式的典型输入信号，特解也分别是阶跃函数、斜坡函数和抛物线函数形式。

从系统响应看，如果 $\lambda_1, \lambda_2, \cdots, \lambda_p$ 的实部全都小于零，则 $\lim\limits_{t \to +\infty} y_1(t) = 0$。也就是说，随着时间的增加，$y_1(t)$ 分量将衰减为零，而系统响应只剩下 $y_2(t)$ 分量。因此 $y_1(t)$ 分量也称为暂态响应，$y_2(t)$ 分量也称为稳态响应。系统响应可写为

系统响应 $y(t) =$ 暂态响应 $y_1(t) +$ 稳态响应 $y_2(t)$

其中，暂态响应是对应的齐次微分方程的通解，是系统的自振荡，由系统自身特性决定，与

激励信号无关；稳态响应是输入信号激励作用的结果。

对于复杂的系统，依靠经典线性微分方程理论进行分析比较困难，这时一般采用 Laplace 变换。

3.2.2 用 Laplace 变换分析

根据 Laplace 变换的微分性质

$$\mathscr{L}[f^{(n)}(t)] = s^n \mathscr{L}[f(t)] - s^{n-1}f(0) - s^{n-2}f^{(1)}(0) - \cdots - f^{(n-1)}(0)$$

由方程（3-9）的左边得到

$$[s^n Y(s) - s^{n-1}y(0) - \cdots - y^{(n-1)}(0)] +$$
$$a_{n-1}[s^{n-1}Y(s) - s^{n-2}y(0) - \cdots - y^{(n-2)}(0)] + \cdots +$$
$$a_1[sY(s) - y(0)] + a_0 Y(s)$$
$$= (s^n + a_{n-1}s^{n-1} + \cdots + a_1 s + a_0)Y(s) - N_{y0}(s)$$

其中

$$N_{y0}(s) = [s^{n-1}y(0) + \cdots + y^{(n-1)}(0)] +$$
$$a_{n-1}[s^{n-2}y(0) + \cdots + y^{(n-2)}(0)] + \cdots + a_1 y(0)$$

同理，由方程（3-9）右边得到

$$(b_m s^m + b_{m-1}s^{m-1} + \cdots + b_1 s + b_0)R(s) - N_{r0}(s)$$

其中

$$N_{r0}(s) = b_m[s^{m-1}r(0) + \cdots + r^{(m-1)}(0)] +$$
$$b_{m-1}[s^{m-2}r(0) + \cdots + r^{(m-2)}(0)] + \cdots + b_1 r(0)$$

（3-11）

这样方程（3-9）变为

$$(s^n + a_{n-1}s^{n-1} + \cdots + a_1 s + a_0)Y(s) - N_{y0}(s)$$
$$= (b_m s^m + b_{m-1}s^{m-1} + \cdots + b_1 s + b_0)R(s) - N_{r0}(s)$$

（3-12）

得到

$$Y(s) = \frac{b_m s^m + b_{m-1}s^{m-1} + \cdots + b_1 s + b_0}{s^n + a_{n-1}s^{n-1} + \cdots + a_1 s + a_0}R(s) +$$

$$\frac{N_{y0}(s) - N_{r0}(s)}{s^n + a_{n-1}s^{n-1} + \cdots + a_1 s + a_0}$$

（3-13）

对上式进行 Laplace 反变换，得到方程的解

$$y(t) = \mathscr{L}^{-1}\left[\frac{b_m s^m + b_{m-1}s^{m-1}\cdots + b_1 s + b_0}{s^n + a_{n-1}s^{n-1} + \cdots + a_1 s + a_0}R(s)\right] +$$

$$\mathscr{L}^{-1}\left[\frac{N_{y0}(s) - N_{r0}(s)}{s^n + a_{n-1}s^{n-1} + \cdots + a_1 s + a_0}\right]$$

（3-14）

上式第一项是仅由输入产生的响应，也称为零状态响应，记为 $y_r(t)$；第二项是初始条件产生的响应，也称为零输入响应，记为 $y_s(t)$。这样系统响应可写为

系统响应 $y(t)$ ＝ 零状态响应 $y_r(t)$ ＋ 零输入响应 $y_s(t)$

其中，第二项零输入响应的 Laplace 变换 $y_s(t)$ 只与系统结构和初始条件有关，作 Laplace 反变换后得到的解的形式与齐次微分方程的通解的形式相同。因此，零输入响应是暂态响应的一部分，即

系统响应	稳态响应	暂态响应
	零状态响应	零输入响应

必须注意，引起零输入响应的初始条件，严格地说是指 $t = 0^+$ 时刻的系统状态。因此，必须根据物理系统的具体特性确定从 $t = 0^-$ 到 $t = 0^+$ 初始状态的变化。如图 3-2 所示，开关 S 闭合时，u_c 不会突变，而 i_c 会突变。

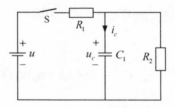

图 3-2 一阶电路

一般研究控制系统时，默认初始状态为零。也就是说，只考虑输入对系统的作用，系统响应只包含零状态响应，即

$$Y(s) = Y_r(s) = G(s)R(s)$$

其中

$$G(s) = \frac{b_m s^m + b_{m-1}s^{m-1} + \cdots + b_1 s + b_0}{s^n + a_{n-1}s^{n-1} + \cdots + a_1 s + a_0}$$

为系统的传递函数，它只与系统的结构和参量相关。这时，系统响应仍然包含暂态响应和稳态响应，这两个分量是研究线性系统性能的基础。

3.3 线性系统的稳定性

评价控制系统的性能，可以从系统的时域响应着手。在初始条件为零时，系统响应由系统的传递函数和输入信号的形式决定，并可以分为暂态响应和稳态响应两部分。因此，对一

个控制系统的性能要求包括对系统暂态响应和稳态响应的要求。

但是如果一个系统在没有输入或输入为有界信号时，输出仍然无限地增大，系统就无法被控制。这种系统称为不稳定的系统，它根本没有研究其他控制性能的意义。因此，稳定性是一个控制系统最基本的要求。分析和设计一个控制系统，首先要研究系统的稳定性。

3.3.1　稳定性的概念

控制系统在实际运行过程中，总会受到外界和内部一些因素的干扰，例如，负载和电源的波动、系统参数的变化、环境条件的改变等。设一个系统处于某一平衡状态，若此系统在干扰的作用下离开了原来的平衡状态，那么干扰作用消失后，系统是否能够回到原来的平衡状态，这就是系统的稳定性问题。

为了建立稳定性概念，先通过两个直观的例子来了解稳定性的含义。

图 3-3a 是一个摆的示意图。如果在外界干扰力的作用下，摆由原平衡点 a 偏离到新的位置 b。当外力去掉后，摆在重力的作用下，由位置 b 回到位置 a，并由于惯性的作用，将继续向前摆动，最后到达 c。此后，摆将以点 a 为中心反复振荡，经过一段时间，待摆因介质阻碍使其所有的能量耗尽后，就会重新停留在原平衡点 a 处。就平衡点 a 而言，在干扰力作用下，摆暂时偏离了它，但当干扰力消失后，经过一段时间，摆还可以再回到这个平衡点上。像这样的平衡点 a 就称为稳定的平衡点。

如果让摆处于另一平衡点 d 处，如图 3-3b 所示，通常称为倒立摆。显然，在干扰力 f 的作用下，一旦摆离开了平衡点 d 以后，即使外力消失，无论经过多长时间，摆也不会再回到原平衡点 d 处。像这样的平衡点 d 就称为不稳定的平衡点。

再如图 3-4 所示的小球。当小球处于 a 点时，a 点是稳定平衡点，因为作用于小球的干扰力消失后，小球总会回到 a 点。当小球处于 b 点或 c 点时，b、c 点为不稳定平衡点，因为只要有干扰力作用于小球，小球便不再回到 b 点或 c 点。

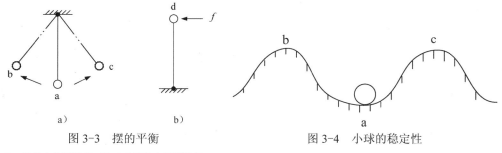

图 3-3　摆的平衡　　　　　　　　图 3-4　小球的稳定性

a）a 为稳定的平衡点　　b）d 为不稳定的平衡点

上述两个实例，说明系统的稳定性反映在干扰力消失后系统的运动特性上。这样，在干扰力消失时，系统与平衡状态的偏差可以看做是系统的初始偏差。因此，控制系统的稳定性可以这样来描述：若控制系统在任何足够小的初始偏差作用下，随着时间的推移，偏差会逐渐衰减并趋于零，具有恢复原平衡状态的性能，则称该系统是稳定的；否则，称该系统是不稳定的。

稳定性是控制系统自身的固有特性。对 LTI 系统，其稳定与初始偏差的大小无关。但绝对的线性系统在实际中是不存在的，我们所研究的线性系统大多是经过"小偏离"线性化处理后得到的线性化系统。所以，上述稳定性的概念只是"小偏离"稳定性。因此，要求初始偏差所引起的系统中诸信号的变化均不超出线性化范围。

关于稳定性的意义，最早是由俄国学者 Lyapunov 于 1892 年提出的。

定义（稳定的 Lyapunov 定义）：如果一个关于 X 的微分方程组，在初始条件 $X(t_0) = X_0$ 下有解 $X(t)$，且对于任意给定的正数 $\varepsilon > 0$，总存在一个正数 $\delta(\varepsilon)$，当初始条件 X_0 变为 $\widetilde{X}_0$ 时，只要 $\left\|\widetilde{X}_0 - X_0\right\| \leqslant \delta$，其相应解 $\widetilde{X}(t)$ 在 $t > t_0$ 的任何时刻都满足 $\| \widetilde{X}(t) - X(t) \| < \varepsilon$，则称解 $X(t)$ 是稳定的。如果不存在这样的正数 δ，则称解 $X(t)$ 是不稳定的。其中

$$\| X - X_c \| = \sqrt{\sum_{i=1}^{n} (x_i - x_{ic})^2}$$

为 Euclidian 范数，定义的几何解释如图 3-5 所示。若 δ 任意大，系统为大范围稳定；若存在 δ，$\tilde{x}(t)$ 无限趋于 $x(t)$，系统为渐近稳定。工程上希望的系统是大范围渐近稳定的。

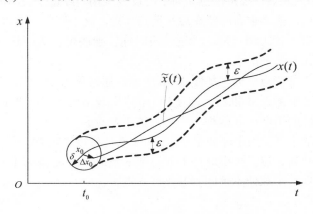

图 3-5　Lyapunov 稳定性定义的几何解释

实际上，Lyapunov 是从能量观点分析系统的稳定性的。一个系统在外界干扰的作用下离开了原来的平衡状态，当干扰作用消失后，① 如果系统储存的能量既不增加，也不消耗，则这个平衡状态就是 Lyapunov 意义下的稳定。② 如果系统储存的能量随时间的推移逐渐衰减，到达平衡状态时，能量将达到最小值，则这个平衡状态是渐近稳定的。③ 如果系统不断地从内部吸收能量，储存的能量越来越大，则这个平衡状态是不稳定的。

3.3.2　线性时不变系统稳定的条件

前面已经推导出 LTI 系统响应的 Laplace 变换为

$$Y(s) = \frac{b_m s^m + b_{m-1} s^{m-1} + \cdots + b_1 s + b_0}{s^n + a_{n-1} s^{n-1} + \cdots + a_1 s + a_0} R(s) + \frac{N_{y0}(s) - N_{r0}(s)}{s^n + a_{n-1} s^{n-1} + \cdots + a_1 s + a_0} \tag{3-15}$$

记系统特征多项式 $A(s) = s^n + a_{n-1} s^{n-1} + \cdots + a_1 s + a_0$，并设 $s_1, s_2, \cdots, s_p$ 是特征方程 $A(s) = 0$ 的

根，称为系统的特征根。因为 $A(s)=0$ 是 n 阶方程，如果没有重根，则 $p=n$；否则 $p<n$。上式中的第一项是零状态响应，第二项是零输入响应，下面分别讲解其稳定性。

1. 零状态响应的稳定性与输入/输出稳定

零状态响应是由输入产生的系统输出。其表达式为

$$y_r(t) = \mathscr{L}^{-1}[G(s)R(s)] = \int_0^t g(\tau)r(t-\tau)\mathrm{d}\tau \tag{3-16}$$

其中，$G(s)$ 为系统的传递函数，$g(t)$ 为其原函数。当输入为脉冲信号时，$R(s)=1$，系统的零状态响应为 $g(t)$，$g(t)$ 就是系统的脉冲响应。

因 $G(s)$ 为系统传递函数，分子为 s 的多项式，分母为系统特征多项式，所以将其分解为部分分式，再进行 Laplace 反变换，可以得到如下形式的系统脉冲响应

$$g(t) = k_1(t)\mathrm{e}^{s_1 t} + k_2(t)\mathrm{e}^{s_2 t} + \cdots + k_p(t)\mathrm{e}^{s_p t} \tag{3-17}$$

其中，$k_1(t),k_2(t),\cdots,k_p(t)$ 是变量 t 的多项式。如果特征方程没有重根，则 $p=n$，$k_1,k_2,\cdots,k_n$ 为常数。

现在开始讲解零状态响应的稳定性问题。

定理 3.1：对于 LTI 系统，如果有界的输入产生有界的输出，则系统是稳定的。

证明：设 $|r(t)|<K_1$，K_1 为常数，因为

$$\begin{aligned}|y_r(t)| &\leqslant \int_0^t |g(\tau)| \cdot |r(t-\tau)|\mathrm{d}\tau \\ &\leqslant K_1 \int_0^t |g(\tau)|\mathrm{d}\tau \\ &\leqslant K_1 \sum_{i=1}^p \int_0^t |k_i(\tau)\mathrm{e}^{s_i \tau}|\mathrm{d}\tau\end{aligned} \tag{3-18}$$

根据指数函数积分的性质，$\int_0^t |k_i(\tau)\mathrm{e}^{s_i \tau}|\mathrm{d}\tau$ 是否有界取决于 s_i 的实部。系统的特征根 $s_1,s_2,\cdots,s_p$ 的实部均小于 0 时，$y_r(t)$ 有界，系统稳定；否则，系统不稳定。

2. 零输入响应的稳定性

零输入响应是由系统初始条件产生的系统输出。其 Laplace 变换为

$$Y_s(s) = \frac{N_{y0}(s) - N_{r0}(s)}{s^n + a_{n-1}s^{n-1} + \cdots + a_1 s + a_0} \tag{3-19}$$

其中，$N_{y0}(s) - N_{r0}(s)$ 是 s 的多项式。将其分解为部分分式，再进行 Laplace 反变换，可以得到如下形式的零输入响应

$$y_s(t) = l_1(t)\mathrm{e}^{s_1 t} + l_2(t)\mathrm{e}^{s_2 t} + \cdots + l_p(t)\mathrm{e}^{s_p t} \tag{3-20}$$

其中，$l_1(t),l_2(t),\cdots,l_p(t)$ 是变量 t 的多项式。如果特征方程没有重根，则 $p=n$，$l_1,l_2,\cdots,l_n$ 为常数。

现在讲解零输入响应的稳定性问题。对于一个稳定的系统，初始条件产生的输出应该随时间衰减为零，即 $\lim_{t \to +\infty} y_s(t) = 0$。而这取决于 s_i 的实部。当系统的特征根 $s_1, s_2, \cdots, s_p$ 的实部均小于 0 时，零输入响应逐渐衰减为零，系统稳定；否则，系统不稳定。

综合以上的分析，可以得到

定理 3.2：LTI 系统稳定的充分必要条件是：系统传递函数的全部极点（特征方程的根）位于 s 平面的左半平面，即 $\mathrm{Re}(s_i) < 0$。

由此可以看出，一个控制系统的稳定与否完全取决于系统本身的参数值，它是系统本身的"固有特性"，而与输入量和初始条件无关。

同时还可以看出，讨论一个线性系统是否稳定，只要考虑其对应的方程的通解（即无外界输入）。

判别 LTI 系统稳定性的基本方法主要有以下几种。

● Routh-Hurwitz 判据。

● 根轨迹法。

● Nyquist 判据。这是频域分析的方法，将在第 4 章讲解。

● Lyapunov 第一法和 Lyapunov 第二法（属于现代控制理论课程的内容）。

为了说明研究线性系统的重要性，下面以定理的形式给出 Lyapunov 第一法的内容，而不加以证明。

定理 3.3（Lyapunov 第一法）：① 若线性化后系统特征根均为负实数或实部为负的复数，则原系统的运动不但是稳定的，而且是渐近稳定的。线性化过程中被忽略的高于一阶的项也不会使运动变得不稳定。② 若线性化后系统特征方程的诸根中，只要有一个为正实数或实部为正的复数，则原系统的运动就是不稳定的。线性化过程中被忽略的高于一阶的项也不会使运动变成稳定。③ 若线性化后系统特征方程的诸根中，有一些是实部为零的，而其余均具有负实部，则实际系统运动的稳定与否与被忽略的高阶项有关。在这种情况下，不可能按照线性化后的方程来判断原系统的运动稳定性。

3.3.3 Routh-Hurwitz 判据

如果已知 LTI 系统传递函数的全部极点，就可以判断稳定性。但是求解高阶系统的全部极点很困难。在很多情况下，直接求解并无多少使用价值，因为扰动形式可能很复杂，模型可能存在不确定性（参数不确定）。因此，在控制理论中考虑稳定性问题不是直接求解，而是判断解的结构，而对特征根的确切数值并不一定感兴趣。

在实践中，需要一种方法，不必求解特征方程就能判别它是否有位于 s 平面右半部的根，以及有几个。这是代数中已经解决的问题，我们用它来研究系统的稳定性，并将其称为稳定性的代数判据。

1877 年，英国学者 E. J. Routh 提出的判据能够判定一个多项式方程中是否存在位于复平面右半部的正根，而不必求解方程。1895 年，瑞士数学家 Hurwitz 在不知道 Routh 工作的情况下，也提出了一个判据，并解决了瑞士 Davos 电厂的蒸汽机的一个调速系统的设计。虽然这两个判据的形式不同，但是它们的结论是相同的。

设系统的特征方程为 $a_n s^n + a_{n-1} s^{n-1} + \cdots + a_1 s + a_0 = 0$，特征根为 $s_1, s_2, \cdots, s_n$，则有

$$a_n s^n + a_{n-1} s^{n-1} + \cdots + a_1 s + a_0$$
$$= a_n (s - s_1)(s - s_2) \cdots (s - s_n)$$

（3-21）

如果 $s_1, s_2, \cdots, s_n$ 的实部均小于 0，则由上式容易得知 $a_0, a_1, \cdots, a_n$ 的符号相同。也就是说，系统特征方程的所有根均位于左半平面的必要条件是：特征多项式所有系数的符号相同，且无缺项。以下设所有系数均为正数。

1. Routh 判据

将系统特征多项式的系数填入如下表格的第一和第二行，并递推计算其余各行系数。该表称为 Routh 表（见表 3-1）。

定理 3.4（Routh 判据）：表中第一列系数符号改变的次数，就是特征方程的根位于 s 平面的右半平面的个数。

表 3-1　Routh 表

s^n	a_n	a_{n-2}	a_{n-4}	a_{n-6}	$\cdots$
s^{n-1}	a_{n-1}	a_{n-3}	a_{n-5}	a_{n-7}	$\cdots$
s^{n-2}	$b_1 = -\dfrac{\begin{vmatrix} a_n & a_{n-2} \\ a_{n-1} & a_{n-3} \end{vmatrix}}{a_{n-1}} = \dfrac{a_{n-1}a_{n-2} - a_n a_{n-3}}{a_{n-1}}$	$b_2 = -\dfrac{\begin{vmatrix} a_n & a_{n-4} \\ a_{n-1} & a_{n-5} \end{vmatrix}}{a_{n-1}} = \dfrac{a_{n-1}a_{n-4} - a_n a_{n-5}}{a_{n-1}}$	$b_3 = -\dfrac{\begin{vmatrix} a_n & a_{n-6} \\ a_{n-1} & a_{n-7} \end{vmatrix}}{a_{n-1}} = \dfrac{a_{n-1}a_{n-6} - a_n a_{n-7}}{a_{n-1}}$	b_4	$\cdots$
s^{n-3}	$c_1 = -\dfrac{\begin{vmatrix} a_{n-1} & a_{n-3} \\ b_1 & b_2 \end{vmatrix}}{b_1} = \dfrac{b_1 a_{n-3} - a_{n-1} b_2}{b_1}$	$c_2 = -\dfrac{\begin{vmatrix} a_{n-1} & a_{n-5} \\ b_1 & b_3 \end{vmatrix}}{b_1} = \dfrac{b_1 a_{n-5} - a_{n-1} b_3}{b_1}$	$c_3 = -\dfrac{\begin{vmatrix} a_{n-1} & a_{n-7} \\ b_1 & b_4 \end{vmatrix}}{b_1} = \dfrac{b_1 a_{n-7} - a_{n-1} b_4}{b_1}$	c_4	$\cdots$
$\vdots$	$\vdots$	$\vdots$	$\vdots$	$\vdots$	$\vdots$
s^0	a_0				

例如，系统特征方程式为 $s^4 + 2s^3 + 3s^2 + 4s + 5 = 0$，它的 Routh 表为

$$
\begin{array}{ccc}
s^4 & 1 & 3 & 5 \\
s^3 & 2 & 4 \\
s^2 & 1 & 5 \\
s^1 & -6 \\
s^0 & 5
\end{array}
$$

第一列系数符号改变了两次，特征方程有两个根位于 s 平面的右半平面。

【例 3-1】　已知某系统的特征方程式为 $s^3 + 4s^2 + 5s + 2(1+K) = 0$，求该系统稳定的 K 值范围。

解 该特征方程的 Routh 表为

$$
\begin{array}{lll}
s^3 & 1 & 5 \\
s^2 & 4 & 2(1+K) \\
s^1 & [20-2(1+K)]/4 & \\
s^0 & 2(1+K) &
\end{array}
$$

由 Routh 判据可知，若系统稳定，则 Routh 表中第一列的系数必须全为正值。可得

$$
\begin{cases} 20-2(1+K)>0 \\ 2(1+K)>0 \end{cases} \Rightarrow -1<K<9
$$

计算 Routh 表时可能出现以下两种特殊情况，两种情况都说明系统有不在 s 平面的左半平面上的极点。

1）某行第一列的系数为 0。这时，可以用一个小正数 ε 代替 0，继续计算。最后算出 Routh 表的第一列系数符号改变的次数，就是特征方程的根位于 s 平面的右半平面的个数。如果 Routh 表的第一列系数均为正数，则特征方程有共轭虚根。

2）某行系数全为 0。这时可以用上一行的系数组成一个辅助方程。辅助方程只有 s 的偶次项（一行全为 0 只能发生在 s 的奇次行），对辅助方程取导数得到下一行的系数。在这种情况下，特征方程存在共轭虚根，或（和）互为反号的实极点。

【例 3-2】 已知系统特征方程式为 $s^4+2s^3+s^2+2s+2=0$ 。

解 它的 Routh 表为

$$
\begin{array}{llll}
s^4 & 1 & 1 & 2 \\
s^3 & 2 & 2 & \\
s^2 & \varepsilon & 2 & \\
s^1 & 2-4/\varepsilon & & \\
s^0 & 2 & &
\end{array}
$$

第一列系数符号改变了两次，特征方程有两个根位于 s 平面的右半平面。

【例 3-3】 已知系统特征方程式为 $s^6+2s^5+6s^4+8s^3+10s^2+4s+4=0$ 。

解 它的 Routh 表为

$$
\begin{array}{llll}
s^6 & 1 & 6 & 10 & 4 \\
s^5 & 2 & 8 & 4 & \\
s^4 & 2 & 8 & 4 & \\
s^3 & 0 & 0 & & \\
s^3 & 8 & 16 & & \\
s^2 & 4 & 4 & & \\
s^1 & 8 & & & \\
s^0 & 4 & & &
\end{array}
$$

全零行，引入辅助方程 $2s^4+8s^2+4=0$

取导数得 $8s^3+16s=0$ ，继续计算

特征方程存在共轭虚根 $\pm i\sqrt{2+\sqrt{2}}$ 和 $\pm i\sqrt{2-\sqrt{2}}$ ，系统是临界稳定的。

2. Hurwitz 判据

Hurwitz 行列式见式（3-22），其阶次等于特征方程的阶次，对角线元素是 $a_{n-1} \sim a_0$：

$$\Delta_n = \begin{vmatrix} a_{n-1} & a_{n-3} & a_{n-5} & \cdots & & 0 \\ a_n & a_{n-2} & a_{n-4} & \cdots & & 0 \\ 0 & a_{n-1} & a_{n-3} & \cdots & & 0 \\ 0 & a_n & a_{n-2} & \cdots & & 0 \\ & \cdots & & \cdots & & \\ & \cdots & & & a_1 & 0 \\ & \cdots & & & a_2 & a_0 \end{vmatrix} \quad (3\text{-}22)$$

定理 3.5（Hurwitz 稳定性判据）：系统稳定的充要条件是 Hurwitz 行列式的各阶主子式大于 0，即 $\Delta_1 = a_{n-1} > 0$，$\Delta_2 = \begin{vmatrix} a_{n-1} & a_{n-3} \\ a_n & a_{n-2} \end{vmatrix} > 0$，$\Delta_3 = \begin{vmatrix} a_{n-1} & a_{n-3} & a_{n-5} \\ a_n & a_{n-2} & a_{n-4} \\ 0 & a_{n-1} & a_{n-3} \end{vmatrix} > 0$，$\cdots$，$\Delta_n > 0$。

3.4 控制系统的性能指标

前面分析了控制系统的稳定性问题。对于稳定的系统，我们还要求系统暂态响应和稳态响应满足一定的要求。这些要求可以精练地归结为 3 个字，即"稳、快、准"。"稳"有两个含义，一个是指稳定性；另一个是指暂态过程的平稳。"快"是指要求暂态响应过程尽可能地短。"准"是指稳态响应应该与期望的输出一样。

在时域分析中，系统稳定性只有是否稳定的区别。在频域分析中，稳定性可以用稳定裕度衡量，这些内容在第 4 章中讲解。本节只讲解对系统的暂态响应的要求，即"稳"和"快"，以及对系统稳态响应的要求，即"准"。

必须指出，控制系统的这些性能指标有可能是相互冲突的。例如，要求响应的快速性，就难以保证暂态过程的平稳性。为了提高输出的准确性而在系统中增加积分环节，就可能影响系统的稳定性。因此，对于不同的系统，应有不同的指标要求。对于冰箱、孵化箱等调节系统，强调的是抗干扰的能力，因此对平稳性和最终温度的准确性要求较高，而对快速响应的要求就不高。对于战斗机的飞行控制系统，强调的是跟随飞行员输入的能力，因此对快速响应的要求很高，而对平稳性的要求较低。有的高性能战斗机甚至设计为本身是不稳定的，依靠控制系统的补偿来保持飞机稳定。

3.4.1 暂态性能

在分析控制系统时，通常用系统对单位阶跃输入信号的响应，即单位阶跃响应，来表征一个系统的暂态性能，并且假设系统的初始条件为零。当输入 $r(t) = 1(t)$，系统微分方程的特解为 $y_2(t) = \dfrac{b_0}{a_0} \cdot 1(t)$。对于稳定的系统，$y(\infty) = \lim\limits_{t \to +\infty} y(t) = b_0 / a_0$ 为常数。可以想象，系统的输出经过一段时间的波动后，幅度最终稳定在一个常数附近。

根据稳定系统阶跃响应的大致图形可以定义描述线性控制系统暂态性能的指标，包括峰值时间、最大超调量、上升时间、调整时间和延迟时间等。其中，最重要的是最大超调量和调整时间。

1. 峰值时间

峰值时间 t_p（Peak Time）是指响应曲线达到超调量的第一个峰值所需要的时间。

2. 最大超调量

最大超调量 M_p（Maximum Overshoot）是指响应的最大值 $y(t_p)$ 与终值 $y(\infty)$ 的差占终值 $y(\infty)$ 的百分比，即

$$M_p = \frac{y(t_p) - y(\infty)}{y(\infty)} \times 100\% \qquad (3\text{-}23)$$

一般系统响应越快，它的最大超调量越大。

3. 上升时间

上升时间 t_r（Rise Time）是指响应曲线从稳态值的 10% 上升到 90% 所需的时间。对于欠阻尼二阶系统，通常采用 0%～100% 的上升时间；对于过阻尼系统，通常采用 10%～90% 的上升时间。上升时间越短，响应速度越快。

4. 调整时间

在响应曲线的稳态线上，用稳态值的百分数（通常取 2% 或 5%）作为允许的误差范围。响应曲线达到并保持在这一允许的误差范围内，所需的时间就是调整时间 t_s（Settling Time），也称为调节时间。

5. 延迟时间

响应曲线第一次达到稳态值的一半所需的时间，称为延迟时间 t_d（Delay Time）。

以上暂态性能指标如图 3-6 所示。其中，t_r 或 t_p 评价系统的响应速度。t_s 是同时反映响应速度和阻尼程度的综合性指标。M_p 评价系统的阻尼程度，阻尼越小，超调量越大，系统的平稳性越差。

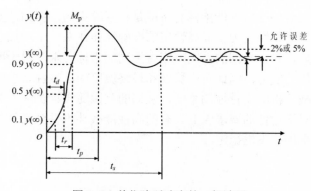

图 3-6　单位阶跃响应的一般波形

3.4.2　稳态性能

衡量系统稳态性能的指标主要是稳态误差。稳态误差定义为稳定系统的稳态响应的实际值与期望值之间的误差。稳态误差是对系统控制精度和抗干扰能力的一种衡量，因此与输入信号的形式有关。

3.5 典型一阶系统

如图 3-7 所示的 RC 电路网络是一个典型的一阶系统。如果电容 C 的初始电压为 0V，将电路连接到恒定的直流电源上，则电容 C 充电，并且充电的速率随着电容电压的增加而变慢。用电路理论的知识可以定量计算充电的过程。电路方程为

$$RC\frac{\mathrm{d}u_c(t)}{\mathrm{d}t} + u_c(t) = u(t) \tag{3-24}$$

若输入 $u(t)$ 为阶跃信号 $1(t)$，解得 $u_c(t) = 1 - \mathrm{e}^{-\frac{t}{RC}}$，因此电容电压以指数规律上升。

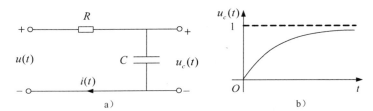

图 3-7　典型的一阶系统及其单位阶跃响应

a）RC 电路　b）单位阶跃响应

进一步分析一阶系统的特性。电容的作用是积分，电容电压产生了负反馈的作用。因此可以画出系统框图，如图 3-8a 所示。典型一阶系统的框图可以简化为图 3-8b，系统的传递函数为 $\frac{Y(s)}{R(s)} = \frac{1}{Ts+1}$，其中 T 称为系统的时间常数，实际上就是系统的惯性。

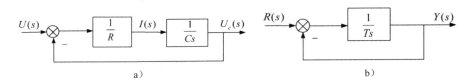

图 3-8　典型一阶系统的框图

简单的过程控制系统，如恒温箱、液位调节系统等具有典型一阶系统的特性。但是机电系统中很少出现一阶系统。下面研究典型一阶系统的性能指标。

3.5.1 单位阶跃响应

前面已经得到典型一阶系统的单位阶跃响应为 $y(t) = 1 - \mathrm{e}^{-\frac{t}{T}}$，$t \geqslant 0$。画出精细的单位阶跃响应曲线，如图 3-9a 所示。

系统的暂态性能指标：$t_s = 3T$（5%），$t_r = 2.20T$，$t_d = 0.69T$。一阶系统没有超调。系统阶跃输入时的稳态误差为零。

一阶系统的性能指标主要是调整时间 $t_s = 3T$。决定系统性能的是其唯一的参数 T。

3.5.2　单位斜坡响应

对于单位斜坡输入信号，$r(t) = t, t \geqslant 0$，$R(s) = \dfrac{1}{s^2}$，于是有

$$Y(s) = \frac{1}{Ts+1} \cdot \frac{1}{s^2} = \frac{1}{s^2} - \frac{T}{s} + \frac{T^2}{1+Ts} \tag{3-25}$$

$$y(t) = t - T + Te^{-\frac{t}{T}}, t \geqslant 0 \tag{3-26}$$

单位斜坡响应曲线如图 3-9b 所示。因为 $e(t) = r(t) - y(t) = T(1 - e^{-\frac{t}{T}})$，所以一阶系统跟踪单位斜坡信号的稳态误差为 $e_{ss} = \lim\limits_{t \to \infty} e(t) = T$。减少时间常数 T 不仅可以加快暂态响应的速度，还可以减少系统跟踪斜坡信号的稳态误差。

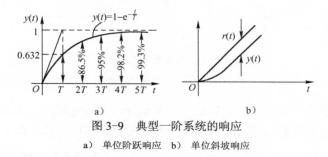

图 3-9　典型一阶系统的响应

a)　单位阶跃响应　b)　单位斜坡响应

3.5.3　单位加速度响应

对于单位加速度输入信号，$r(t) = \dfrac{1}{2}t^2$，$t \geqslant 0$，$R(s) = \dfrac{1}{s^3}$，于是有

$$Y(s) = \frac{1}{Ts+1} \cdot \frac{1}{s^3} = \frac{1}{s^3} - \frac{T}{s^2} + \frac{T^2}{s} - \frac{T^3}{1+Ts} \tag{3-27}$$

$$y(t) = \frac{1}{2}t^2 - Tt + T^2(1 - e^{-\frac{1}{T}t}) \tag{3-28}$$

所以一阶系统跟踪单位加速度信号的误差 $e(t) = r(t) - y(t) = Tt - T^2(1 - e^{-\frac{1}{T}t})$。跟踪误差随时间推移而增大，直至无限大。因此一阶系统不能实现对加速度输入函数的跟踪。

以上分析表明，典型的一阶环节只有一个参量，即时间常数 T。它的暂态性能指标有意义的主要是 $t_s = 3T$。它的稳态误差与输入信号的形式有关，对于阶跃输入，稳态误差为0；对于斜坡输入，稳态误差为时间常数 T；对于加速度输入，稳态误差为无穷大。

3.6　典型二阶系统

在分析和设计系统时，经常用二阶系统作为基准。在实际中更常见的是高阶的系统，但

是这些系统往往可以近似为二阶系统。因此对二阶系统的讨论具有非常实用的意义。

3.6.1 二阶系统的数学模型

对图 2-3 中的电枢控制式直流电动机采用公制单位时，转矩系数与电势系数相等，即 $k_t = k_e = k$，若忽略粘性摩擦，由式（2-11）可以得到以 ω 为输出量，以 u 为输入量的电动机微分方程

$$LJ\frac{\mathrm{d}^2\omega}{\mathrm{d}t^2} + RJ\frac{\mathrm{d}\omega}{\mathrm{d}t} + k^2\omega = ku \tag{3-29}$$

取 Laplace 变换，得到传递函数

$$\frac{\Omega(s)}{U(s)} = \frac{1}{k}\frac{1}{\dfrac{LJ}{k^2}s^2 + \dfrac{RJ}{k^2}s + 1} = \frac{1}{k}\frac{1}{\tau_e\tau_m s^2 + \tau_m s + 1} \tag{3-30}$$

其中，$\tau_e = \dfrac{L}{R}$ 为电磁时间常数，$\tau_m = \dfrac{RJ}{k^2}$ 为机电时间常数。

传递函数中存在系数 $1/k$，是因为输入电压 u 与转速 ω 的量纲不同。如果选择反电动势 e_b 作为输出，则传递函数为

$$\frac{E_b(s)}{U(s)} = \frac{1}{\tau_e\tau_m s^2 + \tau_m s + 1} \tag{3-31}$$

电枢产生的反电动势具有负反馈的作用。根据转矩方程和电流方程，可以画出理想直流电动机的系统框图，如图 3-10a 所示。

典型二阶系统的传递函数一般写为如下标准形式

$$\frac{Y(s)}{R(s)} = \frac{\omega_n^2}{s^2 + 2\zeta\omega_n s + \omega_n^2} \tag{3-32}$$

其中，ζ 称为阻尼系数，ω_n 称为自然振荡角频率。系统框图如图 3-10b 所示。

典型二阶系统的标准形式不能只看传递函数，它的系统结构有以下特点：①负反馈闭环结构。②开环传递函数带有积分环节。③没有零点。

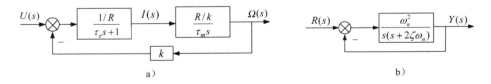

图 3-10 典型二阶系统的框图

3.6.2 系统的特征根与参量 ζ、ω_n 的关系

典型二阶系统有两个参量——ζ 和 ω_n。现在分析这两个参量与系统特征根的关系，从而推出这两个参量对系统性能的影响。系统特征方程为 $s^2 + 2\zeta\omega_n s + \omega_n^2 = 0$，系统特征根为

$$s_{1,2} = (-\zeta \pm \sqrt{\zeta^2 - 1})\omega_n \qquad (3\text{-}33)$$

当 $\zeta \neq 1$，-1 时，系统的单位阶跃响应为

$$Y(s) = \frac{1}{s} \cdot \frac{\omega_n^2}{s^2 + 2\zeta\omega_n s + \omega_n^2} = \frac{1}{s} + \frac{A_1}{s - s_1} + \frac{A_2}{s - s_2} \qquad (3\text{-}34)$$

$$y(t) = 1 + A_1 e^{s_1 t} + A_2 e^{s_2 t} \qquad (3\text{-}35)$$

式中，系数

$$A_{1,2} = \frac{\pm 1}{2\sqrt{\zeta^2 - 1} \cdot \left(-\zeta \pm \sqrt{\zeta^2 - 1}\right)} \qquad (3\text{-}36)$$

参量 ζ、ω_n 与特征根的关系可以用如图 3-11 所示的 s 平面图说明。图中以原点为中心，半径为 ω_n 的圆将系统特征根划分为不同的类别。注意，图中只画出了 $\zeta \geq 0$ 的详细情况。

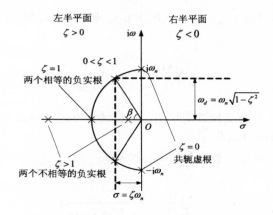

图 3-11　参量 ζ、ω_n 与特征根的关系图

1）$\zeta > 1$，系统有两个不相等的负实根，分别位于圆内外的负实轴上。

2）$\zeta = 1$，系统有两个相等的负实根 $s_{1,2} = -\omega_n$，位于圆与负实轴的交点。

3）$0 < \zeta < 1$，系统极点为共轭复根，位于左半平面的圆上，以实轴为对称轴。极点实部为 $\sigma = -\zeta\omega_n$，虚部为 $\omega_d = \pm\sqrt{1 - \zeta^2}\,\omega_n$。极点到原点的连线与负实轴的夹角 $\beta = \arccos\zeta$。

4）$\zeta = 0$，系统有一对共轭虚根 $s_{1,2} = \pm i\omega_n$，位于圆与虚轴的交点。

5）$-1 < \zeta < 0$，系统极点为共轭复根，位于右半平面的圆上，以实轴为对称轴。

6）$\zeta < -1$，系统有两个不相等的正实根，分别位于圆内外的正实轴上。

ζ 的取值范围与系统响应形式的关系如图 3-12 所示。

由于二阶系统在阻尼系数 $\zeta \leq 0$ 时不稳定，在实际中无法应用。因此，讲解二阶控制系统只需要考虑 $\zeta > 0$ 的情况。这时系统有过阻尼、临界阻尼和欠阻尼 3 种状态。

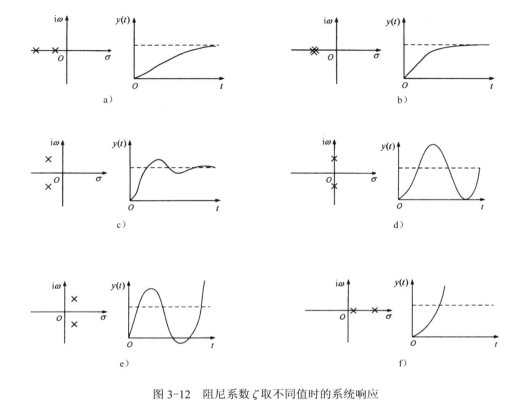

图 3-12   阻尼系数 ζ 取不同值时的系统响应

a) $\zeta > 1$ b) $\zeta = 1$ c) $0 < \zeta < 1$ d) $\zeta = 0$ e) $-1 < \zeta < 0$ f) $\zeta < -1$

3.6.3   单位阶跃响应

在 $\zeta > 0$ 的情况下，系统特征根的实部为负。系统的稳态响应

$$y(\infty) = \lim_{t \to \infty}(1 + A_1 e^{s_1 t} + A_2 e^{s_2 t}) = 1 \tag{3-37}$$

因此，系统单位阶跃响应的稳态误差为 0。系统的暂态响应分为过阻尼、临界阻尼和欠阻尼 3 种情况。

1. 过阻尼系统（$\zeta > 1$）

过阻尼二阶系统的极点为

$$s_1 = -\left(\zeta - \sqrt{\zeta^2 - 1}\right)\omega_n$$

$$s_2 = -\left(\zeta + \sqrt{\zeta^2 - 1}\right)\omega_n \tag{3-38}$$

系统单位阶跃响应

$$y(t) = 1 + A_1 e^{s_1 t} + A_2 e^{s_2 t} = 1 + \frac{\omega_n^2}{s_1(s_1 - s_2)} e^{s_1 t} + \frac{\omega_n^2}{s_2(s_2 - s_1)} e^{s_2 t}$$

$$= 1 - \frac{1}{2\sqrt{\zeta^2 - 1}\left(\zeta - \sqrt{\zeta^2 - 1}\right)} e^{s_1 t} + \frac{1}{2\sqrt{\zeta^2 - 1}\left(\zeta + \sqrt{\zeta^2 - 1}\right)} e^{s_2 t}$$

$$t \geqslant 0 \tag{3-39}$$

过阻尼二阶系统单位阶跃响应是无振荡的单调上升曲线。工程上近似有

$$t_s \approx (3 \sim 4)\frac{1}{\left(\zeta - \sqrt{\zeta^2 - 1}\right)\omega_n} \tag{3-40}$$

当 $\zeta > 1.5$ 时

$$t_s \approx (3 \sim 3.2)\frac{1}{\left(\zeta - \sqrt{\zeta^2 - 1}\right)\omega_n} \tag{3-41}$$

2. 临界阻尼系统（$\zeta = 1$）

此时，系统有二重实极点 $s_{1,2} = -\omega_n$。单位阶跃响应为

$$Y(s) = \frac{1}{s} \cdot \frac{\omega_n^2}{s^2 + 2\omega_n s + \omega_n^2} = \frac{1}{s} - \frac{1}{s + \omega_n} - \frac{\omega_n}{(s + \omega_n)^2} \tag{3-42}$$

$$y(t) = 1 - e^{-\omega_n t}(1 + \omega_n t), \quad t \geqslant 0 \tag{3-43}$$

系统响应是无振荡的单调上升曲线。调整时间为

$$t_s \approx \frac{4.7}{\omega_n} \tag{3-44}$$

3. 欠阻尼系统（$0 < \zeta < 1$）

欠阻尼系统在实际中应用最广泛。多数机电控制系统都与欠阻尼二阶系统的性能相似。欠阻尼系统有一对共轭极点 $s_{1,2} = -\zeta\omega_n \pm i\omega_n\sqrt{1 - \zeta^2}$，单位阶跃响应为

$$Y(s) = \frac{1}{s} \cdot \frac{\omega_n^2}{s^2 + 2\zeta\omega_n s + \omega_n^2}$$

$$= \frac{1}{s} - \frac{s + \zeta\omega_n}{(s + \zeta\omega_n)^2 + (1 - \zeta^2)\omega_n^2} - \frac{\zeta\omega_n}{(s + \zeta\omega_n)^2 + (1 - \zeta^2)\omega_n^2} \tag{3-45}$$

$$y(t) = 1 - e^{-\zeta\omega_n t}\left[\cos\left(\sqrt{1 - \zeta^2}\,\omega_n t\right) + \frac{\zeta}{\sqrt{1 - \zeta^2}}\sin\left(\sqrt{1 - \zeta^2}\,\omega_n t\right)\right]$$

$$= 1 - \frac{e^{-\zeta\omega_n t}}{\sqrt{1 - \zeta^2}}\left[\sqrt{1 - \zeta^2}\cos\left(\sqrt{1 - \zeta^2}\,\omega_n t\right) + \zeta\sin\left(\sqrt{1 - \zeta^2}\,\omega_n t\right)\right]$$

$$= 1 - \frac{e^{-\zeta\omega_n t}}{\sqrt{1 - \zeta^2}}\left[\sin(\arccos\zeta)\cos\left(\sqrt{1 - \zeta^2}\,\omega_n t\right) + \cos(\arccos\zeta)\sin\left(\sqrt{1 - \zeta^2}\,\omega_n t\right)\right]$$

$$= 1 - \frac{e^{-\zeta\omega_n t}}{\sqrt{1 - \zeta^2}}\sin\left(\sqrt{1 - \zeta^2}\,\omega_n t + \arccos\zeta\right) \tag{3-46}$$

记 $\sigma = \zeta \omega_n$，$\omega_d = \sqrt{1-\zeta^2}\,\omega_n$，$\cos\beta = \zeta$，$\sin\beta = \sqrt{1-\zeta^2}$，则单位阶跃响应简化为

$$y(t) = 1 - \frac{e^{-\sigma t}}{\sqrt{1-\zeta^2}}\sin(\omega_d t + \beta) \tag{3-47}$$

上式说明欠阻尼系统单位阶跃响应暂态分量的振幅（振荡包络）按照指数规律衰减，衰减系数为 $\sigma = \zeta\omega_n$；振荡频率 $\omega_d = \omega_n\sqrt{1-\zeta^2}$ 称为阻尼振荡频率。一般称 $\beta = \arccos\zeta$ 为阻尼角。根据以上分析结果，可以画出欠阻尼系统单位阶跃响应的轮廓，如图 3-13 所示。

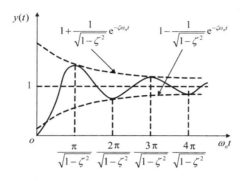

图 3-13　欠阻尼二阶系统的单位阶跃响应

下面讲解暂态性能指标的计算。

（1）峰值时间

$$t_p = \frac{\pi}{\omega_d} = \frac{\pi}{\omega_n\sqrt{1-\zeta^2}} \tag{3-48}$$

令 $\dot{y}(t) = 0$，可以得到振荡的峰值时间，即

$$\frac{e^{-\sigma t}}{\sqrt{1-\zeta^2}}[\sigma\sin(\omega_d t + \beta) - \omega_d\cos(\omega_d t + \beta)] = 0 \tag{3-49}$$

$$\frac{e^{-\sigma t}}{\sqrt{1-\zeta^2}}[\omega_n\cos\beta\sin(\omega_d t + \beta) - \omega_n\sin\beta\cos(\omega_d t + \beta)] = 0 \tag{3-50}$$

$$\frac{e^{-\sigma t}\omega_n}{\sqrt{1-\zeta^2}}\sin(\omega_d t) = 0 \tag{3-51}$$

得到

$$t = \frac{k\pi}{\omega_d}, k = 1,2,\cdots \tag{3-52}$$

第一个峰值的时间为 $t_p = \frac{\pi}{\omega_d}$。

（2）最大超调量

$$M_p = e^{-\frac{\pi\zeta}{\sqrt{1-\zeta^2}}} \times 100\% \tag{3-53}$$

（3）调整时间（5%）

工程上通常用包络线代替实际曲线来估算，即令 $\dfrac{e^{-\zeta\omega_n t}}{\sqrt{1-\zeta^2}}=0.05$，得到

$$t_s = -\frac{\ln\left(0.05\sqrt{1-\zeta^2}\right)}{\zeta\omega_n} \tag{3-54}$$

$0<\zeta<0.8$ 时，近似有

$$t_s = \frac{3\sim 3.5}{\zeta\omega_n} \tag{3-55}$$

（4）上升时间

$$t_r = \frac{\pi-\beta}{\omega_d} = \frac{\pi-\beta}{\omega_n\sqrt{1-\zeta^2}} \tag{3-56}$$

令 $y(t)=1-\dfrac{e^{-\sigma t}}{\sqrt{1-\zeta^2}}\sin(\omega_d t+\beta)=1$，就可以得到 $t_r=\dfrac{\pi-\beta}{\omega_d}$。

根据上面的分析，我们知道欠阻尼二阶系统的暂态性能与阻尼系数 ζ 密切相关。一些定性的关系总结如下：

1）ζ 越小，超调量越大，平稳性越差。ζ 过小时，调整时间 t_s 长。

2）ζ 过大时，系统响应迟钝，调整时间 t_s 也长，快速性差。

3）$\zeta=0.707$ 时，调整时间短，快速性好，而超调量<5%，平稳性也好，故通常称为最佳阻尼比。

3.6.4　单位斜坡响应

对于单位斜坡输入信号

$$r(t)=t,t\geqslant 0，\quad R(s)=\frac{1}{s^2}$$

$$Y(s)=\frac{1}{s^2}\cdot\frac{\omega_n^2}{s^2+2\zeta\omega_n s+\omega_n^2}$$

用 Laplace 变换的终值定理计算稳态误差

$$E(s)=R(s)-Y(s)=\frac{1}{s^2}-\frac{1}{s^2}\cdot\frac{\omega_n^2}{s^2+2\zeta\omega_n s+\omega_n^2} \tag{3-57}$$

$$=\frac{1}{s}\cdot\frac{s+2\zeta\omega_n}{s^2+2\zeta\omega_n s+\omega_n^2}$$

$$\lim_{t\to\infty}e(t)=\lim_{s\to 0}sE(s)=\lim_{s\to 0}\frac{s+2\zeta\omega_n}{s^2+2\zeta\omega_n s+\omega_n^2}=\frac{2\zeta}{\omega_n} \tag{3-58}$$

也就是说，二阶系统跟踪单位斜坡信号的稳态误差为 $2\zeta/\omega_n$。

3.6.5　改善二阶系统的性能

典型二阶系统的开环传递函数是一个积分环节和一个一阶惯性环节的串联，其性能由参量 ζ 和 ω_n 决定。为了改善系统性能，有时可以在系统中接入其他环节，增加可调节系统的参量。关于系统校正的详细内容将在后续章节中介绍，本节只简单介绍两种控制方案。

1. 比例微分控制

典型二阶系统的传递函数中不含零点。如果在前向通道中加入一个比例微分环节，传递函数中就会出现零点，如图3-14所示。加入一个比例微分环节后，开环传递函数为 $\dfrac{\omega_n^2(T_d s + 1)}{s(s + 2\zeta\omega_n)}$，闭环传递函数为

$$\frac{Y(s)}{R(s)} = \frac{\omega_n^2(T_d s + 1)}{s^2 + 2\zeta_d \omega_n s + \omega_n^2}, \quad \zeta_d = \zeta + \frac{T_d \omega_n}{2} \tag{3-59}$$

系统单位阶跃响应的 Laplace 变换为

$$
\begin{aligned}
Y(s) &= (T_d s + 1)\frac{1}{s} \cdot \frac{\omega_n^2}{s^2 + 2\zeta_d \omega_n s + \omega_n^2} \\
&= \frac{1}{s} \cdot \frac{\omega_n^2}{s^2 + 2\zeta_d \omega_n s + \omega_n^2} + T_d s \frac{1}{s} \cdot \frac{\omega_n^2}{s^2 + 2\zeta_d \omega_n s + \omega_n^2}
\end{aligned}
\tag{3-60}
$$

可见引入比例微分控制，使系统阻尼系数增加，同时系统响应中增加了一项。新增项是阶跃响应的微分，即脉冲响应，幅度为 T_d 倍。

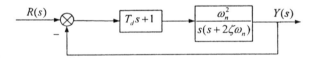

图 3-14　比例微分控制的典型二阶系统

下面举例说明比例微分控制的作用。设二阶系统 $\zeta = 0.4, \omega_n = 1$，则系统最大超调量和调整时间

$$M_p = e^{-\frac{\pi\zeta}{\sqrt{1-\zeta^2}}} \times 100\% = e^{-\frac{0.4\pi}{\sqrt{1-0.4^2}}} \times 100\% = 25.4\% \tag{3-61}$$

$$t_s = \frac{3}{\zeta\omega_n} = \frac{3}{0.4} = 7.5 \tag{3-62}$$

引入比例微分环节，使系统变为临界阻尼系统

$$\zeta_d = \zeta + \frac{T_d \omega_n}{2} = 0.4 + \frac{T_d}{2} = 1 \tag{3-63}$$

得到 $T_d = 1.2$，即加入比例微分环节 $(1.2s + 1)$，则系统响应分为两部分

$$y_1(t) = 1 - e^{-t}(1 + t), \ t \geqslant 0 \tag{3-64}$$

$$y_2(t) = T_d \frac{\mathrm{d}y_1(t)}{\mathrm{d}t} = 1.2te^{-t}, t \geqslant 0 \qquad (3\text{-}65)$$

$$y(t) = y_1(t) + y_2(t) = 1 - e^{-t} + 0.2te^{-t}, t \geqslant 0 \qquad (3\text{-}66)$$

校正后的系统阶跃响应如图 3-15 所示。可以看到，$y_1(t)$ 是典型二阶系统在无超调时可以达到的最快响应，而 $y_2(t)$ 的出现使得系统的响应明显变快，同时没有明显的超调。

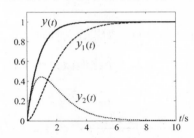

图 3-15　引入比例微分控制的典型二阶系统的单位阶跃响应

一些定性的结论如下：

1）引入比例微分控制，不影响系统自然频率，但使系统阻尼增加，从而抑制振荡，使超调减弱，改善系统平稳性。可通过适当选择微分时间常数 T_d，改变阻尼 ζ_d 的大小。

2）零点的出现，将会加快系统响应速度，使上升时间缩短，峰值提前。因此适当选择微分时间常数，使系统具有过阻尼，则响应将在不出现超调的条件下，显著提高快速性。

3）开环增益 $K = \omega_n/(2\zeta)$ 与 ζ、ω_n 有关。适当选择开环增益，以使系统在斜坡输入时的稳态误差减小，单位阶跃输入时有满意的暂态性能（快速反应，小的超调）。

4）微分对高频噪声有放大作用，输入噪声较大时，不宜采用。对于机电系统，其暂态过程较快，一般不推荐使用微分控制。

2. 速度反馈控制

考虑如图 3-16 所示的速度反馈控制系统，当输出量是角度或位移时，加入速度反馈，也可以改善系统性能。

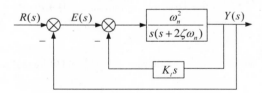

图 3-16　速度反馈控制系统

其中，K_t 为测速反馈系数。引入速度反馈后，系统开环传递函数为

$$G(s) = \frac{\dfrac{\omega_n^2}{s(s+2\zeta\omega_n)}}{1 + \dfrac{\omega_n^2}{s(s+2\zeta\omega_n)}K_t s} = \frac{\omega_n^2}{s^2 + (2\zeta\omega_n + \omega_n^2 K_t)s} \qquad (3\text{-}67)$$

相应的闭环传递函数

$$\frac{Y(s)}{R(s)} = \frac{\omega_n^2}{s^2 + (2\zeta\omega_n + K_t\omega_n^2)s + \omega_n^2} \tag{3-68}$$

阻尼系数 $\zeta_t = \zeta + \frac{1}{2}K_t\omega_n$，开环增益 $K = \frac{\omega_n}{2\zeta_t}$。系统性能的改变如下：

1）引入速度反馈，不影响系统自然频率，但使系统阻尼增加。

2）速度反馈会降低系统的开环增益，从而会加大系统在斜坡输入时的稳态误差。

3）速度反馈不形成闭环零点，因此 $K_t = T_d$ 时，其输出平稳性优于比例微分控制。

3.7 高阶系统的响应

3.7.1 高阶系统单位阶跃响应

将传递函数（2-33）表示为零、极点标准式（2-34），如下

$$G(s) = \frac{B(s)}{A(s)} = \frac{b_m s^m + b_{m-1}s^{m-1} + \cdots + b_1 s + b_0}{s^n + a_{n-1}s^{n-1} + \cdots + a_1 s + a_0}$$

$$= \frac{K_1 \prod_{k=1}^{m}(s - z_k)}{\prod_{j=1}^{n}(s - p_j)} \qquad n \geqslant m \tag{3-69}$$

其中，$K_1 = b_m$，分母多项式和分子多项式 $A(s)$, $B(s)$ 的系数均为实数，因此零点 z_k 和极点 p_j 是实数或共轭复数。将系统单位阶跃响应的 Laplace 变换展开为部分分式的形式，如果系统的极点均为单极点，则为

$$Y(s) = G(s)\frac{1}{s} = \frac{K_1 \prod_{k=1}^{m}(s - z_k)}{s\prod_{j=1}^{n}(s - p_j)}$$

$$= \frac{B(0)}{A(0)}\frac{1}{s} + \sum_{j=1}^{n}\left.\frac{B(s)}{sA'(s)}\right|_{s=p_j}\frac{1}{s - p_j} \tag{3-70}$$

对式（3-70）进行 Laplace 反变换，可得

$$y(t) = \frac{B(0)}{A(0)} + \sum_{j=1}^{n}\left.\frac{B(s)}{sA'(s)}\right|_{s=p_j}e^{p_j t}$$

$$= \frac{B(0)}{A(0)} + \sum_{j=1}^{n_1}\left.\frac{B(s)}{sA'(s)}\right|_{s=-\alpha_j}e^{-\alpha_j t} + \sum_{j=1}^{n_2}A_j e^{-\sigma_j t}\sin(\omega_{dj}t + \varphi_j) \tag{3-71}$$

如果系统存在 k 重极点 p，则单位阶跃响应将出现 $t^l e^{pt}$ $(l = 0,1,\cdots,k-1)$ 项。单极点时 $k=1$，对

应项就是 e^{pt}。这些指数函数项称为系统模态，其形式由系统的极点决定，其系数为部分分式的系数，与系统零极点分布均有关。系统的单位阶跃响应除常数项 $B(0)/A(0)$ 外，都是系统模态的线性组合。对于稳定的系统，所有极点均具有负实部（即位于 s 平面的左半平面），因此所有模态将随时间 t 的增加而衰减为零，系统的单位阶跃响应最终稳定在 $B(0)/A(0)$。而极点实部的绝对值越大（即离虚轴越远），相应模态的衰减速度越快。

3.7.2　闭环主导极点

对稳定的闭环系统，远离虚轴的极点对应的模态迅速衰减为零，而靠近虚轴的极点对应的模态衰减缓慢。因此系统的暂态性能主要取决于靠近虚轴的极点对应的响应分量。各暂态分量的大小取决于部分分式的系数。由留数定理可知，单极点 p_i 对应的暂态分量的系数的幅值为 $\prod_{k=1}^{m}|p_i - z_k| \bigg/ \prod_{j=1, j \neq i}^{n}|p_i - p_j|$。可见，如果 p_i 远离零点又接近原点或其他极点，则相应项的系数比较大；如果 p_i 接近一零点又远离原点或其他极点，则相应项的系数很小。距离虚轴最近而且附近又没有零点的极点对系统的暂态性能起主导作用，这样的极点称为主导极点。

如果某极点的实部大于主导极点的实部 5 倍以上，一般可以忽略相应分量的影响；如果两相邻零极点间的距离较小，则称该零极点对为"偶极子"，其作用相互抵消，可以近似地忽略相应分量的影响。在绝大多数实际系统的闭环零极点中，可以选留最靠近虚轴的一个或几个极点作为主导极点，忽略比主导极点距虚轴的距离远 5 倍以上的闭环零极点以及偶极子。利用 MATLAB 或其他计算机辅助计算软件，可以方便准确地得到高阶系统的单位阶跃响应和暂态性能指标。

3.8　线性系统的稳态性能

如果系统是稳定的，在没有扰动的作用下，经过一段时间后就会进入稳态。控制系统的稳态误差必须在允许范围内，控制系统才有使用价值。例如，孵化器的稳定误差超过限度就会影响工作，轧钢机的辊距误差超过限度就轧不出合格的钢材，导弹的跟踪误差超过允许的限度就不能用于实战，等等。

控制系统的稳态性能指标是指稳态误差，它体现了系统的控制精度。由于系统自身的结构参数、外作用的类型（控制量或扰动量）以及外作用的形式（阶跃、斜坡或加速度等）不同，控制系统的稳态输出不可能在任意情况下都与输入量一致，这样产生的误差称为原理性稳定误差。控制系统设计的任务之一，就是尽量减小系统的原理性稳态误差。系统元件的参数变化或非线性因素等也会造成误差，但这种误差不是控制系统设计所考虑的因素。

3.8.1　基本概念

在控制系统中，稳态响应是指时间趋于无穷大时（在实际应用中，时间足够长就可以了）的系统响应。稳态误差是指稳态响应的希望值与实际值的差。由于只有对稳定的系统研究稳态误差才有意义，所以计算稳态误差应以系统稳定为前提。

一般控制系统的结构如图 3-17 所示。其中，$G(s)$ 是被控对象，$C(s)$ 是控制器，$H(s)$ 是测量装置。被控对象不仅受到控制信号 $U(s)$ 的作用，还有扰动 $D(s)$ 的作用。我们期望被控对象的输出为 $Y_r(s)$，期望值被变换为电信号 $R(s)$ 后，与测量装置 $H(s)$ 的输出进行比较，差值提供给控制器计算并产生控制信号 $U(s)$。

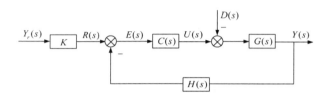

图 3-17　一般控制系统的结构

控制器的设计目标是输出能够跟随期望值，因此误差应该定义为

$$E(s) = Y_r(s) - Y(s) \tag{3-72}$$

在实际系统中误差必须是可以测量的，这样才能被控制器用于计算和调整控制量，因此一般定义误差为

$$E(s) = R(s) - H(s)Y(s) \tag{3-73}$$

因为控制系统的输入包括期望值和扰动，所以为了适应不同的系统要求，稳态误差一般分为给定稳态误差和扰动稳态误差两类。这两种稳态误差表现了系统不同方面的稳态性能。对于跟踪系统，输入是不断变化的，要求输出以一定的速度和精度跟随输入的变化，因此应该以给定稳态误差衡量其性能。对于恒值调节系统，参考输入一般不怎么变化，要求输出有较强的抗扰动能力，因此应该以扰动稳态误差衡量其性能。当然，这些情况不是绝对的。一般情况下，稳态误差是指给定稳态误差。

不考虑扰动，可得到给定误差传递函数

$$G_{er}(s) = \frac{E(s)}{R(s)} = \frac{1}{1+L(s)} \tag{3-74}$$

不考虑输入，可得到扰动误差传递函数

$$G_{ed}(s) = \frac{E(s)}{D(s)} = \frac{G(s)H(s)}{1+L(s)} \tag{3-75}$$

其中，$L(s) = C(s)G(s)H(s)$。

求稳态误差一般采用 Laplace 变换的终值定理。给定稳态误差为

$$e_{ss} = \lim_{t \to \infty} e(t) = \lim_{s \to 0} sE(s) = \lim_{s \to 0} \frac{sR(s)}{1+L(s)} \tag{3-76}$$

从上式可见，系统的稳态误差不仅与开环传递函数 $L(s)$ 有关，还与输入 $R(s)$ 形式密切相关。

使用终值定理应满足条件：$sE(s)$ 收敛域包含 s 平面的整个右半平面，即 $sE(s)$ 的极点均位

62

于 s 平面的左半平面，如 $\frac{1}{s-a} \leftrightarrow \mathrm{e}^{at}$，收敛域为 $\mathrm{Re}(s)>a$，因此必须 $a<0$。当 $sE(s)$ 在坐标原点具有极点时，使用后所得无穷大的结果与实际应有的结果一致，因此实际应用时也可用此公式。

【例 3-4】 设单位反馈系统开环传递函数为 $L(s)=1/(Ts)$，输入信号分别为 1）$r(t)=t$。2）$r(t)=t^2/2$。3）$r(t)=\sin \omega t$，求系统稳态误差。

解 误差传递函数 $G_{er}(s)=\dfrac{E(s)}{R(s)}=\dfrac{1}{1+L(s)}=\dfrac{Ts}{1+Ts}$

1）$R(s)=\dfrac{1}{s^2}, E(s)=\dfrac{T}{s(1+Ts)}$，符合终值定理应用条件。$e_{ss}=\lim\limits_{s\to 0}sE(s)=\lim\limits_{s\to 0}\dfrac{T}{1+Ts}=T$。

2）$R(s)=\dfrac{1}{s^3}, E(s)=\dfrac{T}{s^2(1+Ts)}$，符合终值定理应用条件。$e_{ss}=\lim\limits_{s\to 0}sE(s)=\lim\limits_{s\to 0}\dfrac{1}{s(1+Ts)}=\infty$。

3）$R(s)=\dfrac{\omega}{s^2+\omega^2}, E(s)=\dfrac{Ts}{1+Ts}\cdot\dfrac{\omega}{s^2+\omega^2}$，不符合终值定理应用条件。

3.8.2 系统类型与稳态误差的关系

对于一个给定的稳定系统，当输入信号的形式一定时，系统是否存在稳态误差就取决于开环传递函数所描述的系统结构。因此，按照控制系统跟踪不同输入信号的能力来进行系统分类是必要的。

设系统开环传递函数为（包括测量元件 H）

$$L(s)=C(s)G(s)H(s)=\frac{K\prod\limits_{k=1}^{m}(\tau_k s+1)}{s^\nu\prod\limits_{j=1}^{n-\nu}(T_j s+1)},\quad n\geqslant m \tag{3-77}$$

其中，K 为系统开环增益，ν 为开环系统所含积分环节的个数。$\nu=0,1,2$ 时，系统分别称为 0 型、Ⅰ型、Ⅱ型系统。$\nu>2$ 的系统，实际很难使之稳定，在一般控制系统中不会遇到。

令

$$F(s)=\frac{\prod\limits_{k=1}^{m}(\tau_k s+1)}{\prod\limits_{j=1}^{n-\nu}(T_j s+1)} \tag{3-78}$$

则有

$$L(s)=\frac{K}{s^\nu}F(s),\qquad \lim\limits_{s\to 0}F(s)=1 \tag{3-79}$$

系统稳态误差计算通式则可表示为

$$e_{ss} = \lim_{s \to 0} s E(s) = \lim_{s \to 0} \frac{sR(s)}{1+L(s)} = \lim_{s \to 0} \frac{s^{v+1}R(s)}{KF(s)+s^v} = \frac{\lim_{s \to 0}[s^{v+1}R(s)]}{K} \tag{3-80}$$

显然，系统的稳态误差取决于开环系统在原点处极点阶次 v（即积分环节个数）、开环增益 K，以及输入信号的形式。

3.8.3 典型输入的系统稳态误差

1. 阶跃信号输入

输入信号 $r(t) = R \cdot 1(t), R(s) = \dfrac{R}{s}$，则

$$e_{ss} = \lim_{s \to 0} \frac{sR(s)}{1+L(s)} = \lim_{s \to 0} \frac{R}{1+L(s)} = \frac{R}{1+\lim_{s \to 0} L(s)} = \frac{R}{1+K_p} \tag{3-81}$$

其中，定义 $K_p = \lim_{s \to 0} L(s)$ 为静态位置误差系数。

如果要求在阶跃输入作用下不存在稳态误差，则必须选用 I 型及 I 型以上的系统。习惯上，阶跃输入作用下的稳态误差称为静差。

2. 斜坡输入信号

输入信号 $r(t) = Rt, R(s) = \dfrac{R}{s^2}$，则

$$e_{ss} = \lim_{s \to 0} \frac{sR(s)}{1+L(s)} = \lim_{s \to 0} \frac{R}{s+sL(s)} = \frac{R}{\lim_{s \to 0} sL(s)} = \frac{R}{K_v} \tag{3-82}$$

其中，定义 $K_v = \lim_{s \to 0} sL(s)$ 为静态速度误差系数。

3. 加速度输入

输入信号 $r(t) = \dfrac{1}{2}Rt^2, R(s) = \dfrac{R}{s^3}$，则

$$e_{ss} = \lim_{s \to 0} \frac{sR(s)}{1+L(s)} = \lim_{s \to 0} \frac{R}{s^2+s^2L(s)} = \frac{R}{\lim_{s \to 0} s^2L(s)} = \frac{R}{K_a} \tag{3-83}$$

其中，定义 $K_a = \lim_{s \to 0} s^2L(s)$ 为静态加速度误差系数。

根据以上分析，列出 3 种系统的静态误差系数与典型输入下的稳态误差，见表 3-2。

要减小或消除稳态误差，应该提高开环积分环节的阶次 n、增加开环增益 K。但是必须注意增加开环积分环节会影响系统稳定性。这个问题将在频率分析部分进一步研究。

3.8.4 扰动稳态误差

实际系统在工作中不可避免要受到各种干扰的影响，引起稳态误差。讨论干扰引起的稳态误差与系统结构参数的关系，可以为合理设计系统结构、确定参数、提高系统抗干扰能力提供参考。

表 3-2　典型输入下的静态误差系数

系 统 类 型	静态误差系数			不同输入的稳态误差		
	$K_p=\lim\limits_{s\to0}L(s)$	$K_v=\lim\limits_{s\to0}sL(s)$	$K_a=\lim\limits_{s\to0}s^2L(s)$	$R(s)=\dfrac{R}{s}$ $\dfrac{R}{1+K_p}$	$R(s)=\dfrac{R}{s^2}$ $\dfrac{R}{K_v}$	$\dot R(s)=\dfrac{R}{s^3}$ $\dfrac{R}{K_a}$
0	K	0	0	$R/(1+K)$	∞	∞
I	∞	K	0	0	R/K	∞
II	∞	∞	K	0	0	R/K

扰动稳态误差的传递函数为

$$G_{ed}(s)=\frac{E(s)}{D(s)}=\frac{G(s)H(s)}{1+L(s)} \tag{3-84}$$

设 $C(s)=\dfrac{B_c(s)}{A_c(s)}$，$G(s)=\dfrac{B_o(s)}{A_o(s)}$，$H(s)=\dfrac{B_h(s)}{A_h(s)}$，分子、分母均为 s 多项式，且没有 $s=0$ 的零点。因此

$$\lim_{s\to0}B_c(s)=b_c\neq0,\quad \lim_{s\to0}B_o(s)=b_o\neq0,\quad \lim_{s\to0}B_h(s)=b_h\neq0 \tag{3-85}$$

输入为 0 时，扰动稳态误差为

$$\begin{aligned}e_{sd}&=\lim_{s\to0}sE(s)\\&=\lim_{s\to0}\frac{sD(s)\cdot A_c(s)B_o(s)B_h(s)}{A_c(s)A_o(s)A_h(s)+B_c(s)B_o(s)B_h(s)}\\&=[\lim_{s\to0}sD(s)A_c(s)]\cdot\frac{b_ob_h}{A_c(0)A_o(0)A_h(0)+b_cb_ob_h}\end{aligned} \tag{3-86}$$

可见，扰动稳态误差是否为 0 取决于 $\lim\limits_{s\to0}sD(s)A_c(s)$ 是否为 0。也就是说，只有 $A_c(s)$ 中 s 因子的数量，即控制器 $C(s)$ 中积分环节的数量 v，对系统扰动稳态误差有决定性影响。

当扰动为单位阶跃信号时，$D(s)=\dfrac{1}{s}$，$\lim\limits_{s\to0}sD(s)A_c(s)=\lim\limits_{s\to0}A_c(s)$。0 型控制器的扰动稳态误差非 0，而 I 型和 II 型控制器的扰动稳态误差均为 0。当扰动为单位斜坡信号时，$D(s)=\dfrac{1}{s^2}$，$\lim\limits_{s\to0}sD(s)A_c(s)=\lim\limits_{s\to0}\dfrac{A_c(s)}{s}$。0 型控制器的扰动稳态误差为无穷大，I 型控制器的扰动稳态误差非 0，II 型控制器的扰动稳态误差为 0。当扰动为单位加速度信号时，$D(s)=\dfrac{1}{s^3}$，$\lim\limits_{s\to0}sD(s)A_c(s)=\lim\limits_{s\to0}\dfrac{A_c(s)}{s^2}$。0 型和 I 型控制器的扰动稳态误差为无穷大，II 型控制器的扰动稳态误差非 0。

总之，设计系统时，应尽量在前向通道干扰作用点之前的控制器中提高增益和设置积分环节，这样可以同时减小或消除控制输入和干扰作用下产生的稳态误差。

3.9 根轨迹法

对于高阶系统，采用 Routh 判据判别系统的闭环稳定性的计算繁杂，且当系统某一参数（如开环增益）发生变化时，又需要重新计算，这就给系统分析带来很大的不便。W. R. Evans 于 1948 年提出了一种求解闭环特征方程根的简便的图解方法。根据开环传递函数极点和零点的分布，依照一些简单的作图规则，求出系统中某个参数变化时闭环极点的分布，而避免了复杂的数学计算。根轨迹法直观形象，由根轨迹图可以分析系统性能随参数变化的规律，所以在控制工程中获得了广泛应用。

3.9.1 基本概念

根轨迹是当开环系统某一参数（如开环增益）从 0 变化到无穷时，闭环极点在 s 平面上的变化轨迹。根轨迹法是利用根轨迹分析和设计线性系统的一种图解方法。下面分析一个简单的例子。

【例 3-5】 如图 3-18 所示的单位负反馈控制系统的开环增益参数为 K，开环传递函数为 $G(s)=\dfrac{K}{s(s+1)}$。试分析开环增益参数 K 对系统性能的影响。

解 闭环传递函数为 $G_{yr}(s)=\dfrac{K}{s^2+s+K}$，闭环极点 $s_{1,2}=-0.5\pm\sqrt{0.25-K}$。

当 K 由 0 逐渐增大时，特征根有如下变化：1）$K=0$ 时，$s_1=0$，$s_2=-1$。2）K 逐渐增大，s_1 减小，s_2 增大，二者均为实数。3）$K=0.25$ 时，$s_1=s_2=-0.5$。4）K 继续增大，s_1 的虚部增大，s_2 的虚部减小，实部均为-0.5。

根据以上分析，画出系统特征根随开环增益参数 K 变化的轨迹，如图 3-19 所示。

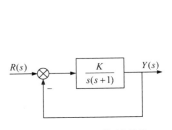

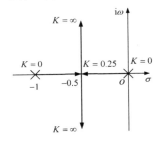

图 3-18　控制系统　　　　图 3-19　系统特征根随开环增益参数 K 变化的轨迹

进一步可以由根轨迹图分析系统性能随开环增益参数 K 变化的规律。

1）稳定性：系统特征根仅在 s 平面的左半平面变化，因此只要开环增益参数 $K>0$，系统就是稳定的。

2）稳态误差：开环系统在坐标原点有一个极点，系统为 I 型的，对于阶跃输入，$e_{ss}=0$。

3）暂态性能：当 $K<0.25$ 时，闭环极点为两个实根，系统为过阻尼状态；当 $K>0.25$ 时，闭环极点为一对共轭复根，系统为欠阻尼状态，阶跃响应为振荡衰减过程。

上述分析表明，根轨迹与系统性能之间有着密切的联系，根轨迹法就是根据系统的开环零、极点绘制根轨迹，用作图方法求出闭环极点，以便进一步分析系统的性能。

3.9.2 根轨迹的幅值条件及相角条件

简化的反馈控制系统的一般结构如图 3-20 所示。

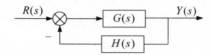

图 3-20   简化的反馈控制系统

设开环传递函数为具有 m 个零点、n 个极点的 s 有理分式，可以写为

$$L(s) = G(s)H(s) = \frac{K_1 \prod\limits_{k=1}^{m}(s-z_k)}{\prod\limits_{j=1}^{n}(s-p_j)} \qquad (3-87)$$

系统的特征方程为

$$1+L(s) = 1 + \frac{K_1 \prod\limits_{k=1}^{m}(s-z_k)}{\prod\limits_{j=1}^{n}(s-p_j)} = 0 \qquad (3-88)$$

或

$$\frac{\prod\limits_{k=1}^{m}(s-z_k)}{\prod\limits_{j=1}^{n}(s-p_j)} = -\frac{1}{K_1} = \frac{1}{|K_1|}\mathrm{e}^{\mathrm{i}l\pi} \qquad (3-89)$$

若 $K_1 > 0$，则上式中的 l 为奇数；若 $K_1 < 0$，则 l 为偶数。上式可以用如下的幅值条件

$$\frac{\prod\limits_{k=1}^{m}|(s-z_k)|}{\prod\limits_{j=1}^{n}|(s-p_j)|} = \frac{1}{|K_1|} \qquad (3-90)$$

和相角条件

$$\angle L(s) = \sum_{k=1}^{m}\angle(s-z_k) - \sum_{j=1}^{n}\angle(s-p_j) = l\pi \qquad \begin{cases} K_1 > 0 & l\text{为奇数} \\ K_1 < 0 & l\text{为偶数} \end{cases} \qquad (3-91)$$

来表示，在 s 平面上凡是满足这两个条件的点，都是根轨迹上的点。

注释 1：相角条件是确定 s 平面上某一点是否在根轨迹上的充分必要条件。

注释 2：幅值条件不能用于判断某一点是否在根轨迹上，但是可以用于计算根轨迹上的点所对应的 K_1 值。

若 $K_1 > 0$，则总相角 $\angle L(s)$ 为 $180°$ 的奇数倍；若 $K_1 < 0$，则总相角 $\angle L(s)$ 为 $180°$ 的偶数倍。称 $K_1 > 0$ 的根轨迹为常规根轨迹，称 $K_1 < 0$ 的根轨迹为零度根轨迹。在以下的讲解中，一般情况下均指 $K_1 > 0$ 的常规根轨迹。

3.9.3 根轨迹的作图规则

本小节讲解手工绘制常规根轨迹的规则。如果使用 MATLAB，常用的命令有 pzmap（绘制零极点），rlocus（绘制根轨迹），zpk（零极点）。

手工绘制根轨迹按照以下 8 条规则逐步完成。

1）根轨迹有 n 条分支。

由于实际系统输入与输出的因果关系，有 $n \geqslant m$，由式（3-88）知道闭环极点数等于开环传递函数分母多项式的阶次 n，即根轨迹有 n 条分支。

2）根轨迹对称于实轴。

对于实际系统，构成特征方程的多项式是 s 的实有理函数，所以闭环极点必为实数或共轭复数，它们对称于实轴。

注释：利用对称性，只需画出 s 平面的上半部和实轴上的根轨迹，下半部的根轨迹即可对称画出。

3）根轨迹始于开环极点，止于开环零点。

该规则的证明较为简单。由闭环特征方程（3-88）得到

$$\prod_{j=1}^{n}(s-p_j) + K_1 \prod_{k=1}^{m}(s-z_k) = 0 \quad \text{或} \quad \frac{1}{K_1}\prod_{j=1}^{n}(s-p_j) + \prod_{k=1}^{m}(s-z_k) = 0$$

令 $K_1 = 0$，可知根轨迹的起点为开环极点；令 $K_1 = \infty$，可知根轨迹的终点为开环零点。

注释：由幅值条件式（3-90），当 $n > m$ 且 $K_1 \to \infty$ 时，必有 $|s|^{n-m} \to \infty$，即 $|s| \to \infty$。因此，若 $n > m$，则有 $(n-m)$ 条根轨止于无穷远处。

4）实轴上的某一段，若其右边的开环零点和开环极点总数为奇数，则该段实轴是根轨迹的一部分。

利用相角条件式（3-91）可证明本规则。对于实轴上一点 s_0，共轭零点或极点到 s_0 的向量的相角和为 2π，如图 3-21 所示。s_0 右边的零、极点到 s_0 的向量的相角均为 π，s_0 左边的零、极点到 s_0 的向量的相角均为 0，因此，当且仅当 s_0 右边的零、极点个数的和为奇数时，s_0 满足相角条件。得证。

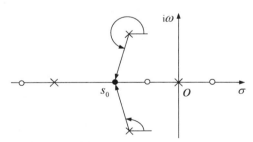

图 3-21　实轴上的根轨迹

5）两支根轨迹的交点方程为 $\left.\dfrac{\mathrm{d}L(s)}{\mathrm{d}s}\right|_{s=s_d} = 0$，其中 s_d 为交点。

交点 s_d 是指两支根轨迹会合后分离的点，该点为闭环特征方程的重根，特征方程式可以

写为 $1 + L(s) = (s - s_d)^2 M(s) = 0$，该等式的导数在交点 s_d 处仍成立，即

$$\frac{\mathrm{d}}{\mathrm{d}s}\left[1 + L(s)\right]\bigg|_{s=s_d} = \frac{\mathrm{d}L(s)}{\mathrm{d}s}\bigg|_{s=s_d} = 0 \tag{3-92}$$

【例 3-6】 单位负反馈系统开环传递函数为 $L(s) = \dfrac{K_1}{s(s+1)(s+2)}$，试求出系统根轨迹的交点。

解 系统有 3 条根轨迹分支，根轨迹始点为 $p_1 = 0, p_2 = -1, p_3 = -2$，实轴上的根轨迹区间为 $(-\infty, -2]$ 和 $[-1, 0]$，根轨迹的交点满足以下方程

$$\frac{\mathrm{d}}{\mathrm{d}s}\left[\frac{K_1}{s(s+1)(s+2)}\right] = 0 \Rightarrow 3s^2 + 6s + 2 = 0 \Rightarrow s_{1,2} = -1 \pm 0.58$$

区间 $[-1, 0]$ 两端都是始点，之间必然有根轨迹的交点，交点为 $s_1 = -0.42$。区间 $[-2, -1]$ 不存在根轨迹，所以 $s_2 = -1.58$ 不是根轨迹的交点。

6）根轨迹与虚轴的交点可由 $s = \mathrm{i}\omega$ 代入特征方程求出，即

$$1 + L(\mathrm{i}\omega) = 0 \tag{3-93}$$

分别令方程的实部和虚部为 0，即可求出交点的坐标值 ω 及相应的 K_1 值。此时的 K_1 值称为临界根轨迹增益。

注释：亦可用 Routh 判据，先求出临界根轨迹增益 K_1，此值代入特征方程可以计算出交点的坐标值 ω。

【例 3-7】 试求例 3-6 系统根轨迹与虚轴的交点及临界增益。

解 方法 1：系统闭环特征方程为 $\Delta(s) = s^3 + 3s^2 + 2s + K_1 = 0$，令 $s = \mathrm{i}\omega$，得到

$$\Delta(\mathrm{i}\omega) = (\mathrm{i}\omega)^3 + 3(\mathrm{i}\omega)^2 + 2(\mathrm{i}\omega) + K_1 = -\mathrm{i}\omega^3 - 3\omega^2 + \mathrm{i}2\omega + K_1 = 0$$

令实部及虚部分别为 0，有

$$\begin{cases} K_1 - 3\omega^2 = 0 \\ 2\omega - \omega^3 = 0 \end{cases}$$

解得

$$\begin{cases} \omega = 0 \\ K_1 = 0 \end{cases} \quad \text{或} \quad \begin{cases} \omega = \pm\sqrt{2} \\ K_1 = 6 \end{cases}$$

第一组解是根轨迹的起点。由第二组解得到根轨迹与虚轴的交点为 $\lambda_{1,2} = \pm\mathrm{i}\sqrt{2}$，对应的根轨迹增益为 $K_1 = 6$。

方法 2：用 Routh 判据求根轨迹与虚轴的交点。Routh 表为

$$
\begin{array}{ccc}
s^3 & 1 & 2 \\
s^2 & 3 & K_1 \\
s^1 & (6-K_1)/3 & 0 \\
s^0 & K_1 &
\end{array}
$$

当 $K_1 = 6$ 时，s^1 行元素全为零，系统存在共轭虚根。共轭虚根可由 s^2 行的辅助方程

$$F(s) = [3s^2 + K_1]\big|_{K_1=6} = 0$$

求得，为 $s = \pm i\sqrt{2}$，这就是根轨迹与虚轴的交点。

7）当系统开环传递函数 $L(s)$ 的分子、分母阶次差 $n-m \geqslant 2$ 时，系统闭环极点之和等于系统开环极点之和且为常数。

利用特征方程式（3-88）可证明本规则。展开式（3-88），得到

$$\begin{aligned}1+L(s) &= 1 + \frac{K_1(s-z_1)(s-z_2)\cdots(s-z_m)}{(s-p_1)(s-p_2)\cdots(s-p_n)} \\ &= \frac{(s^n+a_{n-1}s^{n-1}+a_2s^{n-2}+\cdots+a_0)+(K_1s^m+b_{m-1}K_1s^{m-1}+\cdots+K_1b_0)}{s^n+a_{n-1}s^{n-1}+a_2s^{n-2}+\cdots+a_0}\end{aligned}$$

其中

$$a_{n-1} = \sum_{j=1}^{n}(-p_j) \tag{3-94}$$

不失一般性，设 $n-m=2$，即 $m=n-2$，系统闭环特征多项式为

$$\begin{aligned}\Delta(s) &= (s^n+a_{n-1}s^{n-1}+a_{n-2}s^{n-2}+\cdots+a_0)+(K_1s^{n-2}+K_1b_{n-3}s^{n-3}+\cdots+K_1b_0) \\ &= s^n+a_{n-1}s^{n-1}+(a_{n-2}+K_1)s^{n-2}+\cdots+(a_0+K_1b_0) \\ &= (s-\lambda_1)(s-\lambda_2)\cdots(s-\lambda_n)\end{aligned}$$

其中，闭环特征根——闭环极点之和为

$$\sum_{j=1}^{n}(-\lambda_j) = a_{n-1} \tag{3-95}$$

由式（3-94）和（3-95），得到

$$\sum_{j=1}^{n}\lambda_j = \sum_{j=1}^{n}p_j \tag{3-96}$$

由于系统开环极点是固定的，闭环极点之和为常数。规则7）表明，当 $n-m \geqslant 2$ 时，随着 K_1 的增大，若一部分极点的轨迹向右移动，则另一部分极点的轨迹必然向左移动，且左、右移动的距离增量之和为 0。若已知部分闭环极点，可以利用该法则确定另外的闭环极点的位置。

8）趋向无穷远处的 $(n-m)$ 条根轨迹的渐近线与实轴的交角为

$$\theta = \frac{l\pi}{n-m} \tag{3-97}$$

其中，$l=1,3,5,\cdots$，共 $(n-m)$ 个正奇数，渐近线交于实轴上的坐标为

$$\sigma_1 = \frac{\sum_{j=1}^{n}p_j - \sum_{k=1}^{m}z_k}{n-m} \tag{3-98}$$

【例 3-8】 下面证明规则8）。

证明 将开环传递函数式（3-87）写为

$$L(s) = \frac{K_1(s^m + b_{m-1}s^{m-1} + \cdots + b_0)}{s^n + a_{n-1}s^{n-1} + a_2 s^{n-2} + \cdots + a_0} = \frac{K_1}{s^{n-m} + (a_{n-1} - b_{m-1})s^{n-m-1} + \cdots} \qquad (3\text{-}99)$$

其中，$b_{m-1} = \sum_{i=1}^{m}(-z_i)$，$a_{n-1} = \sum_{j=1}^{n}(-p_j)$ 分别为系统开环零点之和及开环极点之和的负值。借助代数二项式定理

$$(s - \sigma_1)^{n-m} = s^{n-m} - (n-m)\sigma_1 s^{n-m-1} + \cdots$$

当 $|s| \to \infty$ 时，忽略上式中低次幂项，即 $(s - \sigma_1)^{n-m} \approx s^{n-m} - (n-m)\sigma_1 s^{n-m-1}$，并令

$$-\sigma_1 = \frac{a_{n-1} - b_{m-1}}{n-m}$$

代入式（3-99），有

$$L(s) \approx \frac{K_1}{(s - \sigma_1)^{n-m}}$$

特征方程为

$$1 + \frac{K_1}{(s - \sigma_1)^{n-m}} = 0$$

由此导出

$$s = \sigma_1 + K_1^{\frac{1}{n-m}} e^{\frac{l\pi}{n-m}}, \quad l = 1, 3, 5, \cdots$$

这就是当 $s \to \infty$ 时根轨迹的渐近线方程。渐近线与实轴的交点坐标和交角分别为

$$\sigma_1 = -\frac{a_{n-1} - b_{m-1}}{n-m} = \frac{\sum_{j=1}^{n} p_j - \sum_{i=1}^{m} z_i}{n-m}$$

$$\theta = \frac{l\pi}{n-m}, \quad l = 1, 3, 5, \cdots$$

这是根轨迹趋于无穷远处零点时，渐近线与实轴的交角。其中，l 值只需 $(n-m)$ 个连续的正奇数，超过 $(n-m)$ 个的 l 值求得的角必然是重复的。

【例 3-9】 试应用规则 8）求例 3-6 系统于无穷远处 $(n-m)$ 条根轨迹的渐近线与实轴的交角，以及渐近线交于实轴上的坐标。

解 渐近线与实轴的交点坐标为 $\sigma_1 = \frac{-1-2}{3} = -1$；渐近线与实轴的交角为 $\theta = \frac{l\pi}{3} = \frac{\pi}{3}, \pi, \frac{5\pi}{3}$。

综合例 3-6～3-9 的计算结果，可手工绘出系统根轨迹，如图 3-22a 所示。用 MATLAB 绘制根轨迹的程序如下：

```
num=[1];
den=conv([1 0],conv([1 1],[1 2]));
rlocus(num,den)
```

得到的图形如图 3-22b 所示，这与手工绘制的结果很相似。

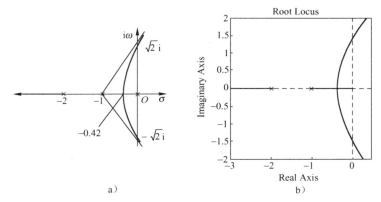

a）   b）

图 3-22　开环传递函数为 $L(s)=\dfrac{K_1}{s(s+1)(s+2)}$ 的系统根轨迹

a) 手工绘图　b) MATLAB 绘图

3.9.4　参数根轨迹

除根轨迹增益 K_1 以外的其他参量（如时间常数等）从零变化到无穷大时绘制的根轨迹，称为参数根轨迹。

将绘制参数根轨迹的问题转化为绘制 K_1 变化时的根轨迹形式，可以采用绘制常规根轨迹的规则来绘制参数根轨迹。下面举例说明。

【例 3-10】　单位负反馈系统开环传递函数为

$$L(s)=\frac{s+b}{s^2(s+2)}$$

试绘制 b 从零变化到无穷大 时的根轨迹。

解　闭环特征方程为 $s^3+2s^2+s+b=0$，转化为

$$1+\frac{b}{s(s+1)^2}=0$$

令 $L_1(s)=\dfrac{b}{s(s+1)^2}$，绘制以 $L_1(s)$ 为开环传递函数的闭环系统的根轨迹即可，具体过程如下。

1）有 3 条根轨迹，始于 3 个开环极点：$p_1=0$，$p_2=p_3=-1$，止于无穷远处零点。

2）实轴上的根轨迹：$[-1,0]$，$(-\infty,-1)$。

3）由根轨迹交点方程：

$$\frac{\mathrm{d}}{\mathrm{d}s}\left[\frac{b}{s(s+1)^2}\right]=-\frac{3s^2+4s+1}{s^2(s+1)^4}=0\Rightarrow s_1=-1,s_2=-1/3$$

显然，s_2 为所求的交点。

4）与虚轴的交点：将 $s=\mathrm{i}\omega$ 代入闭环特征方程式中，得到

$$(i\omega)^3 + 2(i\omega)^2 + i\omega + b = (-2\omega^2 + b) + i(-\omega^3 + \omega) = 0$$

由
$$\text{Im}\left[\Delta(i\omega)\right] = -\omega^3 + \omega = 0$$

解得 $\omega = \pm 1$。

5）渐近线与实轴的交点坐标为 $\sigma_1 = \dfrac{-1-1}{3} = -2/3$；渐近线与实轴的交角为

$\theta = \dfrac{l\pi}{3} = \dfrac{\pi}{3}, \pi, \dfrac{5\pi}{3}$。

系统根轨迹如图 3-23 所示。

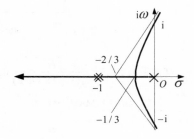

图 3-23　b 由零变化到无穷大时的根轨迹

3.10　小结

线性控制系统最基本的性能指标是稳定性。系统的稳定性有很多判断方法，本章介绍了经典控制理论中稳定性的时域分析方法，即 Routh-Hurwitz 判据和根轨迹法。

对于稳定的系统，其时域性能要求主要是对暂态响应和稳态响应的要求。这些要求可以精练地归结为 3 个字，即"稳、快、准"。暂态响应性能指标包括峰值时间、最大超调量、上升时间、调整时间和延迟时间等。稳态响应性能指标主要是稳态误差，一般还可分为给定稳态误差和扰动稳态误差两类。

本章详细分析了典型一阶系统和典型二阶系统的时域响应与系统参量的关系。典型二阶系统是高阶系统设计的基准模型，因此熟练掌握它的性能指标与系统参量之间的关系具有重要的实践意义。

线性系统的性能由其特征根在 s 平面的分布直接决定。因此，根轨迹法特别适用于分析当系统某一个参数变化时系统性能的变化趋势。

3.11　习题

3-1　已知系统的特征方程如下，判断系统的稳定性。

（1）$s^3 + 2s^2 + 7s + 6 = 0$

（2）$s^5 + 11s^4 + 8s^3 + 4s^2 + 3s + 7 = 0$

（3）$s^4 + 9s^3 + s^2 + 3s + 10 = 0$

（4）$s^6 + 5s^5 + 2s^4 + 7s^3 + 9s^2 + s + 12 = 0$

3-2 已知单位负反馈系统的开环传递函数如下，试确定使系统稳定的参数 K 的范围。

（1）$L(s) = \dfrac{K}{s(s+1)}$ （2）$L(s) = \dfrac{Ks+1}{s^2(s+1)}$

3-3 已知单位负反馈系统的开环传递函数如下，试确定使系统稳定的参数 K 和 T 的范围。

（1）$L(s) = \dfrac{K}{s(Ts+1)}$ （2）$L(s) = \dfrac{K(s+1)}{s(Ts+1)(2s+1)}$

3-4 某典型二阶系统单位阶跃响应曲线如题 3-4 图所示。求

（1）调节时间 t_s（5%）。

（2）超调量 M_p。

（3）峰值时间 t_p。

（4）阻尼振荡频率 ω_d。

（5）系统的极点位置。

3-5 已知单位反馈系统的结构图如题 3-5 图所示。求

（1）$K=50$ 时系统单位阶跃响应的超调量 M_p。

（2）K 取何值才能使系统单位阶跃响应的超调量 $M_p = 10\%$。

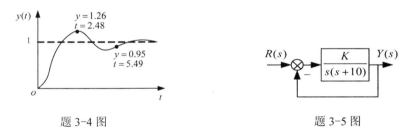

题 3-4 图　　　　　　　　　　　题 3-5 图

3-6 根据以下二阶系统的技术指标要求，画出系统极点在 s 平面上的分布。

（1）$0 < \zeta < 0.707$, $\omega_n < 2\text{rad/s}$

（2）$\zeta > 0.5$, $2\text{rad/s} < \omega_n < 4\text{rad/s}$

（3）$0.5 < \zeta < 0.707$, $\omega_n > 4\text{rad/s}$

（4）$\zeta < 0.5$, $1\text{rad/s} < \omega_n < 2\text{rad/s}$

3-7 某速度反馈系统结构图如题 3-7 图所示。求

（1）$K=0$ 时，闭环系统的阻尼系数、超调量和调整时间。

（2）K 取何值时，闭环系统的阻尼系数 $\zeta = 0.707$？

（3）K 取何值时，闭环系统为过阻尼系统？

3-8 已知系统结构图如题 3-8 图所示。求

（1）$T=0$ 时，闭环系统的超调量和调整时间。

（2）$T=2$ 时，闭环系统的超调量和调整时间。

（3）T 取何值时，系统的超调量为零？

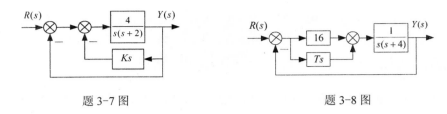

题 3-7 图   题 3-8 图

3-9　某一阶系统的结构图如题 3-9 图所示。要求系统静态增益为 2，调节时间 $t_s \leqslant 0.4s$。试确定参数 T 和 K 的值。

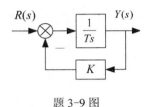

题 3-9 图

3-10　给定典型二阶系统的设计指标：超调量 $M_p \leqslant 5\%$，调节时间 $t_s \leqslant 3\text{s}$，峰值时间 $t_p \leqslant 1\text{s}$。试确定系统极点配置的区域，以获得预期的响应特性。

3-11　已知单位负反馈系统的开环传递函数如下，求系统单位阶跃响应和单位斜坡响应的稳态误差。

（1）$L(s) = \dfrac{20}{(s+5)(s+2)}$

（2）$L(s) = \dfrac{20}{s(s+1)(s+5)}$

（3）$L(s) = \dfrac{K(s+2)}{s(s+3)(s+5)}$

（4）$L(s) = \dfrac{K(s+10)}{s^2(Ts+1)(5s+1)}$

3-12　已知温度计的传递函数为 $\dfrac{1}{Ts+1}$。用其测量容器内的水温，1min 才能显示出该温度的 98% 的数值。若加热容器使水温按 5°C/min 的速度匀速上升，问温度计的稳态指示误差有多大？

3-13　已知如题 3-13 图所示系统的输入和扰动均为 $1(t)$。求

（1）系统输出的稳态误差。

（2）调整哪个环节可以使稳态误差为零？如何调整？

3-14　题 3-14 图是船舶横摇镇定系统的结构图，引入内环速度反馈是为了增加船只的阻尼。

（1）求海浪扰动力矩对船只倾斜角的传递函数 $\Theta(s)/M_d(s)$。

（2）为保证 M_d 为单位阶跃输入时，倾斜角 θ 的值不超过 0.1，且系统的阻尼系数为 0.5，求 K_1、K_2 和 K_3 应满足的方程。

（3）$K_2=1$ 时，确定满足（2）中指标的 K_1 和 K_3 值。

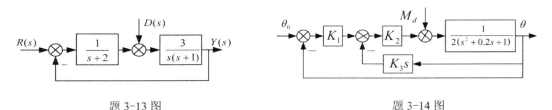

题 3-13 图   题 3-14 图

3-15　已知单位负反馈系统的开环传递函数如下，试绘制系统的常规根轨迹。

（1）$L(s)=\dfrac{K_1}{s(s+1)(s+3)}$ （2）$L(s)=\dfrac{K_1}{s(s+2)(s^2+4s+20)}$

3-16　已知单位负反馈系统的开环传递函数如下，试绘制以 a 为变量的参数根轨迹。

（1）$L(s)=\dfrac{\omega^2}{s(s+2a\omega)}$ （2）$L(s)=\dfrac{as+25}{s(s+4)}$

3-17　已知单位负反馈系统的开环传递函数为 $L(s)=\dfrac{K}{s(s+a)}$。希望系统的所有特征根位于 s 平面上 $s=-2$ 的左侧区域，且阻尼系数 $0.5\leqslant\zeta\leqslant0.707$，求 K 和 a 的取值范围。

3-18　已知单位负反馈系统的开环传递函数为 $L(s)=\dfrac{K_1}{s(s+2)(s+5)}$，试确定系统在阻尼系数 $\zeta=0.5$ 时对应的 K_1 值以及相应的闭环极点，估算此时系统的暂态性能指标。

3-19　在正反馈条件下，系统特征方程为 $L(s)=1$，此时根轨迹方程为 $L(s)=1$，相角条件为 $\angle L(s)=l\pi$，$l=0,2,4,\cdots$。相应绘制的根轨迹为零度根轨迹。在绘制零度根轨迹时，与幅值有关的性质都与常规根轨迹的性质相同，而所有跟相位有关的性质则与常规根轨迹的性质不同，请列举零度根轨迹不同的性质，并加以说明。

第4章 线性控制系统的频域分析

在复频率 s 域中进行系统分析的 Routh－Hurwitz 判据和根轨迹法，分别用系统的闭环特征方程和开环传递函数来分析系统的时域性能，本质上是时域法，因为系统的时域性能指标可由 s 平面的闭环极点指定。仅当传递函数是低阶、有理函数时这些方法才适用。实际系统往往都是高阶的，可能还含有延迟环节，还可能无法得到传递函数模型，难以采用时域法进行系统分析和设计。本章介绍的频域法，可以弥补时域法的不足。

频域法的主要基础是 Nyquist 稳定性判据。H. Nyquist 通过研究不同频率的正弦信号在 LTI 系统中传输的特性，提出依据开环频率特性确定闭环系统稳定的判据，在此基础上，H. W. Bode 提出稳定裕度和对数频率特性的概念。依据 Nyquist 和 Bode 的这些研究结果，我们不仅可以判别系统的稳定性，还可以度量系统的稳定程度，由此找出改善系统性能的途径。频域法一般采用系统的开环频率特性，对于开环稳定的系统，可以用正弦稳态实验方法获取，对于难以用机理分析方法建立 ODEs 或传递函数模型的系统，这一点非常有用。与此同时，开环频率特性的概念也可以拓展，形式化地将复频率 s 代以 $\mathrm{i}\omega$，直接由传递函数求得，这对本质开环不稳定系统非常重要。因此，频域法是一种分析和设计复杂反馈系统的实用方法，在工程上的应用十分广泛。本章讲解系统的频域分析法。

4.1 频率特性

频域法采用了系统的频率特性模型，这种数学模型即使在不知道系统内部机理的情况下，也可以通过做频率响应实验来确定，这正是引入这一数学模型的主要原因之一。频率特性的原意是稳态条件下交流正弦信号在系统环路传输过程中幅值和相位随频率 ω 的变化特性，可以表征系统的动态行为特性，包括系统在外部扰动作用下的系统响应特性，以及系统内部结构、参数变化条件下系统性能的变化。频率特性建模的物理基础是频率响应实验，数学基础是 Fourier 变换。

4.1.1 频率响应

考虑如图 4-1 所示的系统，输入信号、输出信号分别为 $u(t)$ 和 $y(t)$，传递函数为

$$G(s) = \frac{Y(s)}{U(s)} = \frac{N(s)}{(s-p_1)(s-p_2)\cdots(s-p_n)} \tag{4-1}$$

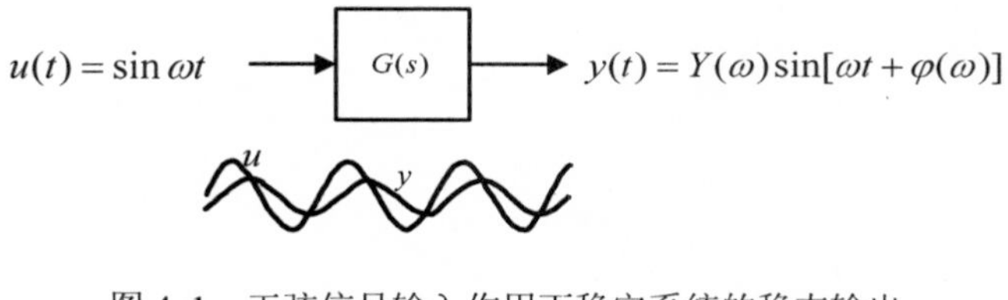

$$u(t) = \sin\omega t \longrightarrow \boxed{G(s)} \longrightarrow y(t) = Y(\omega)\sin[\omega t + \varphi(\omega)]$$

图 4-1 正弦信号输入作用下稳定系统的稳态输出

式中，$N(s)$ 为 $G(s)$ 的分子多项式，$p_1, p_2, \cdots, p_n$ 为系统极点。设所有极点都具有负实部。

在正弦信号 $u(t) = \sin \omega t$ 作用下，由式（4-1）可得输出信号的 Laplace 变换为

$$Y(s) = \frac{N(s)}{(s - p_1)(s - p_2) \cdots (s - p_n)} \cdot \frac{\omega}{s^2 + \omega^2}$$

$$= \sum_{k=1}^{n} \frac{c_k}{s - p_k} + \frac{c^-}{s + \mathrm{i}\omega} + \frac{c}{s - \mathrm{i}\omega} \tag{4-2}$$

式中，$c_1, c_2, \cdots, c_n, c, c^-$ 均为待定系数。对式（4-2）求 Laplace 反变换，可得

$$y(t) = \sum_{k=1}^{n} c_k \mathrm{e}^{p_k t} + c^- \mathrm{e}^{-\mathrm{i}\omega t} + c \mathrm{e}^{\mathrm{i}\omega t} \tag{4-3}$$

当 $t \to \infty$ 时，式（4-3）的右端除了最后两项外，其余各项都将衰减至 0。所以 $y(t)$ 的稳态分量为

$$y_{ss}(t) = c^- \mathrm{e}^{-\mathrm{i}\omega t} + c \mathrm{e}^{\mathrm{i}\omega t} \tag{4-4}$$

其中

$$c = G(s) \cdot \frac{\omega}{s^2 + \omega^2} (s - \mathrm{i}\omega) \Big|_{s = \mathrm{i}\omega} = \frac{G(\mathrm{i}\omega)}{2\mathrm{i}} \tag{4-5}$$

$$c^- = G(s) \cdot \frac{\omega}{s^2 + \omega^2} (s + \mathrm{i}\omega) \Big|_{s = -\mathrm{i}\omega} = -\frac{G(-\mathrm{i}\omega)}{2\mathrm{i}} \tag{4-6}$$

$G(\mathrm{i}\omega)$ 是复变函数，其模值和幅角的表示式为

$$G(\mathrm{i}\omega) = |G(\mathrm{i}\omega)| \mathrm{e}^{\mathrm{i} \arg G(\mathrm{i}\omega)} \tag{4-7}$$

$G(-\mathrm{i}\omega)$ 与 $G(\mathrm{i}\omega)$ 共轭，故有

$$G(-\mathrm{i}\omega) = |G(\mathrm{i}\omega)| \mathrm{e}^{-\mathrm{i} \arg G(\mathrm{i}\omega)} \tag{4-8}$$

将式（4-7）、式（4-8）分别代入式（4-5）、式（4-6），再代入式（4-4）得

$$y_{ss}(t) = |G(\mathrm{i}\omega)| \frac{\mathrm{e}^{\mathrm{i}[\omega t + \arg G(\mathrm{i}\omega)]} - \mathrm{e}^{-\mathrm{i}[\omega t + \arg G(\mathrm{i}\omega)]}}{2\mathrm{i}}$$

$$= |G(\mathrm{i}\omega)| \sin[\omega t + \arg G(\mathrm{i}\omega)]$$

$$= \mathrm{Im}[G(\mathrm{i}\omega) \mathrm{e}^{\mathrm{i}\omega t}] = Y(\omega) \sin[\omega t + \varphi(\omega)] \tag{4-9}$$

式中，$Y(\omega) = |G(\mathrm{i}\omega)|$ 为输出的幅值。幅角以弧度表示时记为 $\arg G(\mathrm{i}\omega)$，范围为 $[-\pi, \pi]$；幅角也称为相角，以度（°）表示，记为 $\angle G(\mathrm{i}\omega)$ 或 $\varphi(\omega)$，由于 $\angle G(\mathrm{i}\omega)$ 是连续的，其取值范围不限于 $-180° \sim 180°$。

综上所述，对于稳定的 LTI 系统，若输入是正弦信号，则系统稳态输出也是同频率的正弦信号。

由此定义：系统对正弦输入信号的稳态响应为系统的频率响应。

由式（4-9）可知，若输入为复指数信号 $\mathrm{e}^{\mathrm{i}\omega t}$，则输出也是复指数信号，为 $G(\mathrm{i}\omega)\mathrm{e}^{\mathrm{i}\omega t}$。

由此给出频率特性定义：正弦信号激励条件下系统稳态输出信号与输入信号的复数比称为系统的频率特性。

频率特性函数 $G(\mathrm{i}\omega)$ 是实数域到复数域的复变函数。在系统结构参数给定的情况下，模

值 $|G(\mathrm{i}\omega)|$ 和幅角 $\arg G(\mathrm{i}\omega)$ 仅仅是 ω 的函数，分别称为系统幅频特性函数和相频特性函数，二者统称为系统的频率特性函数，简称频率特性。

频率特性的物理意义：频率特性表征了系统对不同频率正弦输入的响应特性。

应用频率特性分析系统性能的基本思路：实际施加于控制系统的周期或非周期信号都可表示成由许多谐波分量组成的 Fourier 级数或用 Fourier 积分表示的连续频谱函数，因此根据控制系统对正弦谐波函数的响应，可以推算出它在任意周期信号或非周期信号作用下的运动情况。对于任意波形的输入信号，基于 Fourier 变换和反变换的概念，也可以定义频率特性。

4.1.2 Fourier 变换和广义频率特性

实际上，由因果系统的卷积表达式（2-28）可导出 Fourier 变换。数学上严格的 Fourier 变换的定义如下。

定义：若函数 $f(t)$ 满足 Dirichlet 条件，即在 $-\infty\sim+\infty$ 的整个区间内绝对可积

$$\int_{-\infty}^{\infty}|f(t)|\,\mathrm{d}t<\infty \tag{4-10}$$

则积分变换表达式

$$F(\mathrm{i}\omega)=\mathscr{F}[f(t)]=\int_{-\infty}^{\infty}f(t)\mathrm{e}^{-\mathrm{i}\omega t}\mathrm{d}t \tag{4-11}$$

称为函数 $f(t)$ 的 Fourier 变换象函数。由象函数 $F(\mathrm{i}\omega)$ 求原函数 $f(t)$，可以使用如下的 Fourier 反变换

$$f(t)=\mathscr{F}^{-1}[F(\mathrm{i}\omega)]=\frac{1}{2\pi}\int_{-\infty}^{\infty}F(i\omega)\mathrm{e}^{\mathrm{i}\omega t}\mathrm{d}\omega \tag{4-12}$$

该表达式的物理意义是任何时间函数 $f(t)$ 可以由频率为 $\omega=-\infty\sim+\infty$ 的正弦信号构造。由 Fourier 变换的定义式（4-11），我们证明 Fourier 变换的卷积定理。

卷积定理：对于因果、稳定系统，若

$$y(t)=\int_{0}^{\infty}g(\tau)u(t-\tau)\mathrm{d}\tau$$

则

$$Y(\mathrm{i}\omega)=G(\mathrm{i}\omega)U(\mathrm{i}\omega) \tag{4-13}$$

证明：$Y(\mathrm{i}\omega)=\int_{-\infty}^{\infty}y(t)\mathrm{e}^{-\mathrm{i}\omega t}\mathrm{d}t=\int_{-\infty}^{\infty}\left[\int_{0}^{\infty}g(\tau)u(t-\tau)\mathrm{d}\tau\right]\mathrm{e}^{-\mathrm{i}\omega t}\mathrm{d}t$

$$=\int_{-\infty}^{\infty}\int_{-\infty}^{\infty}g(\tau)u(t-\tau)\,\mathrm{e}^{-\mathrm{i}\omega(t-\tau)}\mathrm{e}^{-\mathrm{i}\omega\tau}\mathrm{d}\tau\mathrm{d}t$$

$$=\left[\int_{-\infty}^{\infty}g(\tau)\,\mathrm{e}^{-\mathrm{i}\omega\tau}\mathrm{d}\tau\right]\cdot\left[\int_{-\infty}^{\infty}u(t)\,\mathrm{e}^{-\mathrm{i}\omega t}\mathrm{d}t\right]=G(\mathrm{i}\omega)U(\mathrm{i}\omega)$$

基于卷积定理，也可以定义频率特性如下：

系统输出信号的 Fourier 变换与输入信号的 Fourier 变换的比为该系统的频率特性。

若 LTI 系统的脉冲响应函数绝对可积，则传递函数与频率特性具有如下的对应关系

$$G(\mathrm{i}\omega)=G(s)\big|_{s=\mathrm{i}\omega} \tag{4-14}$$

该关系式为由传递函数获取系统的频率特性提供解析方法。

在研究闭环系统中，一般采用开环频率特性函数，若开环传递函数在 s 平面的右半平面上有极点，则按照上述的频率特性定义，应该不存在对应于不稳定开环系统的频率特性。但在闭环稳定或可以使闭环稳定的条件下，即使系统的脉冲响应函数不是绝对可积的，也可以使用式（4-14）定义不稳定系统的频率特性，称为广义频率特性。在以后的论述中，将使用广义频率特性，并会看到这样拓宽频率特性定义的必要性和合理性。

频率特性描述了不同频率正弦信号在系统中的传输特性。采用频率特性的一个重要优点是可以用图像表示，从频率特性曲线上可以方便地获得关于系统的许多重要信息。

4.2 频率特性曲线

开环系统的频率特性曲线是系统频域分析的依据，掌握典型环节的频率特性是绘制开环频率特性曲线的基础。在典型环节或开环系统的传递函数 $G(s)$ 中，采用广义频率特性的定义，令 $s = i\omega$，即得到相应的频率特性。令 $\omega = 0 \rightarrow +\infty$，计算相应的幅值 $|G(i\omega)|$ 和幅角 $\arg G(i\omega)$，在 $G(i\omega)$ 平面描点绘图，就可以得到典型环节或开环系统的频率特性曲线。

4.2.1 典型环节的频率特性曲线

1. 比例环节
比例环节的传递函数为

$$G(s) = K \tag{4-15}$$

其频率特性为

$$G(i\omega) = K + i0 = K e^{i0}$$

$$\left.\begin{array}{l} |G(i\omega)| = K \\ \angle G(i\omega) = 0° \end{array}\right\} \tag{4-16}$$

比例环节的频率特性是 G 平面实轴上的一个点，与频率的大小无关，如图 4-2 所示。它表明对任意频率的正弦输入信号，比例环节稳态输出响应的振幅是输入信号的 K 倍，且与输入信号同相位。

2. 微分环节
微分环节的传递函数为

$$G(s) = s \tag{4-17}$$

其频率特性为

$$G(i\omega) = 0 + i\omega = \omega e^{i90°}$$

$$\left.\begin{array}{l} |G(i\omega)| = \omega \\ \angle G(i\omega) = 90° \end{array}\right\} \tag{4-18}$$

微分环节的幅值与 ω 成正比，相角恒为 90°。当 $\omega = 0 \rightarrow +\infty$ 时，频率特性曲线从 G 平面的原点起始，一直沿虚轴趋于 $+i\infty$ 处，如图 4-3 所示。

3．积分环节

积分环节的传递函数为

$$G(s) = \frac{1}{s} \tag{4-19}$$

其频率特性为

$$G(i\omega) = 0 + \frac{1}{i\omega} = \frac{1}{\omega}e^{-i90°}$$

$$\left.\begin{array}{l} |G(i\omega)| = \dfrac{1}{\omega} \\[3mm] \angle G(i\omega) = -90° \end{array}\right\} \tag{4-20}$$

积分环节的幅值与 ω 成反比，相角恒为 $-90°$。当 $\omega = 0^+ \to +\infty$ 时，频率特性曲线从虚轴 $-i\infty$ 处出发，沿负虚轴逐渐趋于坐标原点，如图 4-4 所示。

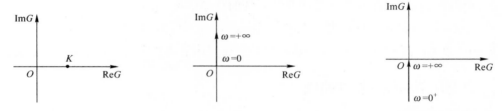

图 4-2　比例环节频率特性曲线　图 4-3　微分环节频率特性曲线　图 4-4　积分环节频率特性曲线

4．惯性环节

惯性环节的传递函数为

$$G(s) = \frac{1}{Ts+1} \tag{4-21}$$

其频率特性为

$$G(i\omega) = \frac{1}{1+iT\omega} = \frac{1}{\sqrt{1+T^2\omega^2}}e^{-i\arctan T\omega}$$

$$\left.\begin{array}{l} |G(i\omega)| = \dfrac{1}{\sqrt{1+T^2\omega^2}} \\[4mm] \angle G(i\omega) = -\arctan T\omega \end{array}\right\} \tag{4-22}$$

当 $\omega = 0$ 时，幅值 $|G(i\omega)| = 1$，相角 $\angle G(i\omega) = 0°$；当 $\omega = +\infty$ 时，$|G(i\omega)| = 0$，$\angle G(i\omega) = -90°$，惯性环节频率特性曲线如图 4-5 所示，它具有低通滤波器特性。由于

$$\frac{1}{1+iT\omega} = \frac{1-iT\omega}{1+T^2\omega^2} \tag{4-23}$$

令

$$u = \frac{1}{1+T^2\omega^2} \tag{4-24}$$

$$v = \frac{T\omega}{1+T^2\omega^2} \tag{4-25}$$

对式（4-23）两边取模值的平方，得到

$$u = u^2 + v^2$$

或

$$(u - 0.5)^2 + v^2 = 0.5^2 \tag{4-26}$$

这表明惯性环节的频率特性曲线为圆心在（0.5, i0），半径为 0.5 的半圆。

5. 一阶微分环节

一阶微分环节的传递函数为

$$G(s) = Ts + 1 \tag{4-27}$$

其频率特性为

$$G(i\omega) = 1 + iT\omega = \sqrt{1 + T^2\omega^2}\, e^{i\arctan T\omega}$$

$$\left.\begin{array}{l} |G(i\omega)| = \sqrt{1 + T^2\omega^2} \\ \angle G(i\omega) = \arctan T\omega \end{array}\right\} \tag{4-28}$$

一阶微分环节频率特性的实部为常数 1，虚部与 ω 成正比，如图 4-6 所示。

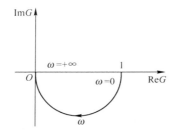
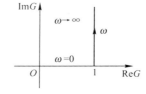

图 4-5　惯性环节的频率特性曲线　　　图 4-6　一阶微分环节频率特性曲线

6. 二阶振荡环节

二阶振荡环节的传递函数为

$$G(s) = \frac{1}{T^2 s^2 + 2T\zeta s + 1} = \frac{\omega_n^2}{s^2 + 2\zeta\omega_n s + \omega_n^2} \qquad 0 < \zeta < 1 \tag{4-29}$$

式中，ω_n 为无阻尼自然振荡频率，$\omega_n = 1/T$；ζ 为阻尼系数，$0 < \zeta < 1$。相应的频率特性为

$$G(i\omega) = \frac{1}{\left(1 - \dfrac{\omega^2}{\omega_n^2}\right) + i2\zeta\dfrac{\omega}{\omega_n}} \tag{4-30}$$

$$\left\{\begin{array}{l} |G(i\omega)| = \dfrac{1}{\sqrt{(1 - \omega^2/\omega_n^2)^2 + 4\zeta^2\omega^2/\omega_n^2}} \\[4mm] \angle G(i\omega) = \begin{cases} -\arctan\dfrac{2\zeta\omega/\omega_n}{1 - \omega^2/\omega_n^2} & \omega < \omega_n \\[4mm] -180° - \arctan\dfrac{2\zeta\omega/\omega_n}{1 - \omega^2/\omega_n^2} & \omega > \omega_n \end{cases} \end{array}\right. \tag{4-31}$$

当 $\omega = 0$ 时， $G(\mathrm{i}0) = 1e^{\mathrm{i}0°}$ ；当 $\omega = \omega_n$ 时， $G(\mathrm{i}\omega_n) = 1/(2\zeta)e^{-\mathrm{i}90°}$ ；当 $\omega = \infty$ 时， $G(\mathrm{i}\infty) = 0e^{-\mathrm{i}180°}$ 。由此可以大致绘出 $G(\mathrm{i}\omega)$ 的频率特性曲线，它的形状与 ζ 有关，当 ζ 值分别取 0.3，0.5，0.7 时，频率特性曲线如图 4-7 所示。 ζ 值较小时，幅值 $|G(\mathrm{i}\omega)|$ 达到极大值时对应的幅值 M_r 称为谐振峰值，对应的频率 ω_r 称为谐振频率。由式（4-31），求幅值的极大值相当于求函数

$$\left[1 - \frac{\omega^2}{\omega_n^2}\right]^2 + 4\zeta^2\frac{\omega^2}{\omega_n^2}$$

的极小值，令

$$\frac{\mathrm{d}}{\mathrm{d}\omega}\left\{\left[1 - \frac{\omega^2}{\omega_n^2}\right]^2 + 4\zeta^2\frac{\omega^2}{\omega_n^2}\right\} = 0$$

可得

$$\omega_r = \omega_n\sqrt{1 - 2\zeta^2} \qquad (0 < \zeta < 0.707) \tag{4-32}$$

这说明 $\zeta < 0.707$ 时振荡环节存在谐振。将式（4-32）代入式（4-31），可得

$$M_r = |G(\mathrm{i}\omega_r)| = \frac{1}{2\zeta\sqrt{1 - \zeta^2}} \tag{4-33}$$

对于 $\zeta < 0.707$ 的振荡环节，它的 M_r 与 ζ 的关系如图 4-8 所示。 ζ 越小， M_r 越大。若 $\zeta = 0$ ，则 $M_r = \infty$ ，这对应无阻尼系统的自然振荡。无阻尼系统自然振荡的物理意义是：即使输入信号为 0，输出也为幅值不为 0 的正弦信号。对应于系统存在的谐振现象，在系统分析和设计中，对振荡环节的处理必须足够重视（详见 4.3.2 节的式（4-47））。

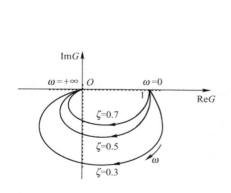

图 4-7　二阶振荡环节的频率特性曲线

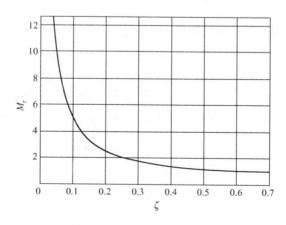

图 4-8　M_r 与 ζ 的关系

【例 4-1】　由实验得到某环节的频率特性曲线如图 4-9 所示，试近似确定环节的传递函数 $G(s)$ 。

解　根据频率特性曲线的形状大致可以确定 $G(s)$ 的形式

$$G(s) = \frac{K\omega_n^2}{s^2 + 2\zeta\omega_n s + \omega_n^2}$$

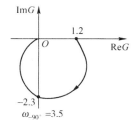

图 4-9　由实验得到的频率

其频率特性为

$$|G(i\omega)| = \frac{K}{\sqrt{\left[1 - \dfrac{\omega^2}{\omega_n^2}\right]^2 + 4\zeta^2 \dfrac{\omega^2}{\omega_n^2}}}$$　　　（4-34）

$$\angle G(i\omega) = \begin{cases} -\arctan \dfrac{2\zeta\omega/\omega_n}{1 - \omega^2/\omega_n^2} & \omega < \omega_n \\[4mm] -180° - \arctan \dfrac{2\zeta\omega/\omega_n}{1 - \omega^2/\omega_n^2} & \omega > \omega_n \end{cases}$$　　　（4-35）

利用 $|G(i0)| = 1.2$ 代入式（4-34）得到 $K = 1.2$；把 $\angle G(3.5i) = -90°$ 代入式（4-35）求出 $\omega_n = 3.5$；由 $|G(i\omega_{-90°})| = 2.3$ 代入式（4-34）得到 $K/(2\zeta) = 2.3$，$\zeta = 0.26$。由此，得到近似的传递函数为

$$G(s) = \frac{14.7}{s^2 + 1.82s + 12.25}$$

7. 二阶微分环节

二阶微分环节的传递函数为

$$G(s) = T^2 s^2 + 2\zeta Ts + 1 = \frac{s^2}{\omega_n^2} + 2\zeta \frac{s}{\omega_n} + 1$$　　　（4-36）

频率特性为

$$G(i\omega) = \left[1 - \frac{\omega^2}{\omega_n^2}\right] + i2\zeta \frac{\omega}{\omega_n}$$　　　（4-37）

$$\begin{cases} |G(i\omega)| = \sqrt{(1 - \omega^2/\omega_n^2)^2 + 4\zeta^2\omega^2/\omega_n^2} \\[3mm] \angle G(i\omega) = \begin{cases} \arctan \dfrac{2\zeta\omega/\omega_n}{1 - \omega^2/\omega_n^2} & \omega < \omega_n \\[4mm] 180° + \arctan \dfrac{2\zeta\omega/\omega_n}{1 - \omega^2/\omega_n^2} & \omega > \omega_n \end{cases} \end{cases}$$　　　（4-38）

二阶微分环节的频率特性曲线如图 4-10 所示。

8. 延迟环节

延迟环节的传递函数为 $G(s) = e^{-\tau s}$，频率特性为

$$G(i\omega) = e^{-i\tau\omega}$$

$$\begin{cases} |G(i\omega)| = 1 \\ \angle G(i\omega) = -\tau\omega \end{cases}$$　　　（4-39）

其频率特性图是圆心在原点的单位圆，ω 值越大，其相角滞后量越大。在低频段，$e^{-i\tau\omega} \approx (1 - i\omega\tau/2)/(1 + i\omega\tau/2)$，延迟环节频率特性近似为半圆，如图 4-11 所示。

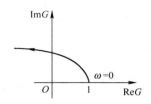

图 4-10　二阶微分环节的频率特性曲线

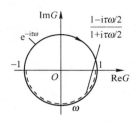

图 4-11　延迟环节的频率特性曲线

4.2.2　开环系统的频率特性曲线

如果已知开环频率特性 $L(i\omega)$，可令 ω 由小到大取值，算出幅值 $|L(i\omega)|$ 和相角 $\angle L(i\omega)$ 的相应值，在 L 平面描点绘图，可以得到开环系统的频率特性曲线。在实际系统分析过程中，往往只需要知道频率特性的大致图形即可，并不需要绘出准确曲线。概略绘制的曲线应反映开环频率特性的 3 个重要特征（点）。

1）开环频率特性曲线的起点（$\omega = 0^+$）和终点（$\omega = \infty$）。

2）开环频率特性曲线与负实轴的交点。

记使 $L(i\omega)$ 与负实轴相交的频率为 ω_{180}，则

$$\mathrm{Im}\,L(i\omega_{180}) = 0 \tag{4-40}$$

或

$$\angle L(i\omega_{180}) = (2k+1)\times 180°;\quad k = 0, \pm 1, \pm 2, \cdots \tag{4-41}$$

式中，ω_{180} 为相角交越频率（Phase Crossover Frequency），它是频率特性相角为 $-180°$ 的最低频率值。开环频率特性曲线与负实轴交点的坐标值为

$$\mathrm{Re}\,L(i\omega_{180}) = L(i\omega_{180}) \tag{4-42}$$

3）开环频率特性曲线的变化范围（象限、单调性）。

当系统在 s 平面的右半平面不存在零、极点时，系统开环传递函数一般可写为

$$L(s) = \frac{K(\tau_1 s+1)(\tau_2 s+1)\cdots(\tau_m s+1)}{s^v(T_1 s+1)(T_2 s+1)\cdots(T_{n-v} s+1)} \qquad (n \geqslant m)$$

开环频率特性曲线的起点 $L(i0^+)$ 完全由 K，v 确定，而终点 $L(i\infty)$ 则由 $n-m$ 来确定。

$$L(i0^+) = \begin{cases} K\mathrm{e}^{i0°} & v = 0 \\ \infty\mathrm{e}^{-iv\times 90°} & v > 0 \end{cases}$$

$$L(i\infty) = 0\mathrm{e}^{-i(n-m)90°}$$

取小正数 ε，检验 $\arg L(i\varepsilon)$ 是大于 $-v\times 90°$ 还是小于 $-v\times 90°$，来决定 $L(i0^+)$ 在 $L(i\omega)$ 平面的象限。

$$\angle L(i\varepsilon) = -v\times 90° + \sum \arctan\tau_k\varepsilon - \sum \arctan T_j\varepsilon$$

$$\approx -v\times 90° + \left(\sum\tau_k - \sum T_j\right)\varepsilon$$

例如，对于 $v=1$，若 $\left(\sum\tau_k - \sum T_j\right) > 0$，则 $L(i0^+)$ 在第四象限，否则在第三象限。

另外，还应注意是否有振荡环节，以确定开环频率特性曲线变化范围的单调性。根据上

述各特征点，可以概略绘出 $\omega = 0 \to \infty$ 过程中 $L(i\omega)$ 的变化特性曲线。

【例 4-2】 试绘出开环传递函数

$$L(s) = \frac{3s+1}{s^2(s+1)^2}$$

对应的开环频率特性曲线。

解 $\nu = 2$

1）起点：$L(i0^+) = \infty e^{-i180°}$，而且对于小正数 ε，有

$$\angle L(i\varepsilon) = -180° + \arctan 3\varepsilon - 2\arctan \varepsilon$$
$$\approx -180° + \varepsilon > -180°$$

$L(i0^+)$ 在 $L(i\omega)$ 平面的第三象限。

2）终点：$L(i\infty) = 0e^{-i270°}$，$L(i\infty)$ 在第二象限，因此 $L(i\omega)$ 必然穿越负实轴。

3）与负实轴的交点：

$$L(i\omega) = -\frac{(1+5\omega^2) + i\omega(1-3\omega^2)}{\omega^2\left(1+\omega^2\right)^2}$$

令虚部为 0，可解出 $\omega_{180} = 0.577$，频率特性曲线与负实轴交点的坐标为 $\mathrm{Re}\,L(i\omega_{180}) = -4.5$，开环频率特性曲线如图 4-12 所示。

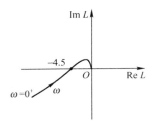

图 4-12 $L(s)$ 的频率特性曲线

4.3 系统稳定性的环路分析

4.3.1 环路分析

考虑如图 4-13a 所示的反馈系统，假设过程和控制器的传递函数都为有理函数，其中 $P(s) = N_p(s)/D_p(s)$，$C(s) = N_c(s)/D_c(s)$，则指令输入至输出的闭环传递函数为

$$G_{yr}(s) = \frac{N_p(s)N_c(s)}{D_p(s)D_c(s) + N_p(s)N_c(s)} \tag{4-43}$$

闭环特征多项式为 $\lambda(s) = D_p(s)D_c(s) + N_p(s)N_c(s)$。在分析系统的稳定性时，传统的做法是计算系统闭环特征根，看看它们是否都在 s 平面的左半平面，来判定闭环系统是否稳定。对于高阶反馈系统，这种直接求解方法非常麻烦，因为各个子系统之间彼此影响，可能导致反复的计算。更大的问题是，这种直接计算法难以告诉我们应该如何修改控制器的结构

和参数，使得不稳定的系统变得稳定，或改善系统的动态性能。

H. Nyquist 基于频率特性的框架，引入了一种全新的稳定性分析方法——环路分析法（Loop Analysis）。Nyquist 的基本思路是观察正弦信号在反馈环路的传递过程，观察信号的幅值是被放大还是被衰减，由此找出反馈系统发生自持振荡的条件，以寻求判断系统的稳定性的准则，并找到改善系统稳定性的途径。这是一件相对简单的事情，因为正弦信号在系统的传输过程，完全由系统的频率特性决定。设图 4-13a 所示的反馈系统的开环传递函数为 $L = PC$；如图 4-13b 所示，断开环路，观察在 A 点处注入的正弦信号到达 B 点处时是否具有相同的幅值和相位。

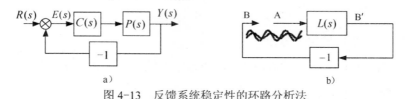

图 4-13　反馈系统稳定性的环路分析法

a）开环传递函数为 $L=PC$ 的反馈系统　b）观察 A、B 两点处的幅值和相位

考察图 4-13b 中断开的环路，从 A 点到 B' 点的传递函数等于系统的开环传递函数。为简化分析过程，假定开环传递函数没有 s 平面的右半平面（Right Half Plane，RHP）极点，这样在 A 点注入频率为 ω_0 的正弦信号，稳态时在 B 点可以获得频率为 ω_0 的正弦信号。若 A 点到 B' 点的开环频率特性 $L(i\omega_0) = -1$，即 $|L(i\omega_0)|=1$，$\angle L(i\omega_0) = -180°$，则 B 点输出信号与 A 点注入信号的幅值和相位完全相等，把 A 点与 B 点相接后（相当于图 4-13a 中 $r=0$ 的情形），振荡将得以继续维持。因为 $\angle L(i\omega_{180}) = -180°$，所以相角交越频率就是振荡频率。等幅振荡条件为

$$L(i\omega_{180}) = -1 \tag{4-44}$$

式（4-44）意味着开环频率特性曲线穿越负实轴上的点 $(-1, i0)$，称为临界点（Critical Point），如图 4-14 所示。

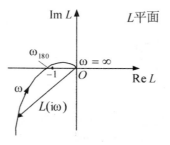

图 4-14　临界点 $(-1, i0)$ 和相角交越频率 ω_{180}

若开环频率特性的模 $|L(i\omega_{180})|<1$，传输信号的幅值将被衰减，系统是稳定的，这相应于开环频率特性曲线在临界点 $(-1, i0)$ 的右侧穿越或不穿越负实轴；反之，若 $|L(i\omega_{180})|>1$，传输信号的幅值将被放大，系统是不稳定的，这相应于开环频率特性曲线在临界点 $(-1, i0)$ 的左侧穿越负实轴。综上所述，可得到如下命题。

命题 4.1： 对于开环稳定的系统，若开环频率特性的模 $|L(i\omega_{180})|<1$，则闭环系统是稳定

的；若开环频率特性的模$|L(\mathrm{i}\omega_{180})|>1$，则闭环系统是不稳定的。

Nyquist 首先证明了命题 4.1 的正确性，因此命题 4.1 被称为简化的 Nyquist 判据（Simplified Nyquist Criterion）。不过，在 Nyquist 原著中，针对的是正反馈系统，临界点为$(1,\mathrm{i}0)$，后来由 Bode 改为$(-1,\mathrm{i}0)$（针对的是负反馈系统）。

针对开环传递函数不稳定（含有 RHP 极点）的一般情形，Nyquist 给出了一般 Nyquist 判据，详细过程将在 4.4 节给出。

作为实例，我们考虑开环传递函数为$L(s)=K/(s+1)^3$的闭环稳定性问题。若$K=1$，经过计算，得到在相角交越频率处的开环频率特性的模$|L(\mathrm{i}\omega_{180})|=0.125<1$，所以闭环系统稳定；若$K=8$，则$L(\mathrm{i}\omega_{180})=-1$，闭环系统为临界稳定；若$K=9$，由于$|L(\mathrm{i}\omega_{180})|=1.125>1$，闭环系统是不稳定的。为说明这些结论的正确性，我们应用 Routh 判据进行验证。系统的闭环特征多项式为$as^3+bs^2+cs+d=s^3+3s^2+3s+(1+K)$，易知$bc=ad=9$或$K=8$是系统闭环稳定的临界条件。$K<8$时，系统闭环稳定；$K>8$时，系统闭环不稳定。

由根轨迹法也可以得到同样的结论（留给读者作为练习）。

4.3.2 相对稳定性与稳定裕度

控制系统是否稳定是指绝对稳定性。而对一个稳定的系统而言，还要考虑其稳定的程度，即相对稳定性。相对稳定性与系统的动态性能指标有着密切的关系。在设计一个控制系统时，不仅要求它必须是绝对稳定的，而且还应保证系统具有一定的稳定程度。只有这样，才能不致于因为系统参数变化而导致系统性能变差甚至不稳定。

对于开环稳定的系统而言，开环频率特性曲线越靠近临界点$(-1,\mathrm{i}0)$，系统阶跃响应的振荡就越强烈，系统的相对稳定性就越差。因此，可用开环频率特性曲线与临界点$(-1,\mathrm{i}0)$的接近程度表示系统的相对稳定性。通常，这种接近程度是以稳定裕度来表示的。

稳定裕度是系统的开环频率指标，它与闭环系统的动态性能密切相关。许多刻画系统相对稳定性的方法所使用的准则都是基于 Nyquist 判据的，这是由于改变控制器$C(s)$会明显地改变开环频率特性$L(\mathrm{i}\omega)$曲线的形状。例如，增大控制器增益，$L(\mathrm{i}\omega)$各点的模值相应增大，但相角不变。添加控制器零点，可使开环频率特性避开临界点$(-1,\mathrm{i}0)$，而适当添加控制器极点会尽快衰减开环频率特性的幅度，也可避开临界点$(-1,\mathrm{i}0)$等。一般同时使用增益裕度和相角裕度描述系统的稳定程度。

增益裕度g_m定义为相角交越频率ω_{180}处的开环频率特性的模值的倒数，即

$$g_m=\frac{1}{|L(\mathrm{i}\omega_{180})|} \tag{4-45}$$

增益裕度的物理意义为：在相角交越频率ω_{180}处，若开环系统的增益再增大g_m倍，则闭环系统处于临界稳定状态。在工程设计中，为保证系统具有一定的相对稳定性，稳定裕度不能太小，一般取$g_m\geqslant 2$。

相角裕度φ_m的定义为

$$\varphi_m=180°+\angle L(\mathrm{i}\omega_c) \tag{4-46}$$

式中，ω_c称为增益交越频率（Gain Crossover Frequency），简称为交越频率。它是系统开环频率特性的幅值等于 1 的最低频率，即$|L(\mathrm{i}\omega_c)|=1$。相角裕度的物理意义为：在交越频率$\omega_c$

88

处，若开环系统相角再滞后一个 φ_m 角度，则闭环系统处于临界稳定状态。在工程设计中，为保证系统具有一定的相对稳定性，相角裕度不能太小，一般取 $\varphi_m = 30° \sim 60°$。

一般情况下，为充分地描述开环频率特性曲线不接近临界点 $(-1, i0)$，应同时使用增益裕度 g_m 和相角裕度 φ_m，g_m 和 φ_m 的几何意义如图 4-15 所示。

对于存在谐振环节的系统，使用 g_m 和 φ_m 可能会发生误判现象。考察具有机械谐振环节的某一机电控制系统，其开环传递函数

$$L(s) = \frac{s^2 + 0.12s + 1.1}{s(s+2)(s^2 + 0.08s + 1)}$$

(4-47)

含有阻尼系数分别为 $\zeta = 0.057$ 和 $\zeta = 0.04$ 的谐振环节，频率特性曲线如图 4-16 所示，增益裕度 $g_m = \infty$，相角裕度 $\varphi_m = 75.7°$，这些裕度都很大，但只要系统参数发生较小的变化（模型扰动），很容易使系统进入不稳定工作状态，即系统的稳定鲁棒性较差。对于这种情况，可使用模裕度（Modulus Margin）

$$s_m = \min_\omega |1 + L(i\omega)| = \frac{1}{\max_\omega |S(i\omega)|} = \frac{1}{M_s}$$

(4-48)

描述系统的稳定程度。式中，$S = 1/(1+L)$ 为系统的灵敏度函数；s_m 表示开环频率特性 $L(i\omega)$ 曲线到临界点的最短距离；M_s 为最大灵敏度，它等于灵敏度函数 S 的 H 无穷范数，即

$$M_s = \| S(i\omega) \|_\infty = \max_\omega |S(i\omega)| = |S(i\omega_{ms})|$$

其中，ω_{ms} 为灵敏度函数取得最大值相应的频率，称为最大灵敏度频率，如图 4-16 所示。模裕度的物理意义为：若开环频率特性曲线与临界点的距离再减小 s_m，则系统处于临界稳定状态。对于开环稳定系统，以临界点 $(-1, i0)$ 为圆心，与开环频率特性曲线相切的圆的半径即为 s_m，如图 4-15 所示。在工程设计中，为保证系统具有一定的相对稳定性，模裕度不能太小，一般取 $s_m \geqslant 0.5$。

与 g_m 及 φ_m 在一个频率点进行定义不同，模裕度 s_m 针对所有的频率点来定义，可以充分地描述开环频率特性曲线不接近临界点的情况。图 4-16 中的 $s_m = 0.33$（具体求法详见 4.7.4 节中的例 4-9），这是一个偏小的模裕度值，系统的鲁棒性能欠佳。

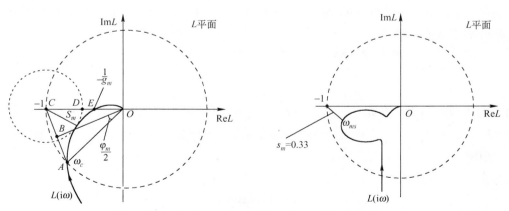

图 4-15 稳定裕度的定义及几何解释 图 4-16 $L(s) = \dfrac{s^2 + 0.12s + 1.1}{s(s+2)(s^2+0.08s+1)}$ 的频率特性曲线及模裕度

由图 4-15 中的几何关系：$OE = 1/g_m$，$OD = 1 - s_m$，$OE \leqslant OD$，有 $1/g_m \leqslant 1 - s_m$；$L(\mathrm{i}\omega_c)$ 与临界点的距离 $AC = 2AB = 2\sin(\varphi_m/2)$，依据 s_m 的定义，有 $s_m \leqslant AC = 2\sin(\varphi_m/2)$。据此，得到如下重要的不等式

$$g_m \geqslant \frac{1}{1-s_m}, \quad \varphi_m \geqslant 2\arcsin\frac{s_m}{2} \tag{4-49}$$

利用关系式（4-49），由模裕度 s_m 可以确定相角裕度和增益裕度的下限。例如，如果 $s_m = 0.5$，则 $g_m \geqslant 2$，$\varphi_m \geqslant 2\arcsin 0.25 = 29°$。但不能由 g_m 和 φ_m 求出 s_m。

环路分析方法和稳定裕度的一个强有力的概念是采用开环频率特性分析闭环系统的稳定性，不仅如此，通过这种概念和方法还容易看出如何选择控制器，以获得期望的开环频率特性，由此获得系统的设计方法。例如，对于开环稳定、闭环不稳定的系统，通过降低开环增益可避开临界点，使系统闭环稳定；或者通过控制器给系统引入开环零、极点，改变开环频率特性的形状，使之绕开临界点。这些做法称为环路整形（Loop Shaping），这是系统频域校正的基本思路（详见第 5 章）。

接下来的问题是：若系统闭环不稳定，不稳定的极点数有多少？若开环传递函数含有 RHP 极点，反馈系统闭环稳定的条件是什么？H. Nyquist 针对这些问题给出了答案。下面详细介绍这方面的内容。

4.4 Nyquist 稳定性判据及其应用

1932 年，H. Nyquist 在研究电子反馈放大器的稳定问题时，提出了由开环频率特性确定闭环稳定性的一般方法，被称为一般 Nyquist 判据（General Nyquist Criterion），该判据是频域法的基础，而判据的基础是复变函数的幅角原理。

4.4.1 幅角原理

考察复变函数 $F(s)$，它的模为 $|F(s)|$，幅角为 $\arg F(s)$，二者都是复变量 $s = \sigma + \mathrm{i}\omega$ 的函数。如果 $F(s)$ 在 s 平面的闭域 D 内及其边界 Γ 上正则解析，简称解析，由复变函数理论知道，对于闭域 D 内的任意一点 p，都可通过 $F(s)$ 的映射关系在 $F(s)$ 平面上找到一个相应的点 p_F（称 p_F 为 p 的象）；设 Γ 为 s 平面上不通过 $F(s)$ 任何奇点的闭曲线，则可通过映射关系在 $F(s)$ 平面找到一条与它相对应的封闭曲线 Γ_F（称为 Γ 的象），如图 4-17 所示。

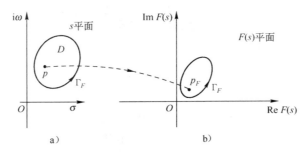

图 4-17 s 平面与 F 平面的映射关系

定理 4.1（**幅角原理**）：如果复变函数 $F(s)$ 在 s 平面上闭域 D 内除有限的零、极点外解析，D 的边界 Γ 不通过 $F(s)$ 平面中的任何奇点，则当 s 以逆时针方向（正方向）沿闭围线 Γ 移动一周时，在 $F(s)$ 平面上相对应于闭围线 Γ 的象 $\Gamma_F = F(\Gamma)$ 将以正方向围绕原点旋转，设围绕圈数为 w_n，则 w_n 为

$$w_n = \frac{1}{2\pi} \Delta_\Gamma \arg F(s) = \frac{1}{2\pi i} \oint_\Gamma \frac{F'(s)}{F(s)} \mathrm{d}s = N - P \qquad (4\text{-}50)$$

式中，N 和 P 分别为 $F(s)$ 在闭域 D 内的零点和极点数，k 重零点或极点算作 k 个零点或极点。$\Delta_\Gamma \arg F(s)$ 为 s 以正方向沿闭围线 Γ 移动一周时 $F(s)$ 幅角的改变量。

证明：设 $s = a$ 为 k 重零点，在 $s = a$ 的邻域内，复变函数

$$F(s) = (s - a)^k X(s)$$

$X(s)$ 为解析的，由此

$$\frac{F'(s)}{F(s)} = \frac{k}{s - a} + \frac{X'(s)}{X(s)}$$

第二项在 $s = a$ 处解析，依复变函数的 Cauchy 积分定理，有

$$\oint_\Gamma \frac{X'(s)}{X(s)} \mathrm{d}s = 0$$

由留数定理，得到

$$\frac{1}{2\pi i} \oint_\Gamma \frac{k}{s - a} \mathrm{d}s = k \qquad (4\text{-}51)$$

因此，$F(s)$ 的对数留数 $\dfrac{1}{2\pi i} \oint_\Gamma \dfrac{F'(s)}{F(s)} \mathrm{d}s$ 在所有零点的留数为 N。同理，我们可以得到 $\dfrac{1}{2\pi i} \oint_\Gamma \dfrac{F'(s)}{F(s)} \mathrm{d}s$ 在所有极点的留数为 $-P$，于是

$$\frac{1}{2\pi i} \oint_\Gamma \frac{F'(s)}{F(s)} \mathrm{d}s = N - P \qquad (4\text{-}52)$$

由于

$$\frac{\mathrm{d}}{\mathrm{d}s} \ln F(s) = \frac{F'(s)}{F(s)} \qquad (4\text{-}53)$$

其中，$\ln(\cdot)$ 为自然对数函数，即 $\ln(\cdot) = \log_e(\cdot)$，这意味

$$\frac{1}{2\pi i} \oint_\Gamma \frac{F'(s)}{F(s)} \mathrm{d}s = \frac{1}{2\pi i} \oint_\Gamma \mathrm{d}[\ln F(s)] \qquad (4\text{-}54)$$

将函数 $F(s)$ 表示为模值和幅角的形式

$$F(s) = |F(s)| \mathrm{e}^{\mathrm{i} \arg F(s)} \qquad (4\text{-}55)$$

于是

$$\ln F(s) = \ln |F(s)| + \mathrm{i} \arg F(s) \qquad (4\text{-}56)$$

在沿闭围线 Γ 的起始和终点上，由于 $\ln |F(s)|$ 具有相同的值，所以

$$\oint_\Gamma \mathrm{d}[\ln |F(s)|] = 0 \qquad (4\text{-}57)$$

由此

$$\oint_\Gamma \mathrm{d}[\ln F(s)] = \mathrm{i}\Delta_\Gamma \arg F(s) \tag{4-58}$$

随之得到

$$\frac{1}{2\pi\mathrm{i}} \oint_\Gamma \mathrm{d}[\ln F(s)] = \frac{1}{2\pi}\Delta_\Gamma \arg F(s) \tag{4-59}$$

结合式（4-54），有

$$w_n = N - P = \frac{1}{2\pi\mathrm{i}} \oint_\Gamma \frac{F'(s)}{F(s)}\mathrm{d}s = \frac{1}{2\pi}\Delta_\Gamma \arg F(s) \tag{4-60}$$

定理得证。

注释 1：若系统含有延迟环节，函数 $X(s)$ 可取为 $\mathrm{e}^{-\tau s}$，这是一个 s 域的无理函数，但是正则解析的。

注释 2：当 s 以顺时针方向（负方向）沿闭围线 Γ 移动一周时，则在 F 平面上相对应于闭曲线 Γ 的象 Γ_F 将以顺时针方向围绕原点旋转圈数为 $w_n=N-P$。若 $w_n>0$，Γ_F 以顺时针方向围绕原点旋转 w_n 次；若 $w_n<0$，Γ_F 以逆时针方向围绕原点旋转 w_n 次。

4.4.2 Nyquist 稳定性判据

考虑如图 4-13a 所示的控制系统，开环传递函数为 $L(s)=P(s)C(s)$。设 $N(s)$ 为开环传递函数的分子多项式，m 次；$D(s)$ 为开环传递函数的分母多项式，n 次。闭环传递函数的分母等于回差（Return Difference）函数

$$1+L(s) = \frac{D(s)+N(s)}{D(s)} \tag{4-61}$$

注意，回差 $1+L(s)$ 等于灵敏度函数的倒数，即 $1+L=1/S$。$1+L(\mathrm{i}\omega)$ 的几何意义是开环频率特性 $L(\mathrm{i}\omega)$ 与临界点 $(-1,\mathrm{i}0)$ 的距离。假定系统是因果的，$n \geqslant m$，$1+L(s)$ 的分子、分母都是 n 次多项式，它的零、极点分别是闭环极点和开环极点。

为了确定反馈系统否具有 RHP 闭环极点及其数目，考察 $1+L(s)$ 位于 RHP 的所有零点数。为此，将闭域 D 扩展为 s 平面的整个右半平面，闭域 D 的封闭围线 Γ 由虚轴 $s=\mathrm{i}\omega$，$\omega=-\infty \to +\infty$ 和半径为无限大的右半圆（$s=R\mathrm{e}^{\mathrm{i}\theta}$，$R\to\infty$，$\theta=\pi/2 \to -\pi/2$）组成。这样的封闭围线 Γ 称为 Nyquist 路径或 Nyquist 围线（Nyquist Contour），如图 4-18 所示。根据幅角原理，若已知开环 RHP 极点数为 P，只要知道 $1+L(\Gamma)$ 顺时针围绕 $1+L(s)$ 原点的圈数 w_n，就可以确定 $1+L(s)$ 的 RHP 零点数为 $N=w_n+P$。

当 s 沿复平面的 Nyquist 路径顺时针移动一周时，在 $1+L$ 平面上对应于 Nyquist 路径的映射曲线，与 s 沿虚轴从 $-\mathrm{i}\infty$ 移动至 $+\mathrm{i}\infty$ 的映射曲线相同。由于 $1+L(\mathrm{i}\omega)$ 的模和幅角分别为 ω 的偶函数和奇函数，所以 $1+L(s)$ 的负虚轴映射曲线和正虚轴映射曲线对实轴成镜像对称，并且构成封闭曲线，称为 $1+L(s)$ 的 Nyquist 图或 Nyquist 曲线（Nyquist plot or Nyquist curve），它完全由 $1+L(s)$ 对应的频率特性 $1+L(\mathrm{i}\omega)$ 表征。图 4-19 绘出了 $1+L(s)=1+5/(0.5s+1)^3$ 的 Nyquist 图。

92

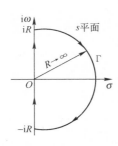

图 4-18 Nyquist 路径

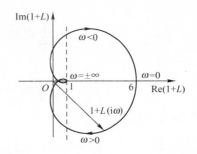

图 4-19　$1+L(s)=1+5/(0.5s+1)^3$ 的 Nyquist 图

在实际工程应用中，最方便使用的是开环传递函数 $L(s)$ 的 Nyquist 图。为此可把上述 $1+L(s)$ 的 Nyquist 图移入 L 平面。$1+L$ 平面上的坐标原点就是 L 平面上的临界点 $(-1,i0)$。把 $1+L$ 平面中的坐标原点右移到 $(1,i0)$（即曲线图形左移），即可得到 $L(s)$ 的 Nyquist 图，如图 4-20 所示。

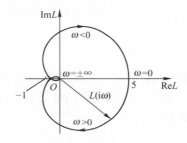

图 4-20　$L(s)=5/(0.5s+1)^3$ 的 Nyquist 图

相应于定理 4.1 中 $1+L(\Gamma)$ 顺时针围绕原点旋转圈数，等效于 $L(\Gamma)$ 顺时针包围临界点 $(-1,i0)$ 的圈数 w_n。把上述的结果归纳，直接得到如下的 Nyquist 稳定性定理。

定理 4.2（Nyquist 稳定性定理）：令 $L(s)$ 为图 4-13b 所示反馈系统的开环传递函数，若 $L(s)$ 的 RHP 极点数为 P，s 沿 Nyquist 路径顺时针移动一周，相应的 Nyquist 图 $L(\Gamma)=\{L(i\omega)，-\infty<\omega<\infty\}$ 顺时针包围临界点 $(-1,i0)$ 的圈数为 w_n，则闭环系统的 RHP 极点数为

$$N=P+w_n \tag{4-62}$$

推论 4.1（一般 Nyquist 判据）：若 $L(s)$ 的 RHP 极点数为 P，则闭环系统稳定的充分必要条件是 $L(s)$ 的 Nyquist 图 $\{L(i\omega)，\omega=-\infty\to\infty\}$ 逆时针环绕临界点 $(-1,i0)$ 的圈数为 P（即 Nyquist 图顺时针环绕临界点 $(-1,i0)$ 的圈数为 $-P$）。

注释 1：若 $L(s)$ 具有 RHP 极点，闭环系统稳定的条件是 $|L(i\omega_{180})|>1$，即对于开环不稳定的系统，为使系统闭环稳定，在负实轴穿越频率处 ω_{180} 的开环幅频应增大，这一点在环路分析中是很难理解的。

注释 2：由于 Nyquist 路径的走向为顺时针，即频率从 $-\infty$ 到 ∞，相应地，Nyquist 图 $L(i\omega)$ 环绕临界点 $(-1,i0)$ 的圈数 $w_n>0$ 为顺时针环绕，$w_n<0$ 为逆时针环绕。

注释 3：若 $L(s)$ 除虚轴上的单极点之外没有 RHP 极点，闭环系统稳定的充分必要条件是

Nyquist 曲线 $L(\Gamma)=\{L(\mathrm{i}\omega)$, $-\infty<\omega<\infty\}$ 不环绕临界点 $(-1,\mathrm{i}0)$，即 $w_n=0$，相应地有 $|L(\mathrm{i}\omega_{180})|<1$，这正是由环路分析法得到的简化 Nyquist 判据。

注释 4：对于正反馈系统，若 L 稳定，闭环系统稳定等效于 L 不环绕点 $(1,\mathrm{i}0)$。

注释 5：开环传递函数 $L(s)$ 的 Nyquist 图是频率 ω 的复轨迹，在传递函数无法获得的情况下，可用实验方法求得。给系统施加频率 $\omega=0\sim\infty$ 的正弦输入信号 $\sin\omega t$，通过测量各频率的系统稳态输出，可获得幅频特性函数 $|L(\mathrm{i}\omega)|$ 和相频特性函数 $\angle L(\mathrm{i}\omega)$。而在传递函数可以获得的情况下，可以形式化地把传递函数的 s 变量代以 $\mathrm{i}\omega$，即可求得频率特性函数，这为反馈系统的分析和设计带来极大的便利及自由度。

如果开环传递函数 $L(s)$ 在虚轴上有极点（如 I，II 型系统），则不能直接应用如图 4-18 所示的 Nyquist 路径，因为幅角定理要求 Nyquist 轨线不能经过 $1+L(s)$ 的奇点，为了在这种情况下应用 Nyquist 判据，可以对如图 4-18 所示的 Nyquist 路径略作修改，使其沿着半径为无穷小的右半圆（$r^{\mathrm{i}0}$，$\theta=-\pi/2\sim\pi/2,r\to0$）绕过虚轴上的极点。考虑到正弦信号通过积分环节后仍然是同频的正弦信号，所以可以把虚轴上的开环极点视为稳定的，如图 4-21 所示。

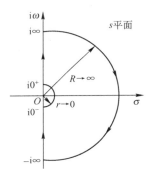

图 4-21　开环含有积分环节时的 Nyquist 路径

在绘制 Nyquist 图时，s 取值沿虚轴先从 $-\mathrm{i}\infty$ 到 $\mathrm{i}0^-$，绕半径无限小的圆弧逆时针移动到 $\mathrm{i}0^+$，然后再沿虚轴到 $+\mathrm{i}\infty$。这样需要补充 $s=\mathrm{i}0^-\to\mathrm{i}0^+$（$\theta=-\pi/2\to\pi/2$）小圆弧的映射图像。设系统的开环传递函数为

$$L(s)=\frac{K\prod_{i=1}^{m}(T_i s+1)}{s^v\prod_{j=1}^{n-v}(T_j s+1)}$$

式中，v 为系统型别，$v=1$，2。当沿着无穷小半圆逆时针方向移动时，有 $s=\lim_{r\to0}re^{\mathrm{i}\theta}$，映射到 L 平面的曲线可以按下式求得

$$L(s)\big|_{s=\lim_{r\to0}re^{\mathrm{i}\theta}}=\frac{K\prod_{k=1}^{m}(T_k s+1)}{s^v\prod_{j=1}^{n-v}(T_j s+1)}\Bigg|_{s=\lim_{r\to0}re^{\mathrm{i}\theta}}=\lim_{r\to0}\frac{K}{r^v}e^{-\mathrm{i}v\theta}=\lim_{R_1\to\infty}R_1 e^{-\mathrm{i}v\theta}$$

由此可见，当 s 沿小半圆从 $\omega=0^-$ 变化到 $\omega=0^+$ 时，θ 角沿逆时针方向从 $-\pi/2$ 变化到

$\pi/2$，这时 L 平面上的映射曲线将从 $\arg L(\mathrm{i}0^-)$ 位置沿半径无穷大的圆弧按顺时针方向转过 $-\nu\pi$ 角度，到达 $\arg L(\mathrm{i}0^+)$ 位置，相应的幅角变化量为 $\Delta_{R_1}\arg L(\mathrm{i}\omega) = -\nu\pi$。

开环传递函数

$$L(s) = K(s+1)^{10}/[s(2s+1)^{11}]$$

的 Nyquist 图的大致曲线如图 4-22 所示，半径无穷大的圆弧相应的幅角增量 $\Delta_{R_1}\arg L(\mathrm{i}\omega) = -\pi$。

而

$$L(s) = K(s+1)^{10}/[s^2(2s+1)^{11}]$$

的 Nyquist 图如图 4-23 所示，半径无穷大的圆弧相应的幅角增量 $\Delta_{R_1}\arg L(\mathrm{i}\omega) = -2\pi$。

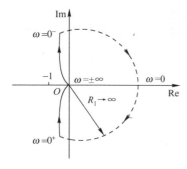 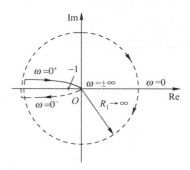

图 4-22　$K(s+1)^{10}/[s(2s+1)^{11}]$ 的 Nyquist 图　　　　图 4-23　$K(s+1)^{10}/[s^2(2s+1)^{11}]$ 的 Nyquist 图

由于从 $\omega = 0^-$ 变化到 $\omega = 0^+$ 的小半圆被映射为半径为无穷大的圆弧，在确定无穷大的圆弧的走向及其环绕临界点的方向时需要特别小心。若采用计算机绘制这些带有积分环节的 Nyquist 图，还需要采用手工绘制方法，补充半径为无穷大的圆弧。

也可以把临界稳定的虚轴上的开环极点视为不稳定的，即把如图 4-21 所示的半径无限小的圆弧从 $\mathrm{i}0^-$ 顺时针绕原点移动到 $\mathrm{i}0^+$，试绘出相应的 Nyquist 路径和 $L(s) = K/[s(Ts+1)]$ 的 Nyquist 图（留给读者作练习）。

4.4.3　Nyquist 稳定性判据的应用

应用 Nyquist 稳定判据，可以由开环系统的频率特性判别闭环系统的稳定性，现在举例说明。

【例 4-3】　已知开环传递函数为

$$L(s) = \frac{K(s+1)^{10}}{s(2s+1)^{11}}$$

其中，$K>0$，请绘制 Nyquist 图并判别系统的稳定性。

解　该系统 $L(s)$ 在坐标原点处有一个极点，为 I 型系统。取 Nyquist 路径如图 4-21 所示。当 s 沿小半圆从 $\omega = 0^-$ 变化到 $\omega = 0^+$ 移动时，在 L 平面上映射曲线为半径 $R_1 \to \infty$，幅角由 $\pi/2$ 至 $-\pi/2$ 的圆弧。Nyquist 曲线（包括大圆弧）如图 4-22 所示。该系统开环传递函数在 s 平面的右半平面无极点，$P = 0$；无论增益 $K > 0$ 取任何参数值，$L(s)$ 的 Nyquist 曲线

都不包围点 $(-1, i0)$ ， $w_n = 0$ ；因此 $N = P + w_n = 0$ ，闭环系统是稳定的。

针对例 4-3 所示的高阶系统，我们很难由根轨迹或 Routh 判据进行稳定性判别，但频率判别法却可以很容易地给出系统稳定问题的独特见解，有助于我们研究高阶或非有理传递函数的系统。

【例 4-4】 设系统开环传递函数为

$$L(s) = \frac{K_1(s+4)}{(s+1)(s+3)(s^2+s+1)}$$

试用 Nyquist 判据判定 $K_1 = 10$ 时闭环系统的稳定性。

解 绘出系统的开环幅相特性曲线如图 4-24 所示。曲线起点在实轴上 $L(i0) = 13.3$ 。终点在原点 $L(i\infty) = 0$ 。当 $\omega = 1.35$ 时，曲线和负实轴相交点为 $(-4.87, i0)$ ，见图中实线部分。在 s 平面的右半平面上，系统的开环极点数为 0 。开环频率特性 $L(i\omega)$ 随着 ω 从 $-\infty$ 变化到 $+\infty$ 时，顺时针方向围绕临界点 $(-1, i0)$ 的圈数为 $w_n = \Delta_\Omega L(i\omega)/(2\pi) = 2$ ， $\Omega = \{\omega : -\infty < \omega < +\infty\}$ 。用式（4-62）可求得闭环系统在 s 平面的右半平面的极点数为

$$N = P + w_n = 0 + 2 = 2$$

所以闭环系统不稳定。

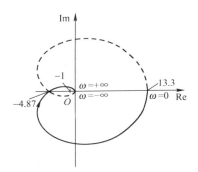

图 4-24　$L(s) = \dfrac{10(s+4)}{(s+1+(s+3)(s^2+s+1)}$ 的 Nyquist 图

利用 Nyquist 判据还可以描述增益 K_1 和添加开环零、极点对闭环系统稳定性的影响。当 K_1 值变化时，幅频特性成比例变化，而相频特性不受影响。就图 4-24 而论，当频率 $\omega = 1.35$ 时，曲线与负实轴正好相交在 $(-4.87, i0)$ 点，若 K_1 缩小至 $K_1 = 2.05$ ，曲线恰好通过临界点 $(-1, i0)$ ；当 $K_1 < 2.05$ ，幅相曲线 $L(i\omega)$ 将从 $(-1, i0)$ 点的右边穿过负实轴，不再包围临界点 $(-1, i0)$ ，这时闭环系统是稳定的。

若保持增益 $K_1 = 10$ 不变，而是通过控制器给系统添加一个开环零点，可以使 $L(s)$ 的 Nyquist 图不穿越负实轴或在 $(-1, i0)$ 点的右方穿过负实轴，可以增加系统的增益裕度和相角裕度，这就所谓的比例微分校正；或者，保持增益 $K_1 = 10$ 不变，通过控制器给系统串接一个环节 $(\tau s+1)/(Ts+1)$ ，并使 $T \gg \tau \gg 1$ ，可使开环频率特性在 ω_{180} 处衰减至 $|L(i\omega_{180})| < 1$ ，等效于缩小 K_1 ，以使系统闭环稳定。由此可见，采用频率法，更便于进行系统校正，详细情况在第 5 章讲解。

【例 4-5】 已知系统开环传递函数为 $L(s) = \dfrac{K(s+2)(s+5)}{s(s+1)(s-2)}$ ，试绘制 Nyquist 图，并分

析闭环系统的稳定性。

解 由于 $L(s)$ 在 s 平面的右半平面有一极点，$P=1$，这是含有不稳定开环极点的系统。当 $0<K<2.6$，其 Nyquist 图如图 4-25a 所示，相应于 ω 从 $-\infty$ 向 $+\infty$ 变化时，Nyquist 图顺时针包围临界点 $(-1,i0)$ 1 圈，即 $w_n=1$，所以 $N=P+w_n=2$，闭环系统具有 2 个不稳定的极点。当 $K>2.6$，其 Nyquist 图如图 4-25b 所示，相应于 ω 从 $-\infty$ 向 $+\infty$ 变化时，Nyquist 曲线逆时针包围临界点 $(-1,i0)$ 1 圈，$w_n=-1$，$N=P+w_n=1-1=0$，闭环系统是稳定的。由此可以看出，与没有 RHP 开环极点的系统相比，含有 RHP 开环极点的系统的闭环稳定条件显然有很大的不同，系统倾向于取大的增益参数，这一点可能受控制装置的功率限制而不能得到满足。

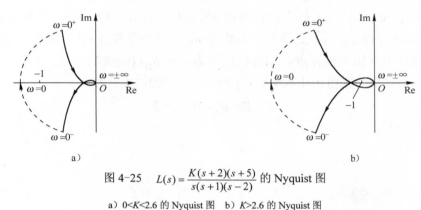

图 4-25　$L(s)=\dfrac{K(s+2)(s+5)}{s(s+1)(s-2)}$ 的 Nyquist 图

a）$0<K<2.6$ 的 Nyquist 图　b）$K>2.6$ 的 Nyquist 图

4.4.4　模型扰动的稳定鲁棒性

在实际工程应用中，为简化系统的分析和设计，常常忽略被控对象的小时间常数环节（往往表现为系统的高频寄生特性），导致所使用的标称模型与实际模型有偏差。研究反馈控制对系统结构、参数变化的影响，即模型扰动的稳定鲁棒性问题具有普遍的意义。

应用 Nyquist 稳定性定理，不但可以定性地判别系统的稳定性，还可以定量地描述在过程模型存在扰动（不确定性）的情况下，保证闭环系统稳定的条件，即所谓的闭环稳定鲁棒性。一个简单的准则是以 Nyquist 曲线离临界点 $(-1,i0)$ 的距离确定模型扰动的边界。我们记得，模裕度 s_m 为 Nyquist 曲线到临界点的最短距离，即 $s_m=1/M_s$，其中 M_s 是系统最大灵敏度。最大灵敏度 M_s 或模裕度 s_m 是很好的鲁棒测度，如 4-26a 所示。下面导出闭环稳定系统允许过程模型扰动的边界条件。

假定标称过程传递函数 P 与控制器传递函数 C 构成的反馈系统是稳定的，过程从 P 变化为 $P+\Delta P$，开环传递函数相应地由 PC 变化为 $PC+C\Delta P$，如图 4-26b 所示。设 ΔP 有界（在图中用虚线圆周表示），只要过程变化不越过临界点 $L=-1$，那么系统保持闭环稳定，因为环绕临界点 $(-1,i0)$ 的圈数保持不变。

设过程摄动 ΔP 是稳定的（没有引入另外的 RHP 开环极点），这样就不必考虑 Nyquist 曲线环绕临界点的附加圈数。另外，只要满足给定的边界，摄动 ΔP 是任意的。由此我们可以确定允许过程模型扰动的边界，临界点 $(-1,i0)$ 到 Nyquist 曲线的距离为 $|1+L|$，这意味着若

$$|C\Delta P|<|1+L|=|1+PC|$$

(4-63)

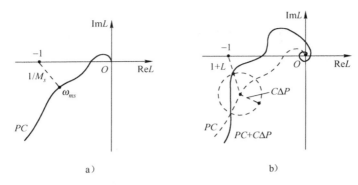

图 4-26　应用 Nyquist 判据的鲁棒稳定性

a）Nyquist 图与临界点的最短距离为 $1/M_s$　b）模型不定性

摄动 Nyquist 曲线将不会到达临界点 $(-1, i0)$，式（4-63）也可以写成

$$\left| \Delta P \right| < \left| \frac{1+PC}{C} \right| \text{ 或 } \left| \frac{\Delta P}{P} \right| < \left| \frac{1+PC}{PC} \right| \qquad (4\text{-}64)$$

这个条件必须在所有的频率点都满足，利用余灵敏度函数 $T = PC/(1+PC)$，得

$$\left| \frac{\Delta P(i\omega)}{P(i\omega)} \right| < \frac{1}{\left| T(i\omega) \right|} \qquad (4\text{-}65)$$

式（4-65）源于 Doyle（1979）的研究结果。该式表明，余灵敏度函数的幅值越小，所允许的模型摄动越大。无论标称开环传递函数稳定与否，只要模型扰动不改变开环传递函数 RHP 的极点数，并且满足式（4-65），原来标称闭环稳定的系统受扰后仍保持闭环稳定。由此，我们得到如下模型扰动的鲁棒性定理。

定理 4.3（Doyle 稳定鲁棒性判据）：假定如图 4-26a 所示的闭环系统在过程为标称模型时是稳定的，模型摄动 ΔP 不改变开环系统的 RHP 极点数，若

$$\left| \frac{\Delta P(i\omega)}{P(i\omega)} \right| < \frac{1}{\left| T(i\omega) \right|}, \quad \forall \omega \subset \mathbf{R} \qquad (4\text{-}66)$$

其中，$\mathbf{R}$ 为实数域，P 和 T 为标称过程传递函数和标称余灵敏度函数，则当过程模型受扰为 $(P + \Delta P)$ 时，闭环系统仍保持稳定。

注释：一般使用简单系统模型（如低阶模型）近似复杂系统模型（如高阶模型），并选择控制器 C，使相关频段上的倒余灵敏度函数的幅值 $|1/T(i\omega)|$ 远大于过程模型的相对变化值 $|\Delta P(i\omega)/P(i\omega)|$，就可以保证系统具有所需的鲁棒性能。这样，我们可以简化复杂过程的控制设计。

4.5　Bode 图及其应用

4.5.1　Bode 图的概念

实际的物理系统都是因果系统，其开环频率特性都是低频率段的幅值大，而高频率段的幅值小，使用 Nyquist 图进行定量估算系统的性能极不方便。由 Nyquist 稳定性判据，我们

注意到，系统开环频率特性在交越频率 ω_c 附近的曲线形状对于描述闭环系统的性能非常重要。为此，我们希望更精确地描绘交越频率 ω_c 附近的开环频率特性图线。但精确绘制交越频率 ω_c 附近的 Nyquist 图非常烦琐，从 Nyquist 图也无法明显地看出增加零、极点的影响。当系统增加零、极点时，需重新计算才能得到新的 Nyquist 图。

下面介绍另一种频率特性图，即对数坐标图。H. W. Bode 在研究反馈放大器时，就曾多次使用过这种图解方法，Bode 图（Bode diagram 或 Bode plot）的叫法由此而来。我们将会看到，Bode 图可以简化系统频域法的图解过程。

设系统的频率特性为

$$L(\mathrm{i}\omega) = |L(\mathrm{i}\omega)| \, \mathrm{e}^{\mathrm{i}\angle L(\mathrm{i}\omega)}$$

Bode 图由对数幅频特性和相频特性两条曲线组成。在对数坐标中，通常以分贝（dB）表示幅值，即 $20\log_{10}|L(\mathrm{i}\omega)|$，简记为

$$|L(\mathrm{i}\omega)|_{\mathrm{dB}} = 20\log_{10}|L(\mathrm{i}\omega)| = 20\lg|L(\mathrm{i}\omega)| \qquad (\mathrm{dB})$$

幅频特性 $|L(\mathrm{i}\omega)|_{\mathrm{dB}}$ 按分贝值是线性刻度的；横坐标的频率 ω 采用对数刻度，如图 4-27 所示。对数相频特性则是 $\angle L(\mathrm{i}\omega)$ 和 ω 的关系，$\angle L(\mathrm{i}\omega)$ 采用线性分度，单位为度（°）。

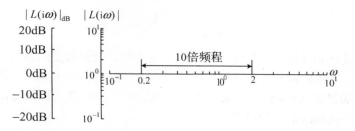

图 4-27　对数坐标

横坐标虽采用对数分度，但仍以 ω 的实际值标定，单位为 rad/s。频率 ω 每变化 10 倍称为一个十倍频程（decade），简写为 dec。由于横坐标按 ω 的对数分度，故对 ω 而言是不均匀的，但对 $\lg\omega$ 来说却是均匀的线性刻度。

设开环系统由 n 个典型环节串联组成，系统频率特性为

$$L(\mathrm{i}\omega) = G_1(\mathrm{i}\omega)G_2(\mathrm{i}\omega)\cdots G_n(\mathrm{i}\omega)$$
$$= |G_1(\mathrm{i}\omega)|\,\mathrm{e}^{\mathrm{i}\angle G_1(\mathrm{i}\omega)}|G_2(\mathrm{i}\omega)|\,\mathrm{e}^{\mathrm{i}\angle G_2(\mathrm{i}\omega)}\cdots|G_n(\mathrm{i}\omega)|\,\mathrm{e}^{\mathrm{i}\angle G_n(\mathrm{i}\omega)} = |L(\mathrm{i}\omega)|\,\mathrm{e}^{\mathrm{i}\angle L(\mathrm{i}\omega)}$$

其中

$$\angle L(\mathrm{i}\omega) = \angle G_1(\mathrm{i}\omega) + \angle G_2(\mathrm{i}\omega) + \cdots + \angle G_n(\mathrm{i}\omega) \qquad (4\text{-}67\mathrm{a})$$

$|L(\mathrm{i}\omega)| = |G_1(\mathrm{i}\omega)|\,|G_2(\mathrm{i}\omega)|\cdots|G_n(\mathrm{i}\omega)|$，取对数后，有

$$20\lg|L(\mathrm{i}\omega)| = 20\lg|G_1(\mathrm{i}\omega)| + 20\lg|G_2(\mathrm{i}\omega)| + \cdots + 20\lg|G_n(\mathrm{i}\omega)| \qquad (4\text{-}67\mathrm{b})$$

其中，$|G_k(\mathrm{i}\omega)|,\ k = 1, 2, \cdots, n$ 表示各典型环节的幅频特性，$20\lg|G_k(\mathrm{i}\omega)|$ 和 $\angle G_k(\mathrm{i}\omega)$ 分别表示各典型环节的对数幅频特性和相频特性。式（4-67）表明，只要能作出 $L(\mathrm{i}\omega)$ 所包含的各典型环节的对数幅频和相频曲线，将它们分别进行代数迭加，就可以求得开环系统的 Bode 图。

采用 Bode 图的优点很多，主要表现在：

1）展宽幅频范围。幅频的纵坐标采用分贝值（对数刻度），将大于 1 的幅值缩小，而将小于 1 的幅值放大。与此同时，横坐标也采用对数刻度，将低频段展宽，而将高频段压缩。因此可以在较宽的幅值和频段范围中研究系统的频率特性，特别是可以精确地描述交越频率 ω_c 附近图线随频率的变化情况。

2）简化作图过程。由于对数可将乘、除运算变成加、减运算，由多个环节串接互联构成复杂系统的 Bode 图，简化为各环节的 Bode 图的加、减运算。特别是，在 Bode 图上，所有典型环节的对数幅频特性都可以使用线性渐近线近似表示，这种近似在工程上具有相当高的精度，据此可以使用渐近线描图法较精确地手工绘制出开环 Bode 图。

3）便于图解应用。增益交越频率、相角交越频率，以及增益裕度、相角裕度在 Bode 图上易于表示和确定。增加开环系统的零、极点，一般不用重新绘制对数幅频特性图，只需在增加零、极点相应的频率处对图线进行局部修正，使作图和系统设计过程可视化。特别是，若将实验所得的频率特性数据进行整理，并用分段直线勾画出对数幅频特性图，可以获得实验对象的频率特性表达式或传递函数。

但使用 Bode 图也有不足的地方，如难以使用 Bode 图证明系统的稳定性定理。

4.5.2 典型环节的 Bode 图

复杂系统传递函数的分子和分母多项式是如下因式

$$K, \quad s, \quad Ts+1, \quad T^2s^2 + 2\zeta Ts + 1$$

的乘积，因此具体了解由这些因式构成的典型环节的对数频率特性，有助于我们使用迭加方法，快速地绘制复杂系统的 Bode 图。

1. 比例环节

比例环节频率特性为 $G(i\omega) = K$，其对数幅频特性和相频特性分别为

$$20\lg|G(i\omega)| = 20\lg K$$

$$\angle G(i\omega) = 0°$$

其 Bode 图如图 4-28 所示，对数幅频特性为斜率为 0dB/dec、高度为 20lgK 的直线，相频特性为 0° 的直线。

2. 微分环节

微分环节 $G(s) = s$ 的频率特性为

$$G(i\omega) = i\omega$$

其对数幅频特性与相频特性分别为

$$20\lg|G(i\omega)| = 20\lg\omega$$

$$\angle G(i\omega) = 90°$$

对数幅频曲线在 $\omega = 1$ 处通过 0dB 线，斜率为 20dB/dec；相频特性为 90° 的直线，如图 4-29 所示。

3. 积分环节

积分环节 $G(s) = 1/s$ 的对数幅频特性与相频特性分别为

$$20\lg|G(\mathrm{i}\omega)|=-20\lg\omega$$

$$\angle G(\mathrm{i}\omega)=-90°$$

积分环节对数幅频曲线在 $\omega=1$ 处通过 0dB 线，斜率为 –20dB/dec ；相频特性为 –90° 的直线，如图 4-30 所示。

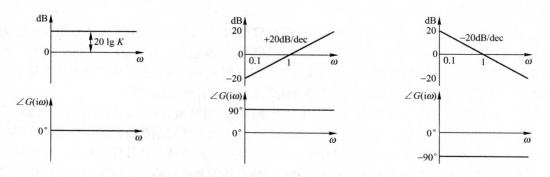

图 4-28 比例环节的 Bode 图   图 4-29 微分环节的 Bode 图   图 4-30 积分环节的 Bode 图

积分环节与微分环节成倒数关系，所以其 Bode 图关于频率轴对称。

4．惯性环节

惯性环节 $G(s)=1/(1+Ts)$ 的对数幅频与相频特性表达式为

$$20\lg|G(\mathrm{i}\omega)|=-10\lg[1+(\omega T)^2]$$

$$\angle G(\mathrm{i}\omega)=-\arctan\omega T$$

可以使用如下线性渐近线近似

$$20\lg|G(\mathrm{i}\omega)|=\begin{cases}-20\lg1=0 & \omega<<1/T \\ -20\lg\sqrt{2} & \omega=1/T \\ -20\lg(\omega T) & \omega>>1/T\end{cases}\qquad(4\text{-}68\mathrm{a})$$

$$\angle G(\mathrm{i}\omega)=\begin{cases}0° & \omega<<1/T \\ -45° & \omega=1/T \\ -90° & \omega>>1/T\end{cases}\qquad(4\text{-}68\mathrm{b})$$

对数幅频的低频渐近线是 0dB 水平线；高频渐近线是斜率为–20dB/dec 的直线，两条渐近线的交点频率 $1/T$ 称为转折频率。相频特性从0°变化到–90°，并且关于点 $(1/T,-45°)$ 对称。图 4-31 绘出了惯性环节对数幅频特性的渐近线与精确曲线，以及相频曲线。对数幅频特性最大幅值误差发生在 $\omega=1/T$ 处，其值等于 $-20\lg\sqrt{2}=-3\mathrm{dB}$ ，可用如图 4-32 所示的误差曲线来进行修正。

5．一阶微分环节

一阶微分环节 $G(s)=1+Ts$ 的对数幅频与相频特性表达式分别为

$$20\lg|G(\mathrm{i}\omega)|=10\lg[1+(\omega T)^2]$$

$$\angle G(\mathrm{i}\omega)=\arctan\omega T$$

一阶微分环节的对数幅频特性的渐近线和相频特性如图 4-33 所示，它与惯性环节的 Bode 图关于频率轴对称。

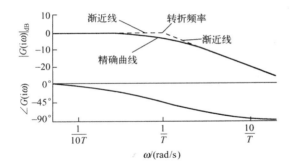

图 4-31 惯性环节的 Bode 图

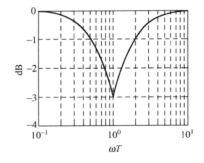

图 4-32 惯性环节对数幅频特性误差曲线

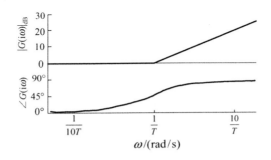

图 4-33 一阶微分环节的 Bode 图

6. 二阶振荡环节

振荡环节 $G(s) = \dfrac{1}{(Ts)^2 + 2\zeta Ts + 1}$ 的频率特性为

$$G(\mathrm{i}\omega) = \frac{1}{1 - (\omega T)^2 + \mathrm{i}2\zeta\omega T} = \frac{1}{1 - (\omega/\omega_n)^2 + \mathrm{i}2\zeta\omega/\omega_n}$$

式中，$\omega_n = 1/T$ 为自然振荡频率，$0 < \zeta < 1$。对数幅频特性为

$$20\lg|G(\mathrm{i}\omega)| = -10\lg\left\{\left[1 - (\omega/\omega_n)^2\right]^2 + (2\zeta\omega/\omega_n)^2\right\}$$

相频特性为

$$\angle G(\mathrm{i}\omega) = \begin{cases} -\arctan\dfrac{2\zeta\omega/\omega_n}{1 - \omega^2/\omega_n^2} & \omega < \omega_n \\ -180° - \arctan\dfrac{2\zeta\omega/\omega_n}{1 - \omega^2/\omega_n^2} & \omega > \omega_n \end{cases}$$

可以使用如下线性渐近线近似

$$20\lg|G(\mathrm{i}\omega)| = \begin{cases} -20\lg 1 = 0 & \omega \ll \omega_n \\ -20\lg(2\zeta) & \omega = \omega_n \\ -40\lg(\omega/\omega_n) & \omega \gg \omega_n \end{cases} \tag{4-69a}$$

$$\angle G(\mathrm{i}\omega) = \begin{cases} 0° & \omega << \omega_n \\ -90° & \omega = \omega_n \\ -180° & \omega >> \omega_n \end{cases} \qquad (4\text{-}69b)$$

方程式（4-69a）表明对数幅频的低频段的渐近线是一条 0dB 的水平线，高频段的渐近线是一条斜率为–40dB/dec 的直线。$\omega = \omega_n$ 是两条渐近线的相交点，即转折频率。振荡环节的对数幅频特性不仅与 ω/ω_n 有关，而且与阻尼系数 ζ 有关。图 4-34 给出当 ζ 取不同值时对数幅频特性的准确曲线和渐近线，由图可见，在 $\zeta < 0.707$ 时，曲线出现谐振峰值，ζ 值越小，谐振峰值越大，它与渐近线之间的误差越大。必要时，可以用如图 4-35 所示的误差修正曲线进行修正。方程式（4-69b）表明相频特性曲线从 0° 变化到–180°，当 $\omega = \omega_n$ 时，不管 ζ 值的大小，$\angle G(\mathrm{i}\omega)$ 总是等于–90°，且相频特性曲线关于 $(\omega_n, -90°)$ 点对称，随着 ζ 的减小，相频特性曲线从 0° 急剧地变化到–180°。

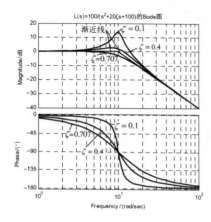

图 4-34　振荡环节的 Bode 图

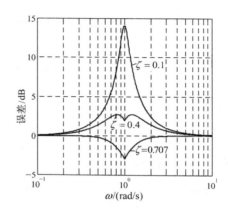

图 4-35　振荡环节的误差修正曲线

7. 二阶微分环节

二阶微分环节 $G(s) = (Ts)^2 + 2\zeta Ts + 1$ 的频率特性为

$$G(\mathrm{i}\omega) = 1 - (\omega/\omega_n)^2 + \mathrm{i}2\zeta\omega/\omega_n$$

式中，$\omega_n = 1/T$，$0 < \zeta < 1$。对数幅频特性为

$$20\lg|G(\mathrm{i}\omega)| = 10\lg\left\{\left[1 - \left(\omega/\omega_n\right)^2\right]^2 + \left(2\zeta\omega/\omega_n\right)^2\right\}$$

相频特性

$$\angle G(\mathrm{i}\omega) = \begin{cases} \arctan\dfrac{2\zeta\omega/\omega_n}{1-\omega^2/\omega_n^2} & \omega < \omega_n \\[3mm] 180° + \arctan\dfrac{2\zeta\omega/\omega_n}{1-\omega^2/\omega_n^2} & \omega > \omega_n \end{cases}$$

二阶微分环节与振荡环节成倒数关系，它的 Bode 图与振荡环节的 Bode 图关于频率轴对称。

8. 延迟环节

延迟环节 $G(s) = e^{-\tau s}$ 的频率特性为

$$G(i\omega) = e^{-i\tau\omega} = |G(i\omega)| e^{i\angle G(i\omega)}$$

式中，$|G(i\omega)| = 1$，$\angle G(i\omega) = -\tau\omega$，因此

$$20\lg|G(i\omega)| = 0 \tag{4-70a}$$

$$\angle G(i\omega) = -\tau\omega \tag{4-70b}$$

式（4-70）表明，延迟环节的对数幅频特性与 0dB 线重合，相频特性值与 ω 成正比，当 $\omega \to \infty$ 时，相角 $\angle G(i\omega) \to -\infty$。延迟环节的 Bode 图如图 4-36 所示。

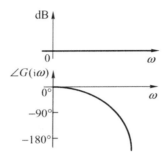

图 4-36　延迟环节的 Bode 图

4.5.3　复杂系统开环 Bode 图的渐近线描图法

复杂反馈系统的开环传递函数可以等效为若干个典型环节串联。式（4-67）表明，只要能作出 $L(i\omega)$ 所包含的各典型环节的对数幅频和相频曲线，将它们分别进行代数相加，就可以求得系统的开环 Bode 图。实际上，可以采用渐近线描图法绘制近似的开环系统 Bode 图，由此快速地估算系统的性能，具体步骤如下：

1）将开环传递函数写成时间常数标准式，确定系统开环增益 K，把各典型环节的转折频率由小到大依次标在频率轴上。

2）绘制开环对数幅频特性的渐近线。由于系统低频段渐近线的频率特性为 $K/(i\omega)^v$，因此，过 $(\sqrt[v]{K}, 0)$ 或 $(1, 20\lg K)$ 点绘制斜率为 $-v \times 20\text{dB/dec}$ 的直线作为低频段渐近线（v 为积分环节数）。

3）随后，沿频率增大的方向，每遇到一个转折频率就改变一次斜率，其规律是遇到惯性环节的转折频率，斜率变化量为 -20dB/dec；遇到一阶微分环节的转折频率，斜率变化量为 +20dB/dec；遇到振荡环节的转折频率，斜率变化量为 -40dB/dec 等。渐近线最后一段（高频段）的斜率为 $-20(n-m)\text{dB/dec}$；其中，n、m 分别为 $G(s)$ 分母、分子的阶数。

4）绘制相频特性曲线。分别绘出各典型环节的相频特性曲线，再沿频率增大的方向逐点叠加，最后将相加点连接成曲线。

应该指出，虽然目前已具有许多辅助的绘图软件可以使用，如 MATLAB 计算环境，但掌握 Bode 的渐近线描图法及其过程有助于读者深入理解系统的本质特征。例如，改变开环

增益 K，使对数幅频特性沿纵坐标上、下平移，而相频特性曲线不受影响，系统的稳态误差系数和交越频率或带宽相应改变，相角裕度和动态特性也相应改变；增加交越频率处开环系统的零点可以使开环对数幅频特性穿越 0dB 线的斜率变为平缓，有利于增加相角裕度，改善系统的动态特性；若在低频段增加系统极点，将使开环对数幅频特性的斜率变陡，有利于衰减中、高频段的分贝值；无论是零点还是极点，改变转折频率使 Bode 图的幅频和相频特性曲线左、右平移，对系统的带宽和相角裕度都有影响。

下面通过实例说明系统的开环 Bode 图的渐近线描图过程。

【例4-6】 已知开环传递函数

$$L(s) = \frac{100(s+1)}{s(s+0.1)(s^2+10s+100)}$$

试绘制系统的开环 Bode 图。

解 先将 $L(s)$ 化为时间常数标准式

$$L(s) = \frac{10(s+1)}{s(10s+1)(0.1^2 s^2 + 2 \times 0.5 \times 0.1s + 1)}$$

该系统由比例环节、积分环节、惯性环节、一阶微分环节和振荡环节共 5 个环节组成。惯性环节转折频率 $\omega_1 = 1/10 = 0.1$；一阶微分环节转折频率 $\omega_2 = 1/1 = 1$；振荡环节转折频率 $\omega_3 = 1/0.1 = 10$；开环增益 $K = 10$，系统型别 $\nu=1$，低频起始段由 $K/s = 10/s$ 决定。

使用渐近线作图法绘制对数幅频特性曲线的步骤如下：

1）过（$K = 10, 0$dB）点过作一条斜率为 -20dB/dec 的直线，作为低频段的渐近线。

2）在 $\omega_1 = 0.1$ 处，将渐近线斜率由 -20dB/dec 变为 -40dB/dec，这是惯性环节作用的结果。

3）在 $\omega_2 = 1$ 处，使渐近线斜率由 -40dB/dec 变为 -20dB/dec，这是一阶微分环节的作用结果。

4）在 $\omega_3 = 10$ 处，由于振荡环节的作用，渐近线斜率由 -20dB/dec 变为 -60dB/dec。

由此绘制的对数幅频特性曲线如图 4-37a 所示。

使用特征点勾画相频特性的大致曲线：比例环节相角恒为零，如图 4-37a 中曲线 A 所示；积分环节相角恒为 $-90°$，如图 4-37a 中相频曲线 B 所示，惯性环节、一阶微分环节和振荡环节的对数相频曲线，分别如图 4-37a 中曲线 C、D 和 E 所示。开环相频曲线由曲线 A、B、C、D 和 E 叠加得到，如曲线 F 所示。

作为比较，使用 MATLAB 程序绘制精确的 Bode 图，如图 4-37b 所示。

绘制图 4-37b 的 MATLAB 程序如下：

```
num=100*[1 1]; den= conv([1 0.1 0], [1 10 100]);    %开环传递函数的分子、分母
L=tf(num,den);                                       %定义开环传递函数
bode (L); grid;                                      %绘制 Bode 图
title(' L(s)=100(s+1)/[s(s+0.1)(s^2+10s+100)]的 Bode 图')  %图标
```

与精确的 Bode 图比较，可以发现渐近线描图法具有相当高的精度。在实际应用中，渐近线绘图的方法常常作为图解的思路，在此基础之上使用 MATLAB 精确计算工具，可以很方便、快捷地求解系统的频域分析与设计问题，具体过程在将在后续章节中给出。

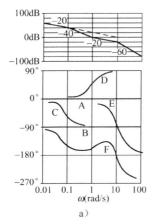
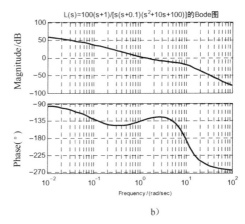

图 4-37 $L(s) = \dfrac{100(s+1)}{s(s+0.1)(s^2+10s+100)}$ 的 Bode 图

a）渐近线描图   b）MATLAB 程序精确绘图

4.5.4   对数稳定判据

实际上，系统的频域分析和设计通常是在 Bode 图上进行的。将 Nyquist 稳定判据引申到 Bode 图上，以 Bode 图的形式表现出来，就成为对数稳定判据。在 Bode 图上运用 Nyquist 稳定判据的关键在于如何确定 $L(i\omega)$ 包围点 $(-1,i0)$ 的圈数 w_n。

系统开环频率特性的 Nyquist 图与 Bode 图存在一定的对应关系，如图 4-38 所示。Nyquist 图上的单位圆与 Bode 图上的 0dB 线相对应。单位圆外部对应于 $20\lg|L(i\omega)|>0$，单位圆内部对应于 $20\lg|L(i\omega)|<0$。Nyquist 图上的负实轴对应于 Bode 图上的 $\angle L(i\omega) = -180°$ 线。

在 Nyquist 图中，考察频段 $\omega = 0 \sim +\infty$ 范围内，沿 ω 增加方向，如果幅相曲线自上而下（相角增加）穿过点 $(-1,i0)$ 以左的负实轴，则称为正穿越；反之曲线自下而上（相角减小）穿过点 $(-1,i0)$ 以左的负实轴，则称为负穿越，如图 4-38a 所示。在 Nyquist 图上，正穿越一次，对应于幅相曲线逆时针包围点 $(-1,i0)$ 1 圈，而负穿越一次，对应于顺时针包围点 $(-1,i0)$ 1 圈。

在 Bode 图上，沿 ω 增加方向，对应 $20\lg|L(i\omega)|>0$ 的频段内，相频特性曲线自下而上（相角增加）穿过 $-180°$ 线称为正穿越；反之曲线自上而下（相角减小）穿过 $-180°$ 线称为负穿越，如图 4-38b 所示。

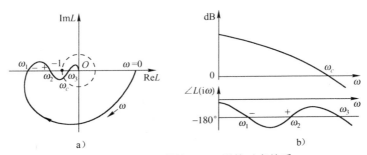

图 4-38 Nyquist 图与 Bode 图的对应关系

a）Nyquist 图   b）Bode 图

在频段 $\omega = -\infty \sim +\infty$ 范围内，Nyquist 图顺时针包围点 $(-1, i0)$ 的次数，对应于 Bode 图中 $20 \lg |L(i\omega)| > 0$ 的频段内相频特性曲线负、正穿越次数之差的 2 倍，即 $w_n = 2(C^- - C^+)$，式中 C^+、C^- 分别是 $20 \lg |L(i\omega)| > 0$ 频段范围相频特性曲线正、负穿越次数。应用 Nyquist 稳定性定理的式(4-62)，得到闭环系统的 RHP 极点数为 $N = P + 2(C^- - C^+)$，这就是对数稳定判据。

【例 4-7】 单位反馈系统的开环传递函数为

$$L(s) = \frac{100(s + 0.05)}{s^2(s+1)(s+2)}$$

由 Bode 图判断闭环系统的稳定性。

解 由 MATLAB 程序绘制开环对数频率特性如图 4-39 所示。

应用对数稳定判据，在 $20 \lg |L(i\omega)| > 0$ 的频段范围内，对数相频特性曲线负穿越 $-180°$ 线 1 次，所以 Nyquist 图包围点 $(-1, i0)$ 的次数

$$w_n = 2(C^- - C^+) = 2(1 - 0) = 2$$

闭环系统的 RHP 极点数

$$N = P + w_n = 0 + 2 = 2$$

即闭环系统是不稳定的，而且具有两个 RHP 的闭环极点。

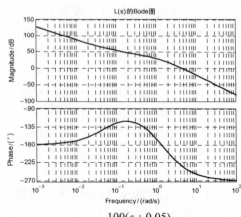

图 4-39　$L(s) = \dfrac{100(s + 0.05)}{s^2(s+1)(s+2)}$ 的 Bode 图

4.5.5　Bode 幅相关系式与最小相位系统

绘制相频特性曲线比较麻烦，能否由对数幅频特性完全表征系统的频率特性？考察图 4-28 的比例环节，对数幅频曲线的变化率 $\mathrm{d} \lg K / \mathrm{d} \lg \omega = 0$，相应的幅角 $\arg(K) = 0$；图 4-29 的微分环节，对数幅频曲线的变化率 $\mathrm{d} \lg K / \mathrm{d} \lg \omega = +1$，相应的幅角 $\arg(i\omega) = +\pi/2$；图 4-30 的积分环节，对数幅频曲线的变化率 $\mathrm{d} \lg K / \mathrm{d} \lg \omega = -1$，相应的相频 $\arg(1/i\omega) = -\pi/2$。这些关系说明对数幅频与相频特性曲线之间具有确定的关系式。

Bode 首先对对数幅频与相频特性曲线进行研究，结果发现，对于没有开环 RHP 零、极点的系统，其对数幅频与相频特性曲线之间具有如下的关系

$$\arg L(\mathrm{i}\omega_0) = \frac{1}{\pi}\int_0^\infty \frac{\mathrm{d}[\ln|L(\mathrm{i}\omega)|]}{\mathrm{d}[\ln\omega]}\ln\left|\frac{\omega+\omega_0}{\omega-\omega_0}\right|\mathrm{d}\omega \tag{4-71}$$

该表达式的含义是相角为对数幅频曲线斜率的加权平均值，加权函数为

$$W(\omega/\omega_0) = \ln\left|\frac{\omega/\omega_0+1}{\omega/\omega_0-1}\right| = \ln\left|\frac{\omega+\omega_0}{\omega-\omega_0}\right| \tag{4-72}$$

$W(\omega/\omega_0)$ 的图像如图 4-40 所示。若对数幅频曲线在 ω_0 点附近相当宽的频段内的斜率为常数，利用

$$\int_0^\infty \ln\left|\frac{\omega+\omega_0}{\omega-\omega_0}\right|\mathrm{d}\omega = \frac{\pi^2}{2} \tag{4-73}$$

则有

$$\arg L(\mathrm{i}\omega) \approx \frac{\pi}{2}\frac{\mathrm{d}[\ln|L(\mathrm{i}\omega)|]}{\mathrm{d}[\ln\omega]} = \frac{\pi}{2}\frac{\mathrm{d}[\lg|L(\mathrm{i}\omega)|]}{\mathrm{d}[\lg\omega]} \tag{4-74}$$

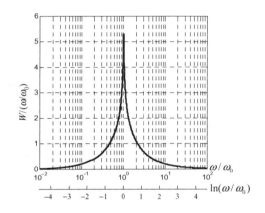

图 4-40　Bode 幅相关系式的加权函数

把满足关系式（4-74），即没有开环 RHP 零、极点的系统称为最小相位系统，因为这些系统的相位滞后是最小的。最小相位系统的优良特性是相频特性完全由对数幅频特性唯一确定，特点是对控制设计没有施加限制，控制设计仅受执行器饱和及传感器精度的影响。

对于具有相同幅频特性的系统，若含有开环 RHP 零、极点，其相位滞后较大，被称为非最小相位系统。图 4-41 中的传递函数都是非最小相位的。延迟环节的传递函数及相角为

$$G(s) = \mathrm{e}^{-Ts}, \arg G(\mathrm{i}\omega) = -\omega T \tag{4-75a}$$

含有开环 RHP 零点的传递函数及相角为

$$G(s) = \frac{1-\tau s}{1+\tau s}, \tau>0, \arg G(\mathrm{i}\omega) = -2\arctan(\tau\omega) \tag{4-75b}$$

含有开环 RHP 极点的传递函数及相角为

$$G(s) = \frac{Ts+1}{Ts-1}, T>0, \arg G(\mathrm{i}\omega) = -180° + 2\arctan(T\omega) \tag{4-75c}$$

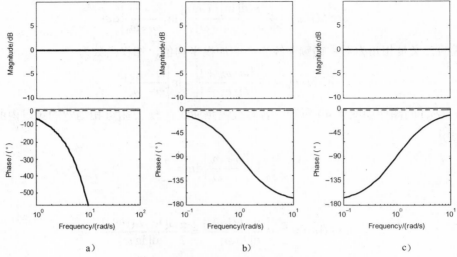

图 4-41 非最小相位系统的 Bode 图

a）$G(s) = e^{-s}$ b）$G(s) = (1-s)/(1+s)$ c）$G(s) = (s+1)/(s-1)$

由于

$$e^{-\tau s} \approx \frac{1 - \tau s / 2}{1 + \tau s / 2} \qquad (4\text{-}76)$$

延迟单元等同于含有 RHP 零点，所以也是非最小相位系统。图 4-41 中的所有传递函数都具有单位增益，但具有较大的相位滞后，与之相应的最小相位传递函数都为 $G(s) = 1$，相角都为 0°，如图 4-41 中的虚线所示。非最小相位系统模型存在于许多控制系统中。在网络控制系统和流体控制系统中，被控对象的传递函数常常含有式（4-75a）所示的延迟环节。而在汽车、飞机、倒立摆的控制系统中，被控对象的模型往往含有式（4-75b）、（4-75c）所示的 RHP 零、极点。利用关系式（4-76），RHP 零点的作用可以解释为控制作用的延迟。非最小相位系统的特性，对控制设计施加了一些限制，详见 5.6 节。

对于最小相位系统，由对数幅频特性就可以唯一确定对应的相频特性和传递函数，这一特性对于采用频域实验法进行系统建模特别有用。由于对数幅频特性很容易绘制，所以在图解分析最小相位系统时，通常只绘制其对数幅频特性，相频特性则只需概略绘出，或者不绘制。

4.5.6 稳定裕度的计算

基于 Bode 图，很容易计算稳定裕度。

1. 相角裕度

按相角裕度的定义式（4-46），由于 $20\lg|L(\mathrm{i}\omega_c)| = 0$，故在 Bode 图中，相角裕度表现为相角 $\angle L(\mathrm{i}\omega_c)$ 与 −180° 水平线之间的角度差，如图 4-42a 所示。对于闭环稳定的系统，相角裕度 φ_m 为正值。

2. 增益裕度

在对数坐标图上，增益裕度为

$$h_m = 20\lg|\frac{1}{L(\mathrm{i}\omega_{180})}| = -20\lg|L(\mathrm{i}\omega_{180})| = 20\lg g_m \quad (4\text{-}77)$$

即增益裕度 h_m（dB）等于 $20\lg|L(\mathrm{i}\omega_{180})|$ 与 0dB 之间的距离，如图 4-42a 所示。在工程设计中，相应于 $g_m \geqslant 2$，有 $h_m \geqslant 6\mathrm{dB}$。

对于最小相位系统，h_m 与 φ_m 同号，闭环稳定系统的增益裕度 h_m 为正值；对于非最小相位系统，h_m 与 φ_m 异号，闭环稳定系统的增益裕度 h_m 为负值。

根据式（4-46），要计算相角裕度 φ_m，首先要知道交越频率 ω_c。求 ω_c 较方便的方法是先绘制 $20\lg|L(\mathrm{i}\omega)|$ 曲线，由 $20\lg|L(\mathrm{i}\omega)|$ 与 0dB 线的交点确定 ω_c。而求增益裕度 h_m，首先要知道相角交越频率 ω_{180}，对于阶数不太高的系统，直接求解方程 $\angle L(\mathrm{i}\omega_{180}) = -180°$ 是求 ω_{180} 较方便的方法。

3. 模裕度

按模裕度的定义式（4-48），在回差函数的对数坐标中，相应于最大灵敏度频率 ω_{ms} 的回差函数的分贝值即为模裕度的分贝值，即

$$20\lg s_m = 20\lg|1+L(\mathrm{i}\omega_{ms})|$$

如图 4-42b 所示。

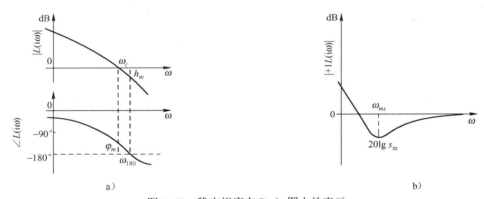

图 4-42 稳定裕度在 Bode 图上的表示

a）相角裕度 φ_m 和增益裕度 h_m　b）模裕度 s_m

【例 4-8】 某单位反馈系统的开环传递函数为

$$L(s) = \frac{2}{s(s+1)(0.2s+1)}$$

试用渐近线描图法求系统的相角裕度和增益裕度。

解 渐近线绘制对数幅频特性曲线如图 4-43 所示（作为比较，图中还给出 MATLAB 程序绘出精确的对数幅频特性）。

交越频率处的幅值近似为

$$|L(\mathrm{i}\omega_c)| = \frac{2}{\omega_c\sqrt{\omega_c^2+1^2}\sqrt{(0.2\omega_c)^2+1^2}} \approx \frac{2}{\omega_c\sqrt{\omega_c^2}\sqrt{1^2}} = \frac{2}{\omega_c^2} = 1 \quad (1<\omega_c<5)$$

由此求得 $\omega_c \approx \sqrt{2}\,\mathrm{rad/s}$，把 ω_c 代入式（4-46），求出

110

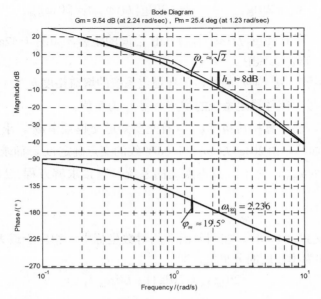

图 4-43　$L(s) = \dfrac{2}{s(s+1)(0.2s+1)}$ 时的 Bode 图

$$\varphi_m = 180° + \angle L(i\omega_c) = 180° - 90° - \arctan\omega_c - \arctan(\omega_c/5)$$
$$= 90° - 54.7° - 15.8° \approx 19.5°$$

又由

$$\angle L(i\omega_{180}) = -90° - \arctan\omega_{180} - \arctan(0.2\omega_{180}) = -180°$$

得到

$$\arctan\omega_{180} + \arctan(0.2\omega_{180}) = 90°$$

由此，有

$$\frac{\omega_{180} + 0.2\omega_{180}}{1 - 0.2\omega_{180}^2} = \tan 90° = \infty$$

求出 $1 - 0.2\omega_{180}^2 = 0$，即 $\omega_{180} = \sqrt5 = 2.236\,\mathrm{rad/s}$（精确值），所以

$$h_m = 20\lg\frac{1}{|L(i\omega_{180})|} = 20\lg\frac{\omega_{180}\sqrt{\omega_{180}^2+1}\sqrt{(0.2\omega_{180})^2+1}}{2}$$
$$\approx 20\lg\frac{\omega_{180}^2}{2} = 20\lg 2.5 = 8\,\mathrm{dB}$$

由 MATLAB 程序计算，求得精确的 $\omega_c = 1.23\mathrm{rad/s}$，$\varphi_m = 25.4°$，$h_m = 9.5\mathrm{dB}$。上述估算值与这些精确值较为吻合。

再举一些例子，说明交越频率 ω_c 和相角裕度 φ_m 的估算法。

$L(s) = \dfrac{100(0.5s+1)}{s(10s+1)(0.1s+1)(0.01s+1)}$ 的对数幅频特性图如图 4-44 所示。

易见

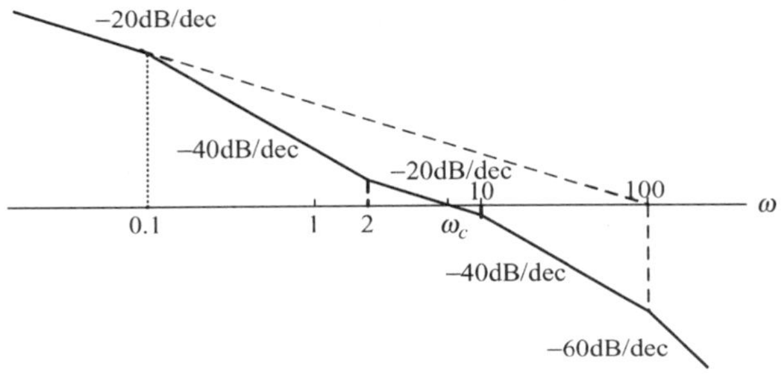

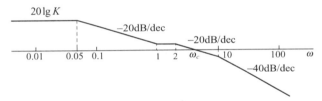

图 4-44　$L(s) = \dfrac{100(0.5s+1)}{s(10s+1)(0.1s+1)(0.01s+1)}$ 的对数幅频特性图

$$20\lg\frac{100}{0.1} = 40\lg\frac{2}{0.1} + 20\lg\frac{\omega_c}{2} \Rightarrow \omega_c = 5$$

$$\varphi(\omega_c) = -90° - \arctan(10\omega_c) - \arctan(0.1\omega_c) -$$
$$\arctan(0.01\omega_c) + \arctan(0.5\omega_c)$$
$$= -90° - \arctan 50 - \arctan 0.5 - \arctan 0.05 + \arctan 2.5 \approx -140°$$
$$\varphi_m \approx 40°$$

又如 $L(s) = \dfrac{40(s+1)}{(20s+1)(0.5s+1)(0.1s+1)}$ 的对数幅频特性图如图 4-45 所示。

图 4-45　$L(s) = \dfrac{40(s+1)}{(20s+1)(0.5s+1)(0.1s+1)}$ 的对数幅频特性图

易见

$$20\lg 40 = 20\lg\frac{1}{0.05} + 20\lg\frac{\omega_c}{2} \Rightarrow \omega_c = 4，\quad \varphi(\omega_c) = -98.5°，\quad \varphi_m = 81.5°$$

在实际工程分析和设计中，只要绘出对数幅频特性曲线，直接在图上读数即可，无须太多计算。但在某些情况下，使用渐近线勾画对数幅频特性图，估算交越频率 ω_c 和相角裕度 φ_m，不但可以快速地判别系统的动态特性，而且是必须使用的方法。例如，使用 Routh 判据或根轨迹法，若不是对小时间常数的惯性环节作近似处理，很难直接判断具有如下开环传递函数

$$L(s) = \frac{1}{s(s+1)(10^{-3}s+1)^{100}}$$

的闭环系统的稳定性，但是可以使用如图 4-46 所示的对数幅频特性图估算 ω_c 和 φ_m：$\omega_c = 1\text{rad/s}$，$\varphi(\omega_c) = -90° - \arctan 1 - 100\arctan 0.001 = -140.7°$，$\varphi_m = 39.3°$，由此判定闭环系统是稳定的，并且具有良好的动态性能。

112

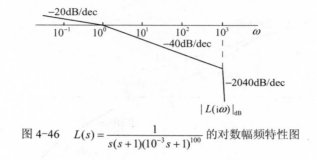

图 4-46　$L(s) = \dfrac{1}{s(s+1)(10^{-3}s+1)^{100}}$ 的对数幅频特性图

4.6　利用开环频率特性分析系统的性能

在频域中，对系统进行分析和设计时，通常是以频域指标作为依据的。本节以 Bode 图为基点，讲解开环对数幅频特性的形状与系统性能指标的关系。

实际系统的开环对数幅频特性一般都符合如图 4-47 所示的特征：左端（频率较低的部分）高；右端（频率较高的部分）低。将开环对数幅频特性人为地分为 3 个频段：低频段、交越区和高频段。交越区又称中频段，是指交越频率 ω_c 附近的区域；低频段主要指远小于 ω_c 的频段；高频段指频率远大于 ω_c 的频段。这 3 个频段包含了闭环系统性能不同方面的信息，需要分别进行介绍。

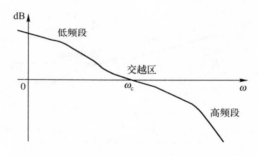

图 4-47　对数频率特性 3 频段的划分

需要指出，开环对数频率特性 3 频段的划分是相对的，各频段之间没有严格的界限。一般控制系统的频段范围在 0.01～100Hz 之间。这里所述的"高频段"与无线电学科里的"高频"不是一个概念。

4.6.1　低频渐近线与系统稳态误差的关系

系统开环传递函数中含积分环节的数目（系统型别），确定了开环对数幅频特性低频段渐近线的斜率，而低频渐近线的高度则取决于开环增益的大小。因此，开环对数幅频特性低频段渐近线集中反映了系统跟踪控制信号的稳态精度信息。根据开环对数幅频特性低频段可以确定系统型别 v 和开环增益 K，由此可以确定系统在给定输入下的稳态误差。

4.6.2　交越区的频率特性与系统动态性能的关系

设开环部分纯粹由积分环节构成，如图 4-48a 所示的对数幅频特性对应单积分环节，斜

率为 -20dB/dec ，相角 $\angle L(\text{i}\omega)=-90°$ ，因而相角裕度 $\varphi_m=90°$ ；如图 4-48b 所示的对数幅频特性对应双积分环节，斜率为 -40dB/dec ，相角 $\angle L(\text{i}\omega)=-180°$ ，因而相角裕度 $\varphi_m=0°$ 。一般情况下，系统开环对数幅频特性的斜率在整个频率范围内是变化的，在交越频率 ω_c 处， $20\lg|L(\text{i}\omega)|$ 曲线的斜率对相角裕度 φ_m 的影响最大，远离 ω_c 的对数幅频特性，其斜率对 φ_m 的影响就很小。

若预先指定相角裕度 φ_m ，实际对数幅频特性曲线穿越 0dB 线的斜率可计算如下。由 Bode 关系式（4-74），得到 $\angle L(\text{i}\omega_c)=\dfrac{\text{d}[\lg|L(\text{i}\omega)|]}{\text{d}[\lg\omega]}\times 90°$ ，由相角裕度的定义式（4-46），有

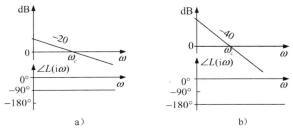

图 4-48 交越区的对数幅频特性对稳定性的影响

a）单积分环节 b）双积分环节

$$\frac{\varphi_m}{90}=2+\frac{\text{d}[\lg|L(\text{i}\omega)|]}{\text{d}[\lg\omega]}$$

由此，得到对数幅频曲线在 $\omega=\omega_c$ 时的斜率为

$$n_c=\frac{\text{d}[\lg|L(\text{i}\omega)|]}{\text{d}[\lg\omega]}\bigg|_{\omega=\omega_c}=-2+\frac{\varphi_m}{90} \tag{4-78}$$

相应于 $\varphi_m=30°$ ， $60°$ ，有 $n_c=-5/3\text{B/dec}$ 、 $-4/3\text{B/dec}$ ，即实际对数幅频特性曲线 $20\lg|L(\text{i}\omega)|$ 穿越 0dB 线的斜率为 $20n_c=-33\text{B/dec}$ ， -27B/dec 。

为了保证系统有满意的动态性能，若使用渐近线的 Bode 图，则希望 $20\lg|L(\text{i}\omega)|$ 曲线以 -20dB/dec 的斜率穿越 0dB 线，并保持较宽的频段。交越频率 ω_c 和相角裕度 φ_m 为系统开环频域指标，它们与系统动态性能指标之间存在着密切关系。若系统含有谐振环节，为避免出现相角裕度 φ_m 的误判现象，应使用模裕度 s_m 进行检验。

对于二阶系统，可以解析地求解频域指标与时域指标的关系，下面给出这些关系，许多结论可以推广至具有主导极点的高阶系统。

1. 二阶系统

典型二阶系统的结构图如图 4-49 所示。其中，开环传递函数为

$$L(s)=\frac{\omega_n^2}{s(s+2\zeta\omega_n)} \qquad (0<\zeta<1)$$

相应的闭环传递函数或余灵敏度函数为

$$T(s)=\frac{\omega_n^2}{s^2+2\zeta\omega_n s+\omega_n^2}$$

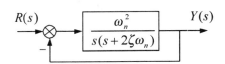

图 4-49 典型二阶系统的结构图

（1）相角裕度 φ_m 和超调量 M_p 的关系

系统开环频率特性为

$$L(\mathrm{i}\omega) = \frac{\omega_n^2}{\mathrm{i}\omega(\mathrm{i}\omega + 2\zeta\omega_n)} \tag{4-79}$$

开环幅频和相频特性分别为

$$|L(\mathrm{i}\omega)| = \frac{\omega_n^2}{\omega\sqrt{\omega^2 + (2\zeta\omega_n)^2}}$$

$$\angle L(\mathrm{i}\omega) = -90° - \arctan\frac{\omega}{2\zeta\omega_n}$$

在 $\omega = \omega_c$ 处，$|L(\mathrm{i}\omega_c)| = 1$，即

$$|L(\mathrm{i}\omega_c)| = \frac{\omega_n^2}{\omega_c\sqrt{\omega_c^2 + (2\zeta\omega_n)^2}} = 1$$

亦即

$$\omega_c^4 + 4\zeta^2\omega_n^2\omega_c^2 - \omega_n^4 = 0$$

解之，得

$$\omega_c = \sqrt{\sqrt{4\zeta^4 + 1} - 2\zeta^2}\,\omega_n \tag{4-80}$$

当 $\omega = \omega_c$ 时，有

$$\angle L(\mathrm{i}\omega_c) = -90° - \arctan\frac{\omega_c}{2\zeta\omega_n}$$

由此，可得系统的相角裕度为

$$\varphi_m = 180° + \angle L(\mathrm{i}\omega_c) = 90° - \arctan\frac{\omega_c}{2\zeta\omega_n} = \arctan\frac{2\zeta\omega_n}{\omega_c} \tag{4-81}$$

将式（4-80）代入式（4-81），得

$$\varphi_m = \arctan\frac{2\zeta}{\sqrt{\sqrt{4\zeta^4 + 1} - 2\zeta^2}} \tag{4-82}$$

另一方面，典型二阶系统的超调量

$$M_p = \mathrm{e}^{-\pi\zeta/\sqrt{1-\zeta^2}} \times 100\% \tag{4-83}$$

由式（4-82）及式（4-83）可以绘制 φ_m、M_p 与 ζ 的关系曲线，如图 4-50 所示。当 $\zeta = 0.3$、0.5 和 0.7 时，有 $M_p = 37\%$、16% 和 4.3%，对应有 $\varphi_m = 33°$、$52°$ 和 $65°$。若 $\zeta = 0 \sim 0.7$，则 $\zeta \approx \varphi_m/100$。

（2）ω_c 与 t_s 的关系

由时域分析法可知，典型二阶系统的调节时间 $t_s(5\%)$ 为

$$t_s = 3.5/(\zeta\omega_n) \quad (0.3 < \zeta < 0.8) \tag{4-84}$$

将式（4-84）与式（4-80）相乘，得

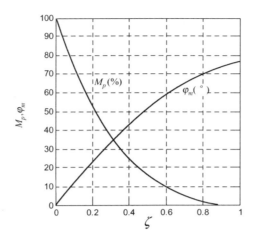

图 4-50   二阶系统的 φ_m、M_p 与 ζ 的关系曲线

$$t_s \omega_c = \frac{3.5}{\zeta} \sqrt{\sqrt{4\zeta^4 + 1} - 2\zeta^2}$$ （4-85）

再由式（4-82）和式（4-85）可得

$$t_s \omega_c = \frac{7}{\tan \varphi_m}$$ （4-86）

可见，调节时间 t_s 与相角裕度 φ_m、交越频率 ω_c 都有关。当 φ_m 确定时，t_s 与 ω_c 成反比。当 ω_c 确定时，t_s 也与 $\tan \varphi_m$ 成反比。换而言之，若系统具有较大的 ω_c 和 φ_m，则调节时间 t_s 必然较短，调节时间 t_s 不仅反映系统的快速性，也反映系统的平稳性，调节时间这种二重特性表明时域指标描述动态系统的复杂性。

使用频域指标更能简洁地描述系统的动态响应特性：φ_m 描述系统的平稳性，ω_c 描述系统的快速性。

2. 高阶系统

对于一般三阶或三阶以上的高阶系统，要准确推导出开环频域特征量（φ_m 和 ω_c）与时域指标（M_p 和 t_s）之间的关系是很困难的，即使导出这样的关系式，使用起来也不方便，实用意义不大。但频域指标与时域指标的定性关系与二阶系统是一致的，即系统的超调量 M_p 随 φ_m 的增大而减小，系统的调节时间 t_s 随着 φ_m 和 ω_c 的增大而减小。

在控制工程分析与设计中，可直接采用频域指标描述系统的动态响应特性。

4.6.3   高频段频率特性对系统性能的影响

由于高频段的幅频 $|L(\mathrm{i}\omega)|$ 远小于 1，运用稳定鲁棒性原理，允许的过程模型相对变化值 $|\Delta P(\mathrm{i}\omega)/P(\mathrm{i}\omega)|$ 远大于 1，所以高频段频率特性对系统的动态响应影响不大。但是，从系统抗干扰的角度出发，研究高频段的特性是具有实际意义的，现说明如下。

对于单位负反馈系统，开环频率特性 $L(\mathrm{i}\omega)$ 和闭环频率特性 $T(\mathrm{i}\omega)$ 的关系为

$$T(\mathrm{i}\omega) = \frac{L(\mathrm{i}\omega)}{1 + L(\mathrm{i}\omega)}$$

在高频段，一般有 $20\lg\left|L(\mathrm{i}\omega)\right| << 0$ ，即 $\left|L(\mathrm{i}\omega)\right| << 1$ 。故由上式可得

$$|T(\mathrm{i}\omega)| = \frac{\left|L(\mathrm{i}\omega)\right|}{\left|1 + L(\mathrm{i}\omega)\right|} \approx \left|L(\mathrm{i}\omega)\right| \tag{4-87}$$

即在高频段，闭环幅频特性近似等于开环幅频特性。

因此， $20\lg\left|L(\mathrm{i}\omega)\right|$ 在高频段的值，直接反映出系统对高频测量噪声信号的抑制能力。高频段的分贝值越低，说明系统对高频噪声信号的衰减作用越大，即系统的抗高频干扰能力越强。另外，高频寄生特性的影响类似于高频噪声信号的作用。

综上所述，我们所希望的开环对数幅频特性应具有下述性质：

1）如果要求具有一阶或二阶无差度（即系统在阶跃或斜坡作用下无稳态误差），则 $20\lg\left|L(\mathrm{i}\omega)\right|$ 的低频段应具有 –20dB/dec 或 –40dB/dec 的斜率。为保证系统的稳态精度，低频段应有较高的分贝数。

2）$20\lg\left|L(\mathrm{i}\omega)\right|$ （渐近线）应以 –20dB/dec 的斜率穿过 0dB 线，且具有一定的中频段宽度。这样，系统就有足够的稳定裕度，保证闭环系统具有较好的平稳性，为使系统具有较好的鲁棒性，应使谐振频率处的幅值远离 0dB 线。

3）$20\lg\left|L(\mathrm{i}\omega)\right|$ 应具有合适的 ω_c ，以满足闭环系统的合理的响应时间要求。

4）$20\lg\left|L(\mathrm{i}\omega)\right|$ 的高频段应有较陡的斜率和较低的分贝值，以增强系统的抗高频干扰和高频模型摄动的鲁棒性。

4.7　闭环频域分析

反馈控制系统的性能，除了用其开环频率特性来估算外，也可以根据闭环频率特性来分析。

4.7.1　闭环频率特性

对于单位负反馈系统，若开环频率特性为 $L(\mathrm{i}\omega)$ 。在 $L(\mathrm{i}\omega)$ 平面上，系统开环频率特性可用向量表示，如图 4-51 所示。当频率 $\omega = \omega_1$ 时，向量 $\overrightarrow{OA}$ 表示 $L(\mathrm{i}\omega_1)$ 。灵敏度函数的频率特性为

$$S(\mathrm{i}\omega) = \frac{1}{1 + L(\mathrm{i}\omega)} \tag{4-88}$$

向量 $\overrightarrow{BA}$ 表示倒灵敏度函数 $S^{-1}(\mathrm{i}\omega)$ 在 $\omega = \omega_1$ 时的值 $1 + L(\mathrm{i}\omega_1)$ 。在 $\omega = 0 \sim \infty$ 的范围内，逐点量测 $L(\mathrm{i}\omega)$ 到临界点的距离，很容易确定灵敏度函数的幅频特性 $|S(\mathrm{i}\omega)|$ 。余灵敏度函数频率特性 $T(\mathrm{i}\omega)$ 为

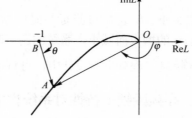

图 4-51　开环频率特性与闭环频率特性的向量关系

$$T(\mathrm{i}\omega) = \frac{L(\mathrm{i}\omega)}{1 + L(\mathrm{i}\omega)} \tag{4-89}$$

令

$$M(\omega) = |T(i\omega)| = |L(i\omega)/[1+L(i\omega)]|$$

$$\phi(\omega) = \angle T(i\omega) = \angle[L(i\omega)/1+L(i\omega)]$$

$\omega = \omega_1$ 时的 $T(i\omega_1)$ 值可由两个向量之比求得，即 $T(i\omega_1) = \overrightarrow{OA}/\overrightarrow{BA}$ ， $M(\omega_1) = |\overrightarrow{OA}|/|\overrightarrow{BA}|$ ，

$\phi(\omega_1) = \angle\overrightarrow{OA} - \angle\overrightarrow{BA} = \varphi - \theta$ 。在 $\omega = 0 \sim \infty$ 的范围内，逐点采用图解计算法，就可求出余灵敏度函数频率特性 $T(i\omega)$ 。显然，用这种方法求 $T(i\omega)$ 的过程比较麻烦。

4.7.2 用 MATLAB 程序求闭环频率特性

用开环频率特性求系统的闭环频率特性时，需要画出系统的开环幅相特性曲线 $L(i\omega)$ 。绘制 $L(i\omega)$ 曲线一般比较麻烦，因此希望通过开环对数频率特性来求闭环频率特性，著名的 Nichols 图线就是为满足这个要求而提出的。但是在计算工具十分丰富的今天，使用 MATLAB 程序可以快捷地绘制闭环频率特性图。

以开环传递函数 $L(s) = 1/[s(s+1)(0.5s+1)]$ 为例，使用 MATLAB 程序绘制 $L(i\omega)$ 、 $S(i\omega)$ 及 $T(i\omega)$ 如下：

```
num=1; den=conv([1 1 0],[0.5 1]); L=tf(num,den);
subplot(1,3,1); bode(L);grid;
title('L(s)=1/[ s(s+1)(0.5s+1)的 Bode 图')
subplot(1,3,2); S= feedback(1,L,−1);bode(S);grid;
title('S(s)=1/[1+L(s)]的 Bode 图')
subplot(1,3,3); T=feedback(L,1,−1);bode(T);grid;
title('T(s)=L(s)/[1+L(s)]的 Bode 图')
```

结果得到开环和闭环传递函数的 Bode 图，如图 4-52 所示。由图读出 $M_s = 7.25\text{dB}$ 或 2.3， $M_r = 5.27\text{ dB}$ 或 1.83， $\omega_r = 0.825\text{rad/s}$ 。

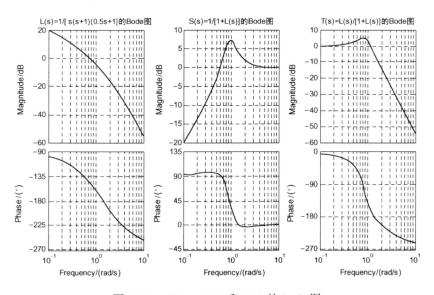

图 4-52　$L(s)$ 、 $S(s)$ 和 $T(s)$ 的 Bode 图

4.7.3 闭环频率特性的几个特征量

利用闭环频率特性也可以描述系统的性能。典型的闭环频率特性如图 4-53 所示。

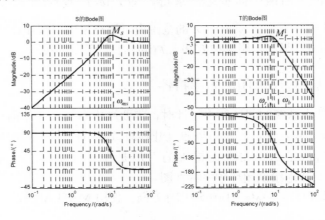

图 4-53 闭环频率特性

闭环频率特性可用以下几个特征量来描述。

1）零频灵敏度函数幅值 $|S(\mathrm{i}0)|$ 和 $M(0)$：频率 $\omega=0$，意味着输入信号为常值信号。$|S(\mathrm{i}0)|$ 直接反映了系统的扰动抑制和静态增益变化的系统鲁棒性能，如果开环传递函数含有积分器，$|S(\mathrm{i}0)|$ 为零。$|S(\mathrm{i}0)|$ 越小，系统的负载扰动抑制能力越强、系统静态增益变化引起的系统稳态性能变化越小。由于余灵敏度函数 $T=1-S$，$|S(\mathrm{i}0)|$ 越小，$M(0)$ 越接近于 1，系统的稳态精度越高。

2）最大灵敏度 M_s 和谐振峰值 M_r：最大灵敏度 M_s 是指 ω 由 $0\rightarrow\infty$ 变化时，灵敏度函数幅频 $|S(\mathrm{i}\omega)|$ 的最大值，即灵敏度函数 S 的 H 无穷范数 $\|S(\mathrm{i}\omega)\|_{\infty}$，相应的频率 ω_{ms} 称为最大灵敏度频率。M_s 的物理意义是：M_s 的逆=模裕度 s_m。M_s 描述了开环 Nyquist 图接近临界点 $L=-1$ 的程度。M_s 越大，系统在 ω_{ms} 附近频段对扰动信号的放大作用越大，对模型摄动的稳定鲁棒性越差。M_s 既可以由开环频率特性（Nyquist 图）直接量测，也可以由灵敏度函数 $S(\mathrm{i}\omega)$ 的 Bode 图直接读出。在 MATLAB 计算环境下，用 H 无穷范数计算命令 [ninf,fpeak] = norm(S,inf) 能更便捷地获得 M_s 和 ω_{ms}。

ω 由 $0\rightarrow\infty$ 变化时，余灵敏度函数幅频 $M(\omega)$ 的最大值，即余灵敏度函数 T 的 H 无穷范数 $\|T(\mathrm{i}\omega)\|_{\infty}$，称为最大余灵敏度 M_t，相应的频率 ω_{mt} 称为最大余灵敏度频率。若系统的阻尼系数小于 1，$M_t=M_r>1$，称 M_r 为谐振峰值，出现谐振峰值时的频率 ω_r 称为谐振频率。M_r 值大，表明系统对频率为 ω_r 的正弦输入信号响应强烈，这意味着系统的相对稳定性较差，系统的阶跃响应将有较大的超调量。在 MATLAB 计算环境下，使用命令 [ninf,fpeak] = norm(T,inf) 可便捷地获得 M_r 和 ω_r。

3）闭环带宽频率 ω_b：余灵敏度函数幅频 $M(\omega)$ 从 $M(0)$ 开始，衰减到 $0.707M(0)$ 时所对应的频率，称为闭环带宽频率 ω_b。由零至 ω_b 的频率范围称为闭环频带宽度（简称带宽）。带宽较宽的系统，一方面重现输入信号的能力较强；但另一方面，抑制高频测量噪声的能力较弱。

4.7.4 闭环频域指标

用闭环频率特性分析、设计系统时，通常以 M_r、M_s 和频带宽度 ω_b 作为依据，这就是闭环频域指标。

1. 二阶系统

典型二阶系统的闭环传递函数（余灵敏度函数）为

$$T(s) = \frac{\omega_n^2}{s^2 + 2\zeta\omega_n s + \omega_n^2} \tag{4-90}$$

（1）M_r 与 M_s 的计算式

由二阶振荡环节幅相特性的讲解和式（4-32）及式（4-33）可知，典型二阶系统的谐振频率 ω_r 和谐振峰值 M_r 分别为

$$\omega_r = \omega_n\sqrt{1-2\zeta^2} \qquad (0 < \zeta < 0.707)$$

$$M_r = \frac{1}{2\zeta\sqrt{1-\zeta^2}} \qquad (0 < \zeta < 0.707)$$

最大余灵敏度 M_t、最大余灵敏度频率 ω_{mt} 与谐振峰值 M_r、谐振频率 ω_r 的关系为

$$M_t = \max_{\omega} |T(i\omega)| = \begin{cases} \dfrac{1}{2\zeta\sqrt{1-\zeta^2}} = M_r & (0 < \zeta < 0.707) \\ 1 & (\zeta \geqslant 0.707) \end{cases} \tag{4-91}$$

$$\omega_{mt} = \begin{cases} \omega_n\sqrt{1-2\zeta^2} = \omega_r & (0 < \zeta < 0.707) \\ 0 & (\zeta \geqslant 0.707) \end{cases} \tag{4-92}$$

由式（4-80）和式（4-92）知道 $\omega_{mt} < \omega_c$。

灵敏度函数为

$$S(s) = 1 - T(s) = \frac{s(s+2\zeta\omega_n)}{s^2 + 2\zeta\omega_n s + \omega_n^2} \tag{4-93}$$

灵敏度函数幅频特性表达式为

$$|S(i\omega)| = \sqrt{\frac{\omega^4 + 4\zeta^2\omega_n^2\omega^2}{(\omega_n^2 - \omega^2)^2 + 4\zeta^2\omega_n^2\omega^2}} \tag{4-94}$$

令

$$\frac{\mathrm{d}}{\mathrm{d}\omega}\sqrt{\frac{\omega^4 + 4\zeta^2\omega_n^2\omega^2}{(\omega_n^2 - \omega^2)^2 + 4\zeta^2\omega_n^2\omega^2}} = 0 \tag{4-95}$$

得到最大灵敏度频率为

$$\omega_{ms} = \frac{1 + \sqrt{8\zeta^2 + 1}}{2}\omega_n \tag{4-96}$$

由式（4-92）和式（4-96）知道 $\omega_{ms} > \omega_{mt}$。将式（4-96）代入表达式（4-94），得到最大灵敏度

$$M_s = \max_{\omega} | S(\mathrm{i}\omega) | = | S(\mathrm{i}\omega_{ms}) | = \sqrt{\frac{8\zeta^2 + 1 + (4\zeta^2 + 1)\sqrt{8\zeta^2 + 1}}{8\zeta^2 + 1 + (4\zeta^2 - 1)\sqrt{8\zeta^2 + 1}}} \qquad (4\text{-}97)$$

描述系统相对稳定性或鲁棒性的模裕度 s_m 为最大灵敏度 M_s 的倒数。模裕度为

$$s_m = \frac{1}{\max_{\omega} | S(\mathrm{i}\omega) |} = \sqrt{\frac{8\zeta^2 + 1 + (4\zeta^2 - 1)\sqrt{8\zeta^2 + 1}}{8\zeta^2 + 1 + (4\zeta^2 + 1)\sqrt{8\zeta^2 + 1}}}$$

对于二阶系统，依据式（4-33），式（4-97）和式（4-82）可以求出 M_r、M_s 及 φ_m 与 ζ 的关系。$\zeta = 0 \sim 0.707$ 时，M_r、M_s、$1/[2\sin(\varphi_m/2)]$ 与 ζ 的函数特性曲线如图 4-54a 所示，其虚框内局部放大图如图 4-54b 所示，显然有

$$1/[2\sin(\varphi_m/2)] \leqslant M_r \leqslant M_s \qquad (4\text{-}98)$$

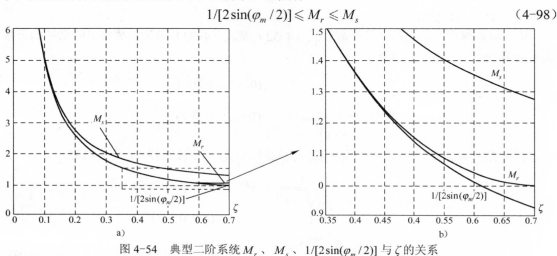

图 4-54　典型二阶系统 M_r、M_s、$1/[2\sin(\varphi_m/2)]$ 与 ζ 的关系

a）$\zeta = 0 \sim 0.707$ 的特性曲线　b）$\zeta = 0.35 \sim 0.707$ 的特性曲线

不等式（4-98）表明闭环频域指标严于开环频域指标，这与式（4-49）确定的不等式关系吻合。当 $\zeta = 0.3$、0.5 和 0.7 时，相应的 $s_m = M_s^{-1} = 0.5$、0.68 和 0.78，$\varphi_m = 33°$、52° 和 65°（参考图 4-50）。对于二阶稳定系统，ζ 越大，模裕度 s_m 越大，系统相对稳定性（鲁棒性能）越好。

由图 4-54 中的曲线，可给出闭环频域指标 M_r 与开环频域指标 φ_m 的一个较为精确的关系式

$$M_r \approx \frac{1}{2\sin(\varphi_m/2)} \qquad (4\text{-}99)$$

$2\sin(\varphi_m/2)$ 的几何意义为 $L(\mathrm{i}\omega_c)$ 与临界点的距离 $|1 + L(\mathrm{i}\omega_c)|$，也等于交越频率 ω_c 处的倒灵敏度函数的幅值，即 $2\sin(\varphi_m/2) = 1/|S(\mathrm{i}\omega_c)| = |1 + L(\mathrm{i}\omega_c)|$（参见图 4-15），因为由开环频率特性可以直接得到 $|1 + L(\mathrm{i}\omega_c)|$，由此可以求出谐振峰值 M_r，但一般 $\omega_r \neq \omega_c$。

M_s（或模裕度 s_m）比 M_r（或相角裕度 φ_m）能更好地描述闭环系统的鲁棒性能。但因为 ω_c 比最大灵敏度频率 ω_{ms} 更容易确定，故 M_r 或 φ_m 比 M_s 更容易从 Nyquist 图上量测。

关系式（4-98）对于高阶系统也是成立的（详见例 4-9），可以使用式（4-99）近似确定高阶系统的 M_r 与 φ_m 的关系。

（2）ω_b 与 t_s 的关系式

在带宽频率 ω_b 处，典型二阶系统闭环频率特性的幅值为

$$M(\omega_b) = \frac{\omega_n^2}{\sqrt{(\omega_n^2 - \omega_b^2)^2 + (2\zeta\omega_n\omega_b)^2}} = 0.707$$

由此解出带宽 ω_b 与 ω_n、ζ 的关系为

$$\omega_b = \omega_n\sqrt{1 - 2\zeta^2 + \sqrt{2 - 4\zeta^2 + 4\zeta^4}} \qquad (4\text{-}100)$$

将该式与式（4-84）相乘，得

$$\omega_b t_s = \frac{3.5}{\zeta}\sqrt{1 - 2\zeta^2 + \sqrt{2 - 4\zeta^2 + 4\zeta^4}}$$

对于给定的 ζ，调节时间 t_s 与带宽 ω_b 成反比，频带宽度越宽，则调节时间 t_s 越短。对于给定的 ω_b，ζ 越大，则调节时间 t_s 越短。

由式（4-80）和式（4-100）可知，ω_b 与交越频率 ω_c 具有如下关系

$$\omega_c \leqslant \omega_b \leqslant 2\omega_c$$

2. 高阶系统

对于高阶系统，难于找出闭环频率特性的频域指标和时域指标之间的关系。但是，若高阶系统存在一对共轭复数主导极点，则可用二阶系统所建立的关系来近似表示。至于一般的高阶系统，频域指标与时域指标的定性关系与二阶系统是一致的，即系统的超调量 M_p 随 M_r 的增大而增大，系统的调节时间 t_s 亦随着 M_r 的增大而增大，但随着 ω_b 的增大而减小。在控制工程分析与设计中，可直接采用频域指标 M_s、M_r 和 ω_b 描述系统的动态性能。

【例4-9】 试使用 MATLAB 程序绘制具有谐振环节的开环传递函数（源于式（4-47））

$$L(s) = \frac{k(s^2 + 0.12s + 1.1)}{s(s + 2)(s^2 + 0.08s + 1)}$$

$k=1$ 和 10 的 Bode 图，确定相角裕度、增益裕度和交越频率，并绘出灵敏度函数 $S = 1/(1 + L)$ 和余灵敏度函数 $T = T/(1 + L)$ 的 Bode 图，求出模裕度 $s_m = 1/M_s$，$M_s = \max_\omega |S(\mathrm{i}\omega)|$，闭环系统的谐振峰值 $M_r = |T(\mathrm{i}\omega_r)|$，分析系统的稳定鲁棒性能。

解 使用 MATLAB 程序绘制开环传递函数 $L(s)$、$S(s)$ 和 $T(s)$ 的 Bode 图，结果如图 4-55 所示。

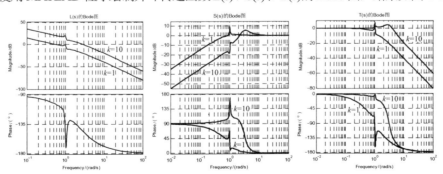

图 4-55　$L(s) = \dfrac{k(s^2 + 0.12s + 1.1)}{s(s + 2)(s^2 + 0.08s + 1)}$ 的开环频率特性和闭环频率特性的 Bode 图

$k=1$ 时，由开环频率特性直接读出交越频率 $\omega_c = 0.55\text{rad/s}$，相角裕度 $\varphi_m = 75.7°$；因为该系统的谐振因子的作用频段 $\omega \approx 1\text{rad/s}$ 附近系统的幅频特性曲线非常靠近 0dB 线，相频特性曲线陡变靠近 $-180°$ 线后又迅速离开，若系统模型发生较小的摄动，很可能使系统在 $20\lg | L(\text{i}\omega) | > 0$ 频段的相频特性曲线负穿越 $-180°$ 线 1 次，依据对数稳定性判据，闭环系统将会有 2 个 RHP 极点，闭环系统极有可能变成不稳定。

$k=1$ 时，用 H 无穷范数计算命令[ninf,fpeak] = norm(S,inf)得到最大灵敏度值 $M_s = 9.5\text{dB}$ 或 3，使用命令 [ninf,fpeak] = norm(T,inf) 得到谐振峰值 $M_r = 7.37\text{dB}$ 或 2.34，$1/[2\sin(\varphi_m/2)] = 1.23$，这些数值显然符合不等式（4-98）。尽管相角裕度 $\varphi_m = 75.7°$ 很大，但模裕度 $s_m = 1/M_s = 0.33$ 偏小，因此系统的稳定鲁棒性较差。同时，$2\sin(\varphi_m/2) = 0.81$ 明显大于 $1/M_r = 0.43$，这可以作为 φ_m 是否误判的依据。由此可见，M_r 比 φ_m 更准确地确定闭环系统的性能，而 M_s 比 M_r 更准确地确定闭环系统的稳定鲁棒性。

$k=10$ 时，从 $L(s)$、$S(s)$ 和 $T(s)$ 的 Bode 图直接读出 $\varphi_m = 34.2°$，$1/[2\sin(\varphi_m/2)] = 1.7004$，$M_s = 5.75\text{dB}$ 或 1.94，$M_r = 4.6175\text{dB}$ 或 1.7017，这与 $1/[2\sin(\varphi_m/2)] = 1.7004$ 非常接近。由于 $s_m = 1/M_s = 0.515$，系统的稳定鲁棒性有明显的改善。这些数值与不等式（4-98）和近似式（4-99）都非常吻合。

显然，欲使系统具有较好的稳定鲁棒性，使 φ_m 不发生误判，应使谐振频段的开环幅频特性远离 0dB 线（抬高或降低），使之在 0dB 线附近单调变化。

4.8 小结

频率特性是线性时不变系统在正弦信号作用下，稳态输出与输入的复数之比对频率的函数关系。频率特性是传递函数的一种特殊形式，将系统（或环节）传递函数中的复数 s 换成 $\text{i}\omega$，即可得出系统（或环节）的频率特性。

频率特性图形因其采用的坐标不同而分为 Nyquist 图和 Bode 图等形式。各种形式之间是互通的，每种形式有其特定的适用场合。Nyquist 图在分析闭环系统的稳定性时比较直观，理论分析时经常采用；Bode 图在分析参数变化对系统性能的影响时最方便，实际工程应用最广泛。

Nyquist 稳定判据是频率法的重要理论基础。利用开环频率特性和 Nyquist 稳定判据，除了可判断系统的稳定性外，还可引出稳定裕度和稳定鲁棒性的概念，对于多数工程系统而言，可以利用相角裕度和增益裕度衡量系统的相对稳定性。

Bode 图是控制系统工程设计的重要工具。开环对数幅频特性低频段的斜率表征了系统的型别，其高度则表征了开环增益的大小，因而低频段全面表征了系统的稳态性能；交越区的斜率、宽度以及交越频率，表征着系统的动态性能；高频段则表征了系统抗高频干扰和高频模型摄动的性能。

反馈系统的稳定鲁棒性能表明，采用简单的系统模型可以实现复杂系统的高性能控制设计。

利用开环频率特性的特征量，可对系统的动态性能指标作出评估。相角裕度 φ_m 表征了系统的平稳性，交越频率 ω_c 反映了系统的快速性。

利用闭环频率特性的特征量，可对系统的鲁棒性能指标作出校核。模裕度 s_m 表征了系统的稳定鲁棒性，欲使系统具有较好的稳定鲁棒性，应使谐振频段的开环幅频特性远离 0dB 线（抬高或降低），使之在 0dB 线附近单调变化。作出灵敏度函数 $S(s)$ 和余灵敏度函数 $T(s)$ 的 Bode 图，可以方便地读取闭环系统的最大灵敏度 M_s 及谐振峰值 M_r。

开环与闭环频域指标存在如下重要关系：$1/[2\sin(\varphi_m/2)] \leqslant M_r \leqslant M_s$。$M_r$ 比 φ_m 更准确地确定闭环系统的性能，而 M_s 比 M_r 更准确地确定闭环系统的稳定鲁棒性。但 φ_m 和 M_r 更容易获得，$M_r \approx |S(i\omega_c)| = 1/[1+L(i\omega_c)] = 1/[2\sin(\varphi_m/2)]$。

4.9　习题

4-1　已知单位负反馈系统的开环传递函数为 $G(s) = \dfrac{K}{s(0.2s+1)^2}$，试求：

（1）使系统增益裕度为 10 的 K 值。（2）使系统相角裕度为 30° 的 K 值。

4-2　试由幅相频率计算式

$$\angle G(i\omega) = -90° - \arg\tan\omega + \arg\tan\frac{\omega}{3} - \arg\tan 10\omega$$

$$|G(i5)| = 2$$

确定最小相位系统的传递函数。

4-3　已知单位负反馈系统开环传递函数

$$G(s) = \frac{K}{(s+1)(s+1.5)(s+2)}$$

若希望系统闭环极点都具有小于 –1 的实部，试用 Nyquist 稳定性判据确定增益 K 的最大值。

4-4　设某系统结构图如题 4-4 图所示，其中 $K>0$。

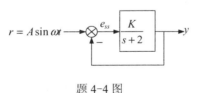

题 4-4 图

（1）试求系统稳态误差 e_{ss}。

（2）若 $\omega=1$ 时，要求稳态误差幅值 $|e_{ss}| \leqslant 0.4A$，试选择 K 值。

4-5　已知系统

$$G(s) = \frac{K\prod\limits_{k}(\tau_k s+1)}{s^v\prod\limits_{j}(T_j s+1)}$$

型次 $v \geqslant 0$（含有 v 个积分环节），Nyquist 曲线起始于实轴（$\omega=0$），试问什么情况下起始于负实轴？什么情况下起始于正实轴？

124

4-6 设系统的开环传递函数为 $G(s) = \dfrac{K(T_1 s + 1)}{s^2(T_2 s + 1)(T_3 s + 1)(T_4 s + 1)}$，其中 K，T_1，T_2，T_3，$T_4 > 0$。

（1）若 $T_2 + T_3 + T_4 > T_1$，试概略绘制该系统的 Nyquist 图。

（2）若 $T_2 + T_3 + T_4 < T_1$，请概略绘制该系统的 Nyquist 图。

4-7 设系统的开环频率特性函数的极坐标图如题 4-7 图所示。试用 Nyquist 稳定性判据判定闭环系统的稳定性。

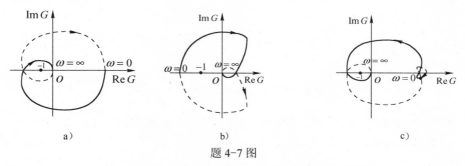

题 4-7 图

a）开环系统稳定　b）开环系统稳定　c）开环系统有两个 RHP 极点

4-8 已知系统开环传递函数 $L(s) = \dfrac{K}{s(Ts + 1)}$，把虚轴上的开环极点视为不稳定的开环极点，重新确定 Nyquist 路径，并绘制 $L(s)$ 的 Nyquist 图，据此判定闭环系统的稳定性。

4-9 已知最小相位（单位负反馈）开环系统的渐近对数幅频特性如题 4-9 图所示。

（1）试求系统的开环传递函数。

（2）要求系统具有 30° 的稳定裕度，求开环放大倍数应改变的倍数。

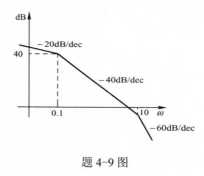

题 4-9 图

4-10 已知系统的开环传递函数为 $G(s) = \dfrac{\frac{400}{3}(25s^2 + 15s + 9)}{s^2(s + 0.2)(s + 12)(s + 50)}$，试完成以下内容。

（1）用渐近线法绘制系统的开环 Bode 图。

（2）由 Bode 图判断闭环系统的稳定性。

（3）求出交越频率以及相角裕度的近似值。

（4）由 MATTAB 作 Bode 图，求出交越频率和相角裕度，并与渐近线图解比较。

4-11 已知各最小相位系统的开环对数幅频特性曲线如题 4-11 图所示，试完成以下内容。

（1）试确定各系统的开环传递函数。

（2）求相角裕度。

（3）概略画出对应的相频特性曲线。

（4）分析闭环系统的稳定性。

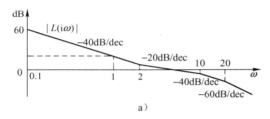 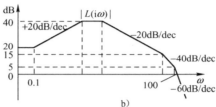

题 4-11 图

4-12 针对正反馈系统，Nyquist 给出 $\omega=0\to\infty$ 的幅相频率特性图如题 4-12 图所示，临界点为 1，重新表述 Nyquist 稳定性定理。

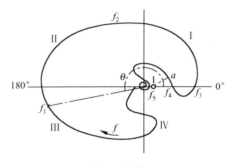

题 4-12 图

4-13 设系统的开环传递函数为 $G(s)=\dfrac{6(s^2-3s+5)}{(s+3)(s-1)}$，求交越频率 ω_c 和相角交越频率 ω_{180}，并用 MATLAB 程序进行校核，然后记录得到的结论。

第5章 线性控制系统的综合与校正

5.1 引言

自动控制系统的设计大体上可按两种方式进行：第一种方式是预先给出某种设计指标，这种指标通常以严格的数学形式给出，然后确定某种控制形式，并通过解析的方式找到满足预定指标的控制器。第二种方式是制定控制系统的期望性能指标，并依据这些性能指标计算出开环系统特性，然后比较期望的开环特性与实际的开环特性，根据比较结果确定在开环系统中增加某种控制装置，并计算出控制装置的参数。第一种方式通常被称为系统综合，第二种方式通常被称为系统校正（Compensation）。

5.1.1 校正方式

按照校正装置在系统中的连接方式，控制系统的校正方式可分为串联校正、反馈校正、前馈校正和复合校正等。

校正装置串联在系统前向通道中，则称为串联校正，例如，图 5-1 中的 $C(s)$。校正装置接在系统的局部反馈通道中，则称为反馈校正，例如，图 5-1 中的 $H(s)$。

前馈校正是在系统主反馈回路之外采用的校正方式。前馈校正的作用通常有 3 种：一种是对参考输入信号进行整形和滤波，以指定期望的过程输出 y_m，此时校正装置接在系统参考输入信号之后、主反馈作用点之前的前向通道上，例如，图 5-2 中的 $F_r(s)$，$F_r(s)$ 即为期望的闭环传递函数，一般由阻尼良好的稳定传递函数构成，由 $F_r(s)$ 和反馈控制器 $C(s)$ 产生反馈控制信号 $U(s) = S(s)C(s)F_r(s)R(s)$，其中 $S = 1/(1+PC)$，$P = P_1 P_2$。第二种是直接产生前馈控制信号 u_{ff}，例如，图 5-2 中的 $F_f(s)$，$F_f(s)$ 为指令前馈校正传递函数，$U_{ff}(s) = F_f(s)R(s)$。第三种是对扰动信号进行测量、变换后接入系统，形成一条附加的对扰动进行抵消的通道，例如，图 5-2 中的 $F_d(s)$，由此产生扰动补偿控制信号 u_{fd}，$F_d(s)$ 为扰动前馈补偿传递函数，$U_{fd}(s) = F_d(s)D(s)$。

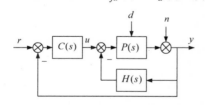

图 5-1 串联校正和反馈校正

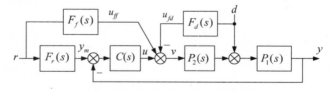

图 5-2 改善系统响应的指令和可测扰动的前馈校正

应该指出的是，前馈校正不能单独使用，一般要与串联校正或反馈校正同时使用，构成所谓的复合校正。过程输入 $V(s)$ 为

$$V(s) = U(s) + S(s)[U_{ff}(s) - U_{fd}(s)]$$

5.1.2　校正目标

为方便起见，先考虑如图 5-3 所示的单位反馈控制系统的校正，其中 r 为指令输入，d 表示负载扰动，n 表示测量噪声，y 代表测量输出，x 为过程输出，e 为误差信号，u 为控制信号，v 为过程输入。C 为校正装置的传递函数，被控对象的传递函数为 $P_a = P + \Delta P$，P 为标称模型，ΔP 为加性摄动模型，设计基于标称开环传递函数 $L = PC$。

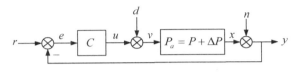

图 5-3　串联校正

反馈控制的主要问题是可能引起系统的不稳定，因此避免系统出现不稳定是首先考虑的目标。在此基础上，系统输出能精确地跟踪指令的变化是非常重要的，特别是运动控制系统。系统还应能减少负载扰动的影响，如化工生产过程系统。由于使用反馈，测量噪声在闭环系统中传播，抑制测量噪声的影响也是非常重要的。另外，随着工况条件的变化，被控对象的模型是变化的，因此，控制系统还应具有一定的处理模型不确定性的鲁棒性能。

5.1.3　校正的基本思路

在交越区，近似有 $|L(\mathrm{i}\omega)| \approx 1$，开环幅频和相频特性共同确定 Nyquist 图线接近临界点 $(-1, \mathrm{i}0)$ 的程度。L 的 Nyquist 图线越接近临界点 $(-1, \mathrm{i}0)$，灵敏度函数 $S = 1/(1+L)$ 的峰值越大。$L(\mathrm{i}\omega)$ 越接近 $(-1, \mathrm{i}0)$，则 $1/L$ 的图线也越接近 $(-1, \mathrm{i}0)$，余灵敏度函数 $T = 1/(1+1/L) = L/(1+L)$ 的峰值越大。L 的幅频和相频并不是独立的，它们由 Bode 的关系式（4-74）联系。校正的目标是使 L 避开临界点 $(-1, \mathrm{i}0)$，把灵敏度函数 S 和余灵敏度函数 T 的峰值控制在指定的数值范围内，并满足其他的系统性能指标。

5.1.4　性能指标

控制设计过程的一个重要前提条件是如何指定系统的性能指标。性能指标主要有两种提法：一种是时域指标；另一种是频域指标。一般难以给出时域指标与频域指标的准确关系式（一、二阶系统除外）。但粗略地讲，时间响应的初态对应频率响应的高频特性，而时间响应的末态对应频率响应的低频特性；时间响应的暂态对应频率响应的交越区。

根据性能指标的不同提法，可考虑采用不同的校正方法：针对时域性能指标，通常用根轨迹法或多项式方程求解法比较方便；而针对频域指标，用频域法则更为直接。但具体采用哪种设计方法，还取决于具体情况（如对象复杂程度、模型给定方式等）和设计者的偏好。

系统性能指标包括静态指标和动态指标两方面。静态指标是系统跟踪典型输入（单位阶跃输入、单位斜坡输入和抛物线输入）时的静态误差 e_{ss}。时域动态指标通常采用调整时间 t_s 和超调量 M_p 来刻画；频域动态指标一般采用交越频率 ω_c 和相角裕度 φ_m 等开环频域指标，或采用谐振峰值 M_r 及带宽频率 ω_b 等闭环频域指标。

5.2 环路整形

系统校正的频率法是指通过改变系统的开环频率特性，使闭环系统满足指定的动、静态性能指标的校正方法。总体上说，频率特性的低频段表征了系统的负载扰动抑制性能和稳态误差大小，交越区表征了系统的平稳、快速和鲁棒稳定等动态性能，而高频段则反映了系统的抗高频噪声干扰的能力。基于开环频域指标的校正就是由开环传递函数 $L = PC$ 指定闭环系统的性能 $T = L/(1+L)$，该方法具有很多优点，如可以很容易地看出控制器（补偿器）C 的变化对开环频率特性 $L(\mathrm{i}\omega)$ 的影响，如为了使不稳定的系统稳定，可以把开环传递函数的 Nyquist 图加以改造，使之远离临界点。这种简单的思路是所有不同校正方法的基础，称为环路整形（Loop Shaping）。

环路整形是选择补偿器，使开环频率特性具有用户希望的形状。一种方法是依据被控对象的频率特性和所希望的开环频率特性来计算控制器的频率特性，这种方法称为期望特性综合法。另一种方法更为直接，首先根据被控对象频率特性的 Bode 图，通过补偿器改变开环系统的静态增益，然后增加必要的极点和零点，使之具有所需的形状，这种方法称为试探综合法，详细设计过程在 5.3 节讲解。现在，先讲解满足指令跟踪、扰动抑制、噪声衰减和模型摄动的鲁棒性等性能指标的典型开环频率特性的形状。

在图 5-3 中，针对指令输入的响应，指令 r 至测量输出 y 的传递函数为

$$G_{yr} = \frac{PC}{1+PC} = \frac{L}{1+L} = T \tag{5-1}$$

在低频段，若使开环频率特性

$$|L(\mathrm{i}\omega)| >> 1，\quad |T(\mathrm{i}\omega)| \approx 1，\quad |S(\mathrm{i}\omega)| \approx 1/|L(\mathrm{i}\omega)|$$

对于阶跃输入，稳态误差为

$$e_{ss} \approx \lim_{s \to 0} sR(s)/L(s) = 1/L(0)$$

调整 C 的静态增益，可使系统的静态误差 e_{ss} 满足要求，特别是，若 C 含有积分器，则 $e_{ss} = 0$，实现静态条件下的完全指令跟踪；在交越区，选取控制器 C，使开环传递函数 L 取得较大的相角裕度 φ_m 和增益裕度 h_m，避开临界点 $(-1, \mathrm{i}0)$，把灵敏度函数 S 和余灵敏度 T 的峰值控制在指定的数值范围内，并由交越频率 ω_c 控制系统的响应速度。在高频段，$|L(\mathrm{i}\omega)| << 1$，$|S(\mathrm{i}\omega)| \approx 1$，$T(\mathrm{i}\omega) \approx L(\mathrm{i}\omega) = P(\mathrm{i}\omega)C(\mathrm{i}\omega)$。若 P 含有 RHP 极点，应对交越频率 ω_c 施加限制，详见 5.6 节。

指令 r 至控制信号 u 的传递函数

$$G_{ur} = SC = \frac{T}{P} \tag{5-2}$$

描述了过程的输入特性，称 SC 为输入灵敏度函数，它等于校正后（闭环）的传递函数（余灵敏度函数）T 与校正前（开环）的传递函数 P 之比。输入灵敏度函数的幅频特性 $|SC|$ 给出了控制信号幅值的计算式。描绘 T 与 P 的对数幅频率特性，可以直观地估算比值 $|T/P|_{\mathrm{dB}}$ 和控制信号幅值，如图 5-4 所示。

在低频段，有

$$|L(\mathrm{i}\omega)| >> 1，\quad |T(\mathrm{i}\omega)| \approx 1，\quad SC \approx 1/P$$

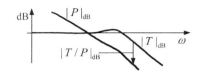

图 5-4　T 与 P 的对数幅频率特性及比值 $|T/P|_{\mathrm{dB}}$

若对象 P 含有 RHP 零点，为减小控制信号的幅度，应对交越频率 ω_c 施加限制，详见 5.6 节。在高频段，$|S(\mathrm{i}\omega)|\approx1$，$SC\approx C$，为减小控制信号的幅度，应使控制器的传递函数为真分式，并使 $|C(\mathrm{i}\omega)|_{\mathrm{dB}}$ 和 $|T(\mathrm{i}\omega)|_{\mathrm{dB}}\approx|L(\mathrm{i}\omega)|_{\mathrm{dB}}$ 随频率快速衰减，这种特性称为具有高频滚降（Roll-Off）特性。由图 5-4 看到，闭环系统带宽越宽，比值 $|T/P|_{\mathrm{dB}}$ 越大，控制信号的幅度越大，所以减小控制信号幅度的有效方法为限制系统的带宽，使 $|T(\mathrm{i}\omega)|_{\mathrm{dB}}$ 的衰减量大于 $|P(\mathrm{i}\omega)|_{\mathrm{dB}}$ 的高频衰减量，详见 5.6 节。带宽限制相当于能量或功率限制。

针对负载扰动和测量噪声抑制，使用频域指标描述最为直接。考虑如图 5-3 所示的反馈控制系统，由式（2-57）知道闭环系统的扰动抑制性能由灵敏度函数的频率特性 $S(\mathrm{i}\omega)$ 刻画，在 $|S(\mathrm{i}\omega)|<1$ 的频段内，扰动被抑制，而在 $|S(\mathrm{i}\omega)|>1$ 的频段内，扰动被放大。最大灵敏度 M_s 是扰动被放大的最大值。

从负载扰动 d 至过程测量输出 y 的传递函数为

$$G_{yd}=\frac{P}{1+PC}=SP=\frac{T}{C} \tag{5-3}$$

SP 描述了闭环系统的扰动灵敏度，称为扰动灵敏度函数。由于负载扰动主要在低频段起作用，如常值负载扰动，因此系统的扰动抑制性能取决于传递函数 SP 的低频特性，若使低频的开环频率特性 $|L(\mathrm{i}\omega)|>>1$，$|T(\mathrm{i}\omega)|\approx1$，则有 $SP=T/C\approx1/C$。若 C 含有积分器，在 $\omega\to0$ 时，$SP\to0$，由此可见，低频的负载扰动与指令跟踪稳态误差的要求一致。C 的静态增益越大，交越频率 ω_c 越高，扰动抑制能力越强。在高频段，$|L(\mathrm{i}\omega)|<<1$，$|S(\mathrm{i}\omega)|\approx1$，$SP\approx P$，即在高频段，闭环扰动灵敏度函数等于开环扰动灵敏度函数。若 P 含有 RHP 极点，应对 ω_c 施加限制，详见 5.6 节。

由于测量噪声主要在高频段起作用，通过反馈的作用，测量噪声的高频特性如果不加以抑制，将在控制信号中叠加幅值很大的高频信号，严重时会损坏执行器或者使执行器饱和。因此必须使测量噪声引起控制信号 u 的幅值在较低的范围变化。测量噪声对控制信号的影响，可由测量噪声 n 至控制信号 u 的传递函数

$$G_{un}=-\frac{C}{1+PC}=-\frac{T}{P}=-SC \tag{5-4}$$

描述，这等于输入灵敏度的负值。在低频段，$|L(\mathrm{i}\omega)|>>1$，$|T(\mathrm{i}\omega)|\approx1$，$G_{un}\approx-1/P$，若对象 P 含有 RHP 零点，为减小测量噪声造成的控制信号变化的幅度，应对交越频率 ω_c 施加限制，详见 5.6 节。在高频段，$|L(\mathrm{i}\omega)|<<1$，$|S(\mathrm{i}\omega)|\approx1$，$G_{un}\approx-C$，为了减小测量噪声和高频寄生环节的影响，应使 $|C(\mathrm{i}\omega)|_{\mathrm{dB}}$ 和 $|L(\mathrm{i}\omega)|_{\mathrm{dB}}=|T(\mathrm{i}\omega)|_{\mathrm{dB}}$ 具有高频滚降特性，这与控制信号幅度的要求一致。测量噪声 n 至过程输出 x 的传递函数等于余灵敏度函数的负值，参见式（2-53），抑制测量噪声在环路的传播也要求余灵敏度函数具有高频滚降特性。

针对模型加性摄动 ΔP，在低频段，由于 $|L(\mathrm{i}\omega)|>>1$，$|S(\mathrm{i}\omega)|<<1$，将式（2-56）的微变量 $\mathrm{d}T$、$\mathrm{d}P$ 代以增量 ΔT、ΔP 得

$$\left|\frac{\Delta T(\mathrm{i}\omega)}{T(\mathrm{i}\omega)}\right| = \left|S(\mathrm{i}\omega)\frac{\Delta P(\mathrm{i}\omega)}{P(\mathrm{i}\omega)}\right| \leqslant |S(\mathrm{i}\omega)| \cdot \left|\frac{\Delta P(\mathrm{i}\omega)}{P(\mathrm{i}\omega)}\right| << \left|\frac{\Delta P(\mathrm{i}\omega)}{P(\mathrm{i}\omega)}\right| \tag{5-5}$$

在高频段，$|L(\mathrm{i}\omega)|<<1$，$|T(\mathrm{i}\omega)|\approx|L(\mathrm{i}\omega)|$，由式（4-66），稳定鲁棒条件为

$$\left|\frac{\Delta P(\mathrm{i}\omega)}{P(\mathrm{i}\omega)}\right| < \frac{1}{|T(\mathrm{i}\omega)|} \quad \text{或} \quad |\Delta P(\mathrm{i}\omega)| < \left|\frac{P(\mathrm{i}\omega)}{T(\mathrm{i}\omega)}\right|$$

系统带宽越宽，比值 $|T/P|_{\mathrm{dB}}$ 越大，比值 $|P/T|_{\mathrm{dB}}$ 越小，所需的过程模型精度越高。在交越区，使灵敏度函数 S 和余灵敏度函数 T 的峰值控制在指定的数值范围内，可使系统具有较好的性能鲁棒性和稳定鲁棒性。

根据上述讨论结果，图 5-5 给出了典型的开环对数幅频特性。

在低频段，一般使用高增益控制策略，提高系统的型别（增加积分器）或提高控制器的静态增益，使 $|L(\mathrm{i}\omega)|>>1$，$|S(\mathrm{i}\omega)|<<1$，以实现指令跟踪、扰动抑制及良好的低频鲁棒性能。例如，使 $|L(\mathrm{i}\omega)|>100$，扰动被衰减 100 倍，而跟踪误差小于 1%，参数变化时闭环灵敏度为开环灵敏度的 1%；在高频段，一般使用低增益控制策略，通过控制器给开环传递函数增加极点，使 $|L(\mathrm{i}\omega)|<<1$，$|T(\mathrm{i}\omega)|<<1$，以获得高频滚降特性，减小比值 $|T/P|_{\mathrm{dB}}$，避免出现过大的控制信号，减低高频噪声在反馈环路中的传播和对执行器的负面影响，提高比值 $|P/T|_{\mathrm{dB}}$，以获得良好的高频鲁棒性能；在交越区（中频段），通过增加开环零点或降低开环静态增益，使 $L(\mathrm{i}\omega)$ 以较平缓的斜率穿越 0dB 线，可获得较大的相角裕度 φ_m 和增益裕度 h_m（或模裕度 s_m），限制灵敏度函数 S 及余灵敏度函数 T 的峰值，减低扰动灵敏度和输入灵敏度，实现良好的稳定鲁棒控制。

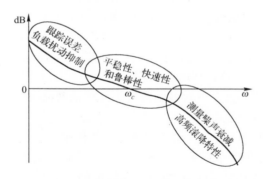

图 5-5　典型的开环对数幅频特性

对于最小相位系统，由相角裕度 φ_m 可确定对幅频特性施加的约束条件。由 Bode 关系式（4-74）知道，若交越频率处幅频特性的斜率 $n_c = \mathrm{d}\lg|L(\mathrm{i}\omega)|/\mathrm{d}\lg\omega$ 为常数，则 n_c 与相角裕度 φ_m 的关系为

$$n_c = -2 + \frac{2\varphi_m[\mathrm{rad}]}{\pi} \tag{5-6}$$

即若交越频率处的对数幅频特性近似为直线，表达式（5-6）给出了 n_c 的计算式。相应于相角裕度 $\varphi_m = 30°$，$45°$，$60°$ 给出 $n_c = -1.7\mathrm{B/dec}$，$-1.5\mathrm{B/dec}$，$-1.3\mathrm{B/dec}$ 或 $-33\mathrm{B/dec}$，$-30\mathrm{B/dec}$，$-27\mathrm{B/dec}$。

从第 4 章的分析也可以看出，对于最小相位系统，在系统设计中，应使交越区的幅频特

性的斜率在–20～–40dB/dec 之间，且应占据一定的宽度，减小其他环节对交越频率 ω_c 处频率特性的影响，以获得较大的相角裕度 φ_m，由此限制灵敏度函数 S 及余灵敏度函数 T 的峰值。

如果系统的相角裕度很小 φ_m，则 Nyquist 曲线非常接近临界点 $(-1, i0)$，或者粗略地说 $L(i\omega_c) \approx -1$，交越频率 ω_c 处的闭环幅频率特性为

$$\left| T(i\omega_c) \right| = \left| \frac{L(i\omega_c)}{1 + L(i\omega_c)} \right| \gg 1, \quad \left| S(i\omega_c) \right| = \left| \frac{1}{1 + L(i\omega_c)} \right| \gg 1$$

即在交越频率 ω_c 附近存在一个很大的谐振峰值，系统对这一频区的输入有强烈振荡的倾向，这在工程中通常是有害的，应加以避免。φ_m 越接近零，M_s 和 M_r 越大。

另外，ω_c 与闭环系统的带宽 ω_b 有直接的关系，ω_c 越大，ω_b 越宽。从输出复现指令输入的角度而言，ω_b 和 ω_c 应尽量大一些，ω_c 越大，调节时间也越短。但 ω_c 过大，则高频噪声对控制执行器的负面影响越大，控制信号的幅值也越大，这需要更大功率的执行器、并显著地增加控制系统造价。因此，在校正设计过程中，要在指令跟踪、扰动抑制、测量噪声衰减和鲁棒性能之间作出折中，选择适宜的交越频率 ω_c。对于非最小相位系统，系统的交越频率 ω_c 的选择还受到进一步的限制，这些问题将在 5.6 节中进行讲解。

5.3 串联校正

环路整形的最简单方法是先绘制过程的 Bode 图，然后叠加如下传递函数

$$C(s) = K\frac{a\tau s + 1}{\tau s + 1} \tag{5-7}$$

的简单校正装置。其中，参数 K 为比例系数，用于改变系统校正后的静态增益，以满足稳态性能指标和扰动抑制性能。参数 a 为校正装置两个转折频率的比。

若 $a > 1$，在 $\omega = 1/(a\tau)$ 至 $\omega = 1/\tau$ 的频率范围内，输出信号相角超前于输入信号，$C(s)$ 的相角 $\angle C(i\omega) > 0$，对输入信号有明显的微分作用，因此称为超前（Lead）校正装置，此时 $C(s)$ 的频率特性如图 5-6a 所示。超前校正装置可以提供的最大超前角为 90°，如果需要提供接近或大于 90° 的相位补偿，可以使用多级超前校正。例如，如下的两级超前校正装置

$$C(s) = K\frac{(a\tau s + 1)^2}{(\tau s + 1)^2}, \quad a > 1 \tag{5-8}$$

若分子由比例微分环节 $(a\tau s + 1)$ 改为微分环节 $a\tau s$，而且 $a \gg 1$，我们得到带有高频柔化（Tame）滤波功能的微分控制器，这是超前校正装置特例，如图 5-6b 所示。柔化微分校正限制了 $C(s)$ 高频增益，有利于限制高频噪声的影响。微分控制反映误差信号的变化趋势，具有"预测"能力，能在误差信号变化之前给出校正信号，防止系统出现过大的偏离和振荡，因而可以有效地改善系统的动态性能。另一方面，微分校正抬高了高频段，使得系统抗高频干扰能力下降。

超前校正或柔化微分校正装置改变了交越频率附近幅频特性的斜率，可以提高交越频率处的相角裕度。

因为在 $\omega = 1/(a\tau)$ 至 $\omega = 1/\tau$ 的频率范围内 $a\tau\omega \gg 1$，柔化微分控制器等效于比例微分

（PD）控制器，即

$$C(s) = K\frac{a\tau s}{\tau s + 1} \approx K_p\left(1 + \frac{T_d s}{T_d s / N + 1}\right)$$

$$T_d = a\tau, \quad N = a >> 1, \quad K_p = K$$

式中，T_d 为微分时间常数，K_p 为比例系数。

若 $a<1$，在 $\omega = 1/\tau$ 至 $\omega = 1/(a\tau)$ 的频率范围内，输出信号相角滞后于输入信号，$C(s)$ 的相角 $\angle C(i\omega) < 0$，对输入信号有明显的积分作用，称为滞后（Lag）校正装置，如图 5-6c 所示。若分母取为 τs，得到比例积分（PI）控制器，这是滞后校正装置的特例，如图 5-6d 所示。

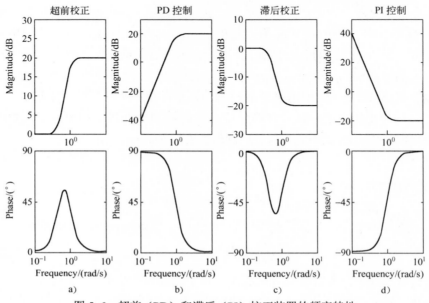

图 5-6 超前（PD）和滞后（PI）校正装置的频率特性

a）超前校正 b）PD 校正 c）滞后校正 d）PI 校正

PI 控制器的传递函数为

$$C(s) = K\frac{a\tau s + 1}{\tau s} = K_p\left(1 + \frac{1}{T_i s}\right), \quad T_i = a\tau, \quad K_p = aK$$

式中，T_i 是积分时间常数。PI 控制引入了积分环节，使系统型别增加一级，因而可以有效改善系统的稳态精度。另一方面，PI 控制器是相角滞后环节，相角的损失会降低系统的相对稳定裕度。

使用滞后或 PI 校正装置可提高开环系统的低频增益，以改善系统的稳态跟踪误差和低频扰动抑制能力，但不应改变系统在交越区的频率特性形状。

5.3.1 串联超前校正

1. 超前校正的特性

式（5-7）中，若 $a>1$，$C(s)$ 为超前校正，K 的选择取决于稳态误差。C 的相角为

$$\gamma(\omega) = \arctan(a\tau\omega) - \arctan(\tau\omega) = \arctan\frac{(a-1)\tau\omega}{1 + a\tau^2\omega^2} \tag{5-9}$$

设在最大超前频率 ω_m 处，$C(s)$ 具有最大超前角 γ_m。将式（5-9）对 ω 求导，并令其为零，可得到最大超前角频率

$$\omega_m = \frac{1}{\tau\sqrt{a}} \tag{5-10}$$

ω_m 正好处于两转折频率 $1/(a\tau)$ 和 $1/\tau$ 的几何中心。将式（5-10）代入式（5-9）中，得

$$\gamma_m = \arctan\frac{a-1}{2\sqrt{a}} = \arctan\frac{a-1}{a+1} \tag{5-11}$$

或

$$a = \frac{1+\sin\gamma_m}{1-\sin\gamma_m} \tag{5-12}$$

式（5-12）表明最大超前角 γ_m 仅与超前校正装置的转折频率比值 a 有关。a 值选得越大，超前校正装置的微分效应就越强。为了保持较高的系统信噪比，实际选用的 a 值一般不超过 20。此外，$C(s)/K$ 在 ω_m 处的对数幅频值为

$$20\lg|C(i\omega_m)/K| = 10\lg a$$

即超前校正装置使相角超前的同时，也使 ω_m 处幅频的分贝值抬高了 $10\lg a$，因此校正后的交越频率相应提高。

2．超前校正的设计步骤

将超前校正装置的最大超前角补在校正后系统开环频率特性的交越频率处，可提高校正后系统的相角裕度和交越频率，从而改善系统的动态性能。假设未校正系统的开环传递函数为 $P(s)$，给定系统的稳态误差、相角裕度和增益裕度指标分别为 e_{ss}^*，φ_m^* 和 h_m^*，若允许 $\omega_c^0 < \omega_c^*$，可考虑采用超前校正，一般步骤如下：

1）根据给定稳态误差 e_{ss}^* 的要求，确定校正后系统的开环静态增益 K。

2）根据已确定的开环增益 K，绘出 KP 的对数幅频特性曲线，并求出交越频率 ω_c^0 和相角裕度 φ_m^0。

3）根据给定的相角裕度 φ_m^*，计算校正装置所应提供的最大相角超前量 γ_m，即

$$\gamma_m = \varphi_m^* - \varphi_m^0 + \delta \tag{5-13}$$

式中，相角补偿量 $\delta = 5° \sim 15°$ 用于补偿引入超前校正装置后交越频率增大所导致的 KP 的相角裕度的损失量。若原相角裕度 φ_m^0 小，校正后 ω_c 增加较多，δ 应大些。

4）根据所确定的最大超前相角 γ_m，按式（5-12）求出相应的 a 值。

5）由 $|KP(i\omega_c)|_{dB} = -10\lg a$，确定校正后系统的交越频率 ω_c。

6）由 $\omega_m = \omega_c$，$\tau = 1/(\sqrt{a}\omega_m)$ 确定校正装置的传递函数。

7）校验是否满足设计条件，若不满足，返回 3），适当增加相角补偿量，重新设计直到达到要求。最后，写出校正后系统的开环传递函数。

以下举例说明超前校正的具体过程。

【例 5-1】 针对图 5-3 的单位反馈系统，假定过程的传递函数为

$$P(s) = \frac{1}{s(s+1)}$$

试设计校正装置 $C(s)$，使校正后系统满足如下指标：1）当 $r=t$ 时，稳态误差 $e_{ss}^* \leqslant 0.1$。

2）相角裕度 $\varphi_m^* \geqslant 40°$ 。

解 1）设采用超前校正：

$$C(s) = K \frac{a\tau s + 1}{\tau s + 1}$$

过程模型中已含有一个积分器，依据稳态精度要求 $e_{ss}^* = 1/K \leqslant 0.1$，可得 $K \geqslant 10$，K 值大对减少稳态误差有好处，但会增加校正的难度，通常满足最低要求即可，所以取 $K = 10$。

2）绘制：

$$KP(s) = \frac{10}{s(s+1)}$$

的对数幅频特性曲线，如图 5-7 中的 $|KP|_{dB}$ 所示，可确定 KP 的交越频率和相位裕度。

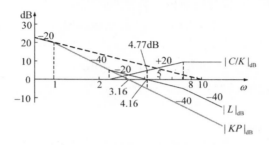

图 5-7　超前校正过程

由 $40(\lg \omega_c^0 - \lg 1) = 20\lg K$ ，求出

$$\omega_c^0 = \sqrt{10} = 3.16 ，\quad \varphi_m^0 = 180° - 90° - \arctan 3.16 = 17.55° < \varphi_m^*$$

3）所需要的相角最大超前量为

$$\gamma_m = \varphi_m^* - \varphi_m^0 + \delta = 40° - 17.55° + 7.55° = 30°$$

4）超前校正参数：

$$a = \frac{1 + \sin \gamma_m}{1 - \sin \gamma_m} = 3$$

5）确定校正后系统的交越频率 ω_c：根据 a 值，可以求出 $C(s)/K$ 在 ω_m 处增益 $10\lg a = 4.77dB$ 。令 $\omega_c = \omega_m$，KP 在交越频率 ω_c 处幅值为 $|KP(i\omega_c)|_{dB} = -10\lg a$ ，由此得到 $-40(\lg \omega_c - \lg \omega_c^0) = -4.77$ ，解出 $\omega_c = 4.16rad/s$ 。

6）利用式（5-10），$\omega_m = \omega_c$ 及 a 确定校正装置的传递函数

$$\tau = \frac{1}{\sqrt{a}\omega_c} = 0.14 ，\quad a\tau = 0.42 ，\quad C(s) = 10 \times \frac{0.42s + 1}{0.14s + 1}$$

7）校验是否满足设计条件：校正后系统的开环传递函数为

$$L(s) = P(s)C(s) = \frac{10(0.42s + 1)}{s(s+1)(0.14s+1)}$$

校正后系统的相角裕度为

$$\varphi_m = 180° + \arctan(0.42 \times 4.16) - 90° -$$
$$\arctan 4.16 - \arctan(0.14 \times 4.16)$$

$$= 90° + 60.2° - 76.5° - 30.2° = 43.5° > 40°$$

满足设计要求。

在图 5-7 中，还绘出了 $L(s)$ 和 $C(s)$ 的对数幅频特性曲线 $|L|_{dB}$ 和 $|C/K|_{dB}$，校正前 $|KP|_{dB}$ 曲线以 $-40dB/dec$ 的斜率穿过 0dB 线，相角裕度不足，校正后 $|L|_{dB}$ 曲线则以 $-20dB/dec$ 的斜率穿过 0dB 线，并且在 $\omega_c = 4.16rad/s$ 附近保持了较宽的频段，相角裕度明显增加。

使用超前校正后，系统的交越频率 ω_c 和相角裕度 φ_m 均有所改善，从而有效改善系统的动态性能。然而，超前校正同时使 $|L|_{dB}$ 的高频段抬高，因此，校正后系统抗高频测量噪声的能力有所下降，这是超前校正不利的一面。

若未校正系统为高阶系统、转折频率相互间靠得比较近，或含有谐振环节，手工作图的误差比较大，这时从第 2）步起，绘图、计算和校验完全基于 MATLAB 方法较为便捷，现举例说明如下。

【例 5-2】 针对图 5-3 的单位反馈系统，假定过程的传递函数为

$$P(s) = \frac{1}{s(s+1)(0.1s+1)}$$

试设计超前校正装置 $C(s)$，使校正后系统满足如下指标要求：1）当 $r = t$ 时，稳态误差 $e_{ss}^* \leqslant 0.01$。2）相角裕度 $\varphi_m^* \geqslant 40°$。3）交越频率 $\omega_c^* \geqslant 10$ rad/s。

解 1）依据稳态精度要求 $e_{ss}^* = 1/K \leqslant 0.01$，可得 $K \geqslant 100$，取 $K = 100$。

2）绘制 $KP(s) = 100/[s(s+1)(0.1s+1)]$ 的 Bode 图，并求其相角裕度 φ_m^0，MATLAB 程序如下：

```
numKP=100; denKP=conv([1 1 0],[0.1 1]);
KP=tf(numKP,denKP);
margin(KP);grid
```

结果如图 5-8 所示，由此直接读出 KP 的 $\omega_c^0 = 8.7rad/s$，$\varphi_m^0 = -34.3°$，系统不稳定。

3）由于需要提供接近 90° 的相位补偿，使用两级超前校正装置所需要的相角最大超前量为

$$\gamma_m = \varphi_m^* - \varphi_m^0 + 2\delta = 40° - (-34.3°) + 2 \times 15° = 104.3°$$

式中，2δ 是用于补偿两级超前校正导致 ω_c 增加造成原系统相角裕度的损失量。

$$C(s) = K\frac{(a\tau s+1)^2}{(\tau s+1)^2}, \quad a = \frac{1+\sin(\gamma_m/2)}{1-\sin(\gamma_m/2)} = 8.5$$

4）确定校正后系统的交越频率 ω_c：两级校正装置在 ω_m 处增益为 $20\lg a = 18.6dB$。令 $\omega_c = \omega_m$，KP 在交越频率 ω_c 处的幅值为

$$|KP(i\omega_c)|_{dB} = -20\lg a = -18.6dB$$

从图 5-8 直接得出对应的 $\omega_c = 19.7$ rad/s。

5）确定校正装置的传递函数：

$$\tau = \frac{1}{\sqrt{a}\omega_c} = 0.0175, \quad a\tau = 0.149, \quad C(s) = 100\frac{(0.149s+1)^2}{(0.0175s+1)^2}$$

6）校验是否满足设计条件：校正后系统的开环传递函数为

$$L(s) = P(s)C(s) = \frac{100(0.149s+1)^2}{s(s+1)(0.1s+1)(0.0175s+1)^2}$$

校验的 MATLAB 程序如下：

```
numP=1;denP=conv([1 1 0],[0.1 1]); P=tf(numP,denP);
numC= 100*conv([0.149 1], [0.149 1]);denC=conv([0.0175 1], [0.0175 1]);
C=tf(numC,denC);L= P*C;
margin(P);grid;hold on; margin(C);grid;hold on; margin(L);grid
```

系统校正后的相角裕度 $\varphi_m = 44.1° > 40°$ ，交越频率 $\omega_c = 19.7\text{rad/s} > 10\text{rad/s}$ ，满足设计要求。Bode 图如图 5-9 所示。

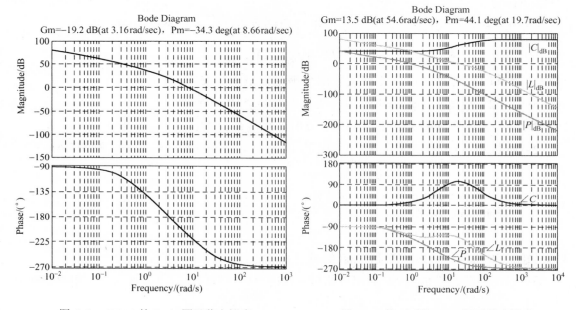

图 5-8　$KP(s)$ 的 Bode 图及稳定裕度　　　　图 5-9　校正后的 Bode 图及稳定裕度

注释 1：串联超前校正的效果。1）提高交越频率，提高系统快速性；增加相角裕度，提高系统的相对稳定性。2）KP 低频段不变，不影响稳态误差。3）高频段增益提高，抗测量噪声能力变差。

注释 2：串联超前校正限制。若不允许提高 ω_c，或者在 ω_c 附近 KP 相角变化快，而要求的相角裕度又很大，即使采用多级超前校正，也难以满足要求，则不能使用超前校正。对此，可以考虑使用滞后校正。

5.3.2　串联滞后校正

1. 滞后校正特性

在式（5-7）中，$a<1$ 相应于滞后校正。为了论述方便，把滞后校正改写为

$$C(s) = K\frac{Ts+1}{bTs+1}, \quad b>1 \qquad (5\text{-}14)$$

在频率 $1/(bT)$ 至 $1/T$ 之间呈积分效应，而相频特性呈滞后特性。用与超前校正类似的方法可以证明，最大滞后角 γ_m 发生在最大滞后角频率 ω_m 处，且 ω_m 正好是 $1/(bT)$ 与 $1/T$ 的几何中心。计算 ω_m 及 γ_m 的公式分别为

$$\omega_m = \frac{1}{T\sqrt{b}}, \quad \gamma_m = \arcsin\frac{1-b}{1+b} < 0$$

滞后校正对低频有用信号不产生衰减，而对高频信号有削弱作用。b 值越大，这种作用越强。滞后校正的原理是利用其在高频段的幅值衰减特性，来降低系统的交越频率，以提高系统的相角裕度。

与超前校正不同，我们并不使用最大滞后角频率 ω_m 处的特性，因此，应力求最大滞后角频率 ω_m 远离校正后系统的交越频率 ω_c。选择滞后校正装置参数时，通常使第二个转折频率 $1/T$ 远小于 ω_c，一般取

$$\frac{1}{T} = \left(\frac{1}{5} \sim \frac{1}{10}\right)\omega_c \qquad (5\text{-}15)$$

此时，滞后校正装置在 ω_c 处产生的相角滞后量按下式确定：

$$\theta(\omega_c) = \arctan(T\omega_c) - \arctan(bT\omega_c)$$

由两角和的三角函数公式得

$$\tan\theta(\omega_c) = \frac{(1-b)T\omega_c}{1+bT^2\omega_c^2}$$

因 $b>1$，若 $T\omega_c = 5\sim10$，上式可化简为 $\theta(\omega_c) \approx \arctan[(0.1\sim0.2)(1/b-1)]$，即只要使滞后校正的第二个转折频率离开校正后交越频率 ω_c 有 $5\sim10$ 倍的频程，则滞后校正对校正后系统相角裕度造成的影响不会超过 $-11.3° \sim -5.7°$。

2. 串联滞后校正

滞后校正的实质是利用滞后校正装置的高频幅值衰减特性，以压低交越区和交越频率为代价，使幅频特性的斜率变缓，挖掘原系统固有的相角储备，来满足校正后系统的相角裕度要求。

假设未校正系统的开环传递函数为 $P(s)$。给定系统的稳态误差、相角裕度和增益裕度指标分别为 e_{ss}^*、φ_m^* 和 h_m^*，若允许 $\omega_c < \omega_c^0$，可考虑采用滞后校正，一般步骤如下：

1）根据给定的稳态误差要求，确定控制器增益 K。

2）根据确定的 K 值，绘制未校正系统的对数幅频特性曲线 $KP(\mathrm{i}\omega)$，确定其交越频率 ω_c^0 和相角裕度 φ_m^0。

3）确定校正后系统的交越频率。

在 $KP(\mathrm{i}\omega)$ 的相频特性中找出满足相位裕量下的频率，作为校正后系统的交越频率 ω_c，确定校正环节的转折频率应考虑其相位滞后的影响，条件为

$$180° + \angle P(\mathrm{i}\omega_c) \geqslant \varphi_m^* + \delta$$

式中，$\delta = 5° \sim 15°$ 用于补偿滞后环节的滞后相角。如果限制交越频率，可以简单地取其下限作为校正后的交越频率 ω_c。

4）求出在交越频率 ω_c 处 $KP(\mathrm{i}\omega)$ 的幅值，这个幅值由滞后校正环节来抵消（衰减），计算式为

$$|KP(\mathrm{i}\omega_c)|_{\mathrm{dB}} = 20\lg b$$

确定滞后校正装置的参数 b，参数 b 决定了系统校正后交越区的宽度。按式（5-15）确定参数 T。列写校正后系统的传递函数。

5）校核：写出校正后系统的开环传递函数 $L(s) = P(s)C(s)$，验算相角裕度 φ_m 和增益裕度 h_m 是否满足要求，否则返回步骤3）重新进行设计。

【例 5-3】 针对如图 5-3 所示的单位反馈系统，假定过程的传递函数为

$$P(s) = \frac{10}{s(0.05s+1)(0.1s+1)(0.2s+1)}$$

试设计校正装置 $C(s)$，使校正后系统满足如下指标要求：1）当 $r = t$ 时，稳态误差 $e_{ss}^* \leqslant 1/30$。2）相角裕度 $\varphi_m^* \geqslant 45°$。

解 1）根据稳态误差要求，选取控制器的静态增益 $K = 3$。

2）绘制未校正系统 $KP(\mathrm{i}\omega)$ 的 Bode 图，确定其交越频率 ω_c^0 和相角裕度 φ_m^0，由于 $P(s)$ 为高阶系统、转折频率相互间靠得比较近，绘图和校验完全基于 MATLAB 程序。绘制 Bode 图的程序如下：

```
numKP=30;
denKP=conv([0.05 1 0],conv([0.1 1],[0.2 1])); KP=tf(numKP, denKP);
margin (KP); grid;        title('KP 的 Bode 图和稳定裕度')
```

结果如图 5-10a 所示，直接读出 KP 的 $\omega_c^0 = 9.35\mathrm{rad/s}$，$\varphi_m^0 = -40°$，系统不稳定。

3）由于相角稳定裕度 φ_m^0 为很大的负值，并且在 ω_c^0 附近幅频特性具有陡变形状，采用超前校正显然不合适。考虑采用滞后校正。由 $180° + \angle KP(\mathrm{i}\omega_c) = \varphi_m^* + \delta = 45° + 6° = 51°$ 确定校正后系统的交越频率，从图 5-10a 直接读出 $\omega_c = 2\ \mathrm{rad/s}$。

4）在交越频率 $\omega_c = 2\ \mathrm{rad/s}$ 处，$KP(\mathrm{i}\omega)$ 的幅值为 22.7dB，这个幅值需要由滞后校正环节来抵消（衰减），即 $|KP(\mathrm{i}\omega_c)|_{\mathrm{dB}} = 20\lg b = 22.7\mathrm{dB}$，由此确定滞后校正装置的参数 $b = 13.6$。按式（5-15）确定参数 $T = 10/\omega_c = 5\mathrm{s}$，滞后校正为

$$C(s) = K\frac{Ts+1}{bTs+1} = 3 \times \frac{5s+1}{68s+1}$$

5）校核：校正后系统的开环传递函数为

$$L(s) = P(s)C(s) = \frac{30(5s+1)}{s(0.05s+1)(0.1s+1)(0.2s+1)(68s+1)}$$

使用如下的 MATLAB 程序绘制校正后 $L(s)$ 的 Bode 图，求出相角裕度 φ_m。

```
numP=10;
denP=conv([0.05 1 0],conv([0.1 1],[0.2 1])); P=tf(numP,denP);
numC=3*[5 1]; denC= [68 1];C=tf(numC,denC) ;
L=P*C;margin (L); grid;title('L 的 Bode 图和稳定裕度')
```

结果如图 5-11a 所示，由此直接读出 $L(s)$ 的 $\varphi_m = 45.78° > 45°$，符合要求。

可以使用类似于滞后校正的方法计算 PI 控制器参数。使用 PI 校正

$$C(s) = K_p \left(1 + \frac{1}{T_i s} \right)$$

的原理是利用积分控制项消除或减少稳态误差，利用比例控制项满足校正后系统的相角裕度和交越频率要求。

使用 PI 校正的一般步骤如下：

1）绘制未校正系统 $P(\mathrm{i}\omega)$ 的 Bode 图，确定其交越频率 ω_c^0 和相角裕度 φ_m^0。

2）确定校正后系统的交越频率。在 $P(\mathrm{i}\omega)$ 的相频特性中找出满足相位裕量下的频率作为校正后系统的交越频率 ω_c，确定校正环节的转折频率应考虑其相角滞后的影响，条件为

$$180° + \angle P(\mathrm{i}\omega_c) \geqslant \varphi_m^* + \delta$$

式中，$\delta = 5° \sim 15°$ 用于补偿 PI 环节的滞后相角。如果限制交越频率，可以简单地取其下限作为校正后交越频率 ω_c。按式

$$\frac{1}{T_i} = \left(\frac{1}{5} \sim \frac{1}{10} \right) \omega_c$$

确定积分时间常数 T_i。T_i 越大，PI 校正环节相角滞后的影响越小。

3）求出在交越频率 ω_c 处 $P(\mathrm{i}\omega)$ 的幅值，这个幅值需要由 PI 校正环节的比例系数 K_p 来抵消，即

$$|P(\mathrm{i}\omega_c)|_{\mathrm{dB}} + 20\lg K_p = 0 \tag{5-16}$$

由此确定比例系数 K_p，参数 K_p 决定了系统校正后的交越区的宽度和系统的快速性，K_p 越小，系统的响应越慢。

4）写出校正后系统的开环传递函数 $L(s) = P(s)C(s)$，验算相角裕度 φ_m 和增益裕度 h_m 是否满足要求，否则返回步骤 2）重新进行设计。

针对例 5-3，PI 控制器的计算过程如下：

1）绘制未校正系统 $P(\mathrm{i}\omega)$ 的 Bode 图，确定其交越频率 ω_c^0 和相角裕度 φ_m^0，由于 $P(s)$ 为高阶系统、转折频率之间靠得比较近，绘图和校验完全基于 MATLAB 程序。绘制 $P(\mathrm{i}\omega)$ 的 Bode 图的程序如下：

```
numP=10;
denP=conv([0.05 1 0],conv([0.1 1],[0.2 1])); P=tf(numP, denP);
margin (P); grid; title('P 的 Bode 图和稳定裕度')
```

结果如图 5-10b 所示，直接读出 P 的 $\omega_c^0 = 5.6\mathrm{rad/s}$，$\varphi_m^0 = -3.1°$，系统不稳定。

2）由 $180° + \angle P(\mathrm{i}\omega_c) = \varphi_m^* + \delta = 45° + 6° = 51°$ 确定校正后系统的交越频率，从图 5-10b 直接读出 $\omega_c = 2\mathrm{rad/s}$。由此 $T_i = 10/\omega_c = 5\mathrm{s}$。

3）在交越频率 $\omega_c = 2\mathrm{rad/s}$ 处，$P(\mathrm{i}\omega)$ 的幅值为 13.1dB，这个幅值需要由 K_p 来抵消（衰减），即

$$|P(\mathrm{i}\omega_c)|_{\mathrm{dB}} + 20\lg K_p = 0\mathrm{dB}$$

由此确定 $K_p = 0.22$。PI 控制器为

$$C(s) = 0.22\left(1 + \frac{1}{5s}\right)$$

4）校核：校正后系统的开环传递函数为

$$L(s) = P(s)C(s) = \frac{0.44(5s+1)}{s^2(0.05s+1)(0.1s+1)(0.2s+1)}$$

使用 MATLAB 程序：

```
numP=10;
denP=conv([0.05 1 0],conv([0.1 1],[0.2 1])); P=tf(numP,denP) ;
numC=0.22*[5 1]; denC= [5 0]; C=tf(numC,denC) ;
L= P*C;margin (L); grid;title('PI 校正的 L 的 Bode 图和稳定裕度')
```

可绘出 PI 校正系统 L 的 Bode 图，如图 5-11b 所示，并求出 $\varphi_m = 45.43° > 45°$，而且 $e_{ss} = 0$。比较图 5-11a 和图 5-11b，可知滞后校正和 PI 校正的交越频率和相角裕度一致，故所得的动态指标一致，但使用 PI 校正可实现无稳态误差补偿。为降低稳态误差，推荐使用 PI 校正。

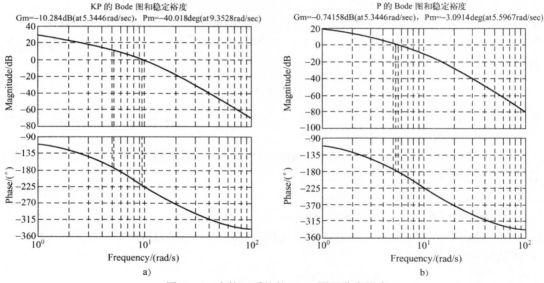

图 5-10　未校正系统的 Bode 图及稳定裕度

a）KP 的 Bode 图和稳定裕度　b）P 的 Bode 图和稳定裕度

注释 1：由于

$$C(s) = K\frac{Ts+1}{bTs+1} \approx \frac{Ts+1}{bTs} = \frac{K}{b}\left(1 + \frac{1}{Ts}\right)$$

利用

$$K_p = \frac{K}{b}, \quad T_i = T$$

也可由滞后校正的参数计算获得例 5-3 的 PI 控制器参数

$$C(s) = K\frac{Ts+1}{bTs+1} = 3\frac{5s+1}{68s+1} \approx 0.22\left(1 + \frac{1}{5s}\right)$$

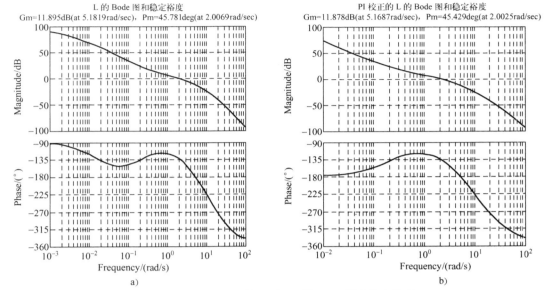

图5-11　滞后或PI校正后$L(s)$的Bode图及稳定裕度

a) 滞后校正　b) PI校正

注释2： 串联滞后或PI校正的效果。1) 增加相角裕度，提高系统相对稳定性。2) 抬高低频分贝数，减少稳态误差。3) 系统带宽降低，系统快速性能受限。

注释3： 滞后或PI校正限制。在低频段无法找到所需的相角裕度（见图5-12）或不允许降低系统带宽的场合不能使用。

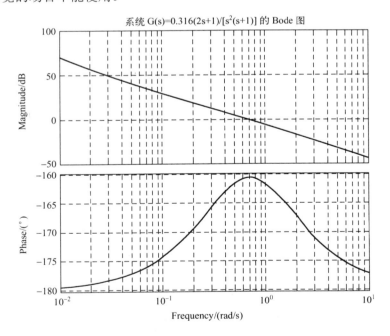

图5-12　在低频段无法找到所需的相角裕度

把前述的串联超前（或 PD）校正和滞后（或 PI）校正的特点列于表 5-1 中，供读者参考。在系统校正中，若仅用表 5-1 中的任一种校正方式难以满足要求时，可考虑使用串联滞后-超前或 PID 校正。

表 5-1　串联超前（或 PD）校正和滞后（或 PI）校正的比较

校 正 方 式	超前或 PD 校正	滞后或 PI 校正
方法	在交越频率处增加超前相角	提高低频段的增益
目的	改善相角稳定裕度和响应性能	在保持稳定裕度和响应特性不变的前提下，改善稳态误差精度
应用	对快速性有要求的场合	对稳态精度有特别的要求
结果	提高系统的带宽	减低系统带宽
优点	获得满意的响应特性	抑制高频测量噪声
	提高快速性	提高稳态精度
缺点	对高频测量噪声敏感	降低系统的快速性
限制	不允许提高交越频率、或交越频率附近相角急剧下降时无法使用	不允许降低系统带宽、或降低频率无法提高相角裕度时不能使用

5.3.3　串联滞后–超前校正

串联滞后-超前校正兼有滞后和超前校正的优点：稳态精度高，响应速度快，相位裕度大、鲁棒性强，高、低频抗扰性也好。

1．滞后-超前校正装置的特性

滞后-超前校正的传递函数为

$$C(s) = K\frac{Ts+1}{bTs+1}\frac{a\tau s+1}{\tau s+1}, \quad b \geqslant a > 1, \quad T \gg a\tau \tag{5-17}$$

其中，静态增益 K 主要用于满足校正后系统的负载扰动抑制、指令跟踪误差要求。$C_1(s) = (a\tau s+1)/(\tau s+1)$ 为超前校正部分，用于对系统开环频率特性的交越区进行整形，提高相角裕度，使之满足稳定鲁棒性和动态性能鲁棒性要求；滞后校正部分 $C_2(s) = (Ts+1)/(bTs+1)$ 用于对系统的交越区的幅频特性进行衰减，改变参数 b 来满足交越频率 ω_c 的要求。

PID（比例+积分+微分）控制器作为滞后-超前校正装置的特例，传递函数为

$$C(s) = K_p\left(1 + \frac{1}{T_i s} + \frac{T_d s}{T_d s/N + 1}\right)$$
$$\approx K_p\frac{T_i s+1}{T_i s}\frac{T_d s+1}{T_d s/N + 1}, \quad T_i \gg T_d, \quad N \gg 1 \tag{5-18}$$

它利用误差、误差的微分和积分信号构成控制规律，对被控对象进行调节，具有实现方便，成本低，效果好，适用范围广等优点，因而在工业过程控制中得到了广泛的应用。PD 校正部分 $C_1(s) = (T_d s+1)/(T_d s/N+1)$ 作用于交越频率处，以满足相角裕度要求。注意，PID 的微分特性带有柔化功能，以减低高频噪声灵敏度；PI 校正部分 $C_2(s) = K_p(T_i s+1)/T_i s$ 的积分控制作用于低频段，提高系统的型别，以满足稳态误差要求，而比例系数 K_p 主要用于调整交越频率 ω_c，以满足系统的带宽要求。

滞后-超前校正和 PID 校正装置的 Bode 图如图 5-13 所示。两者的交越区和高频特性基本一样，只是低频特性存在差异。

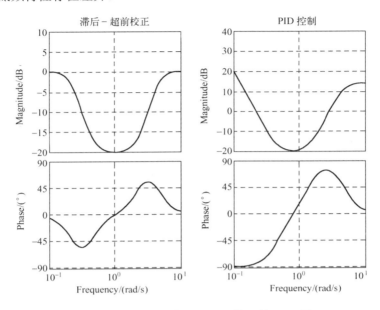

图 5-13　滞后-超前校正和 PID 校正的 Bode 图

2. 串联滞后-超前校正和 PID 校正

滞后-超前校正和 PID 校正的实质是综合利用超前校正部分的相角超前特性和滞后校正部分的幅值衰减特性来改善系统的性能。假设未校正系统的开环传递函数为 $P(\omega)$。给定系统指标为 e_{ss}^*、ω_c^*、φ_m^* 和 h_m^*，可按如下步骤使用试探综合法。为叙述方便，针对滞后-超前和 PID 校正分开论述。

滞后-超前校正步骤如下。

1）确定控制器的增益 K：根据系统的稳态误差 e_{ss}^* 要求，确定控制器的增益 K。

2）决定应采用的校正方式：绘制 KP 的 Bode 图，确定校正前系统的 ω_c^0 和 φ_m^0。若用滞后校正，在 ω_c^* 处系统没有足够的相角储备量，即

$$180° + \angle P(i\omega_c^*) < \varphi_m^* + (5° \sim 15°)$$

而使用超前校正需要的最大超前角 $\gamma_m > 60°$，因而分别用超前、滞后校正均不能达到目的，这时可以考虑用滞后-超前校正。

3）校正设计。

① 选择校正后系统的交越频率 $\omega_c = \omega_m = \omega_c^*$，先依据相角裕度 φ_m^* 和交越频率 ω_c 确定超前校正部分

$$C_1(s) = \frac{a\tau s + 1}{\tau s + 1}$$

$$a = \frac{1 + \sin\gamma_m}{1 - \sin\gamma_m}, \quad \tau = \frac{1}{\sqrt{a}\omega_c}$$

$$\gamma_m = \varphi_m^* - [180° + \angle P(i\omega_c)] + \delta \tag{5-19}$$

式中，$\delta = 5° \sim 15°$ 是为了补偿滞后校正部分造成的相角损失而预置的。

② 再依据交越频率 ω_c 和交越频率 ω_c 处 $KP(i\omega)$ 的幅值衰减要求，确定滞后校正部分

$$C_2(s) = \frac{Ts+1}{bTs+1}$$

$$\frac{1}{T} = \left(\frac{1}{5} \sim \frac{1}{10}\right)\omega_c, \quad 20\lg b = |KP(i\omega_c)|_{dB} + 10\lg a \tag{5-20}$$

式（5-20）中最后方程的含义是使用滞后校正的衰减参数抵消 KP 和超前校正部分在 ω_c 处的幅值（因为最大超前角频率 ω_m 置于 ω_c 处）。

③ 最后，为减小测量噪声的影响，提高系统的高频鲁棒性，应使 $|L(i\omega)|_{dB}$ 具有高频滚降特性，可以使用附加的滞后校正部分

$$C_3(s) = \frac{1}{(T_0 s)^2 + 2T_0\zeta_0 s + 1} \tag{5-21}$$

式中，阻尼系数 $\zeta_0 = 0.5$，$T_0 = 0.1/\omega_c$。

4）验算。写出校正后系统的开环传递函数 $L = PC = P(KC_1C_2C_3)$，计算校正后系统的 φ_m 和 h_m，若不满足要求，则返回 3）调整参数重新设计。若系统含有小阻尼谐振环节，为避免误判现象，使用模裕度参数 $s_m = 1/M_s$ 进行验证校核是一个明智的选择。

PID 校正综合步骤如下。

1）决定应采用的校正方式：绘制原系统 P 的 Bode 图，确定校正前系统的 ω_c^0 和 φ_m^0。若分别用 PD、PI 校正均不能达到目的，则可以考虑用 PID 校正。

2）校正设计。

① 选择校正后系统的交越频率 $\omega_c = \omega_m = \omega_c^*$，先依据相角裕度 φ_m^* 和交越频率 ω_c 确定 PD 校正部分

$$C_1(s) \approx \frac{T_d s + 1}{T_d s / N + 1}$$

$$N = \frac{1 + \sin\gamma_m}{1 - \sin\gamma_m}, \quad T_d = \frac{\sqrt{N}}{\omega_c}$$

$$\gamma_m = \varphi_m^* - [180° + \angle P(i\omega_c)] + \delta \tag{5-22}$$

式中，$\delta = 5° \sim 15°$ 是为了补偿 PI 校正部分造成的相角损失而预置的。

② 再依据交越频率 ω_c 和校正后开环传递函数在交越频率 ω_c 处的对数幅值为 0dB，即 $|L(i\omega_c)|_{dB} = 0$，确定 PI 校正部分

$$C_2(s) = K_p \frac{T_i s + 1}{T_i s}, \quad \frac{1}{T_i} = \left(\frac{1}{5} \sim \frac{1}{10}\right)\omega_c$$

$$20\lg K_p + |P(i\omega_c)|_{dB} + 10\lg N = 0 \tag{5-23}$$

式（5-23）最后方程式的含义是使用比例系数 K_p 抵消原系统 P 和 PD 校正部分在 ω_c 处的幅值（因为最大超前角频率 ω_m 置于 ω_c 处）。

③ 高频滚降校正设计。该步骤与滞后-超前校正相同。

3）验算。该步骤与滞后-超前校正相同。

下面举例说明滞后-超前（或 PID）校正的具体过程。

【例5-4】　针对如图 5-3 所示的单位反馈系统，假定过程的传递函数为

$$P(s) = \frac{1}{100s^2 + 4s + 1}$$

该过程为自然振荡频率 $\omega_n = 0.1$ rad/s，$\zeta = 0.2$ 的小阻尼谐振系统，其谐振峰值较大，如图 5-14 所示。试设计校正装置 $C(s)$，使校正后系统满足如下指标要求。

1）使用积分控制消除恒值负载扰动。

2）$\omega_c^* \approx 1$ rad/s。

3）$\varphi_m^* \geqslant 45°$，$h_m^* \geqslant 15$dB。

4）具有高频滚降特性 $\mathrm{d}\lg|L|_{\mathrm{dB}} / \mathrm{d}\lg\omega = -80$dB/dec。

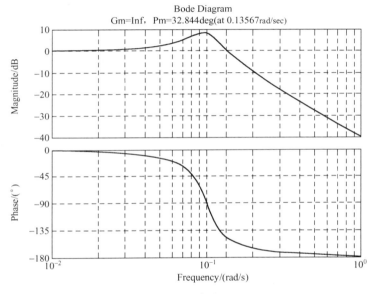

图 5-14　$P(s) = \dfrac{1}{100s^2 + 4s + 1}$ 的 Bode 图

解　1）依题意，校正装置 $C(s)$ 应含有 PI 校正功能。由于 $\omega_c^0 = 0.14$ rad/s$<\omega_c^*$，不能单独使用 PI 校正，考虑用 PID 校正。

2）校正设计。

① 选择系统校正后的交越频率 $\omega_c = \omega_m = \omega_c^* = 1$ rad/s，由式（5-22）计算 PD 校正部分

$$\gamma_m = \varphi_m^* - [180° + \angle P(\mathrm{i}\omega_c)] + \delta = 45° - 2° + 12° = 55°$$

$$N = \frac{1 + \sin\gamma_m}{1 - \sin\gamma_m} = 10，\quad T_d = \frac{\sqrt{N}}{\omega_c} = 3.16，\quad C_1(s) = \frac{T_d s + 1}{T_d s / N + 1} = \frac{3.16s + 1}{0.316s + 1}$$

② 依据式（5-23）计算 PI 校正部分

$$\frac{1}{T_i} = \frac{1}{10}\omega_c = 0.1 \text{ rad/s}，\quad T_i = 10\text{s}$$

$$20\lg K_p + |P(\mathrm{i}\omega_c)|_{\mathrm{dB}} + 10\lg N = 0 , \quad |P(\mathrm{i}\omega_c)|_{\mathrm{dB}} = -40\mathrm{dB}$$

$$10\lg N = 10\mathrm{dB}, \quad 20\lg K_p = 30\mathrm{dB}, \quad K_p = 31.6$$

$$C_2(s) = K_p \frac{T_i s + 1}{T_i s} = 31.6 \times \frac{10s + 1}{10s} = 3.16 \times \frac{10s + 1}{s}$$

③ 为使 $|L(\mathrm{i}\omega)|_{\mathrm{dB}}$ 具有所需的高频滚降特性，使用附加的滞后校正部分

$$\zeta_0 = 0.5 , \quad T_0 = 0.1/\omega_c = 0.1\mathrm{s}, \quad C_3(s) = \frac{1}{0.01s^2 + 0.1s + 1}$$

综合①~③的结果，得到校正装置的传递函数为

$$C(s) = C_1(s)C_2(s)C_3(s) = \frac{3.16(10s+1)(3.16s+1)}{s(0.316s+1)(0.01s^2+0.1s+1)}$$

3）验算。校正后系统的开环传递函数为

$$L(s) = P(s)C(s)$$
$$= \frac{3.16(10s+1)(3.16s+1)}{s(100s^2+4s+1)(0.316s+1)(0.01s^2+0.1s+1)}$$

据此，使用如下的 MATLAB 程序，计算系统校正后的开环和闭环频域指标。

```
numP=1; denP=[100 4 1]; P=tf(numP,denP);
numC=3.16*conv([10 1],[3.16 1]);
denC= conv([0.316 1 0],[0.01 0.1 1]);C=tf(numC,denC);
L= P*C
subplot(1,3,1); margin (L); grid; title('校正后 L 的 Bode 图和稳定裕度')
T= feedback(L,1,-1);S= feedback(1,L,-1);
subplot(1,3,2); bode(T);grid; title('T(s)=L(s)/[1+L(s)]的 Bode 图')
subplot(1,3,3); bode(S);grid; title(' S(s) =1/[1+L(s)]的 Bode 图')
```

在 MATLAB 命令空间直接得到校正后的开环传递函数

$$\frac{99.86\ s^2 + 41.59\ s + 3.16}{0.316\ s^6 + 4.173\ s^5 + 41.77\ s^4 + 101.7\ s^3 + 4.416\ s^2 + s}$$

并得到如图 5-15 所示的频率特性，由图直接读出以下数据

$$\omega_c \approx 1\ \mathrm{rad/s} , \quad \varphi_m = 45.7° > 45° , \quad h_m = 17.3\mathrm{dB} > 15\mathrm{dB}$$

校正后系统的分母多项式的次数 $n = 6$，分子多项式的次数 $m = 2$，$n - m = 4$，开环频率特性具有 $\mathrm{d}\lg|L|_{\mathrm{dB}}/\mathrm{d}\lg\omega = -80\mathrm{dB/dec}$ 的高频滚降特性，全部满足设计指标要求。

由于原系统 $P(s)$ 和高频滚降滞后校正部分 $C_3(s)$ 为谐振环节，为此，还进行了闭环指标校验：$1/[2\sin(\varphi_m/2)] = 1.29$，使用 MATLAB 程序计算系统谐振峰值：[ninf,fpeak]=norm(T,inf)，得到 $M_r = 3.04\mathrm{dB} = 1.42$；使用 MATLAB 程序计算系统最大灵敏度值：[ninf,fpeak]=norm(S,inf)，得到 $M_s = 3.04\mathrm{dB} = 1.48$。这些关系符合式（4-98），模裕度 $s_m = 1/M_s = 0.676$，由此判断闭环系统具有较好的鲁棒性能指标。

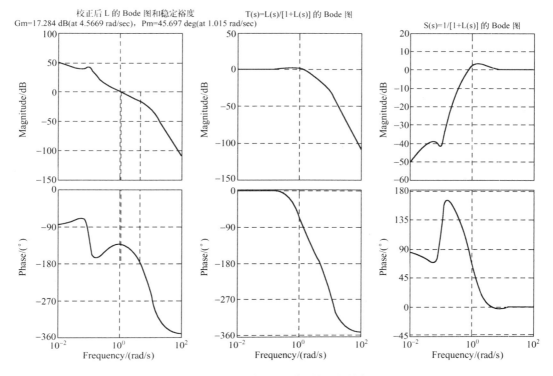

图 5-15　PID 校正后系统的频率特性

【**例 5-5**】　针对如图 5-3 所示的单位反馈系统，假定被控对象为具有机械谐振环节的机电系统，其开环传递函数为

$$P(s) = \frac{s^2 + 0.12s + 1.1}{s(s+2)(s^2 + 0.08s + 1)}$$

$P(s)$ 含有阻尼系数分别为 $\zeta = 0.057$ 和 $\zeta = 0.04$ 的谐振环节，其校正前的频率特性和闭环系统的单位阶跃响应如图 5-16 所示，交越频率 $\omega_c^0 = 0.55\text{rad/s}$，模裕度值 $s_m^0 = -9.5\text{dB} = 0.33$ 偏小，阶跃响应有明显的振荡。试设计滞后-超前校正装置 $C(s)$，使校正后系统的速度误差系数 $K_v^* = 100$，模裕度 $s_m^* \geqslant 0.5$，交越频率 $\omega_c^* \geqslant 5\text{rad/s}$。

解　1）由校正后系统的稳态误差要求，确定 $C(s)$ 的静态增益为 $K = 181.8$。

2）确定校正参数。

① 确定超前校正部分。

取 $s_m = 0.5$，由式（4-49），计算校正后的相角裕度

$$\varphi_m^* \geqslant 2\arcsin(s_m/2) = 29°$$

由图 5-16 读出 $\angle P(\text{i}5) = -159°$，取 $\varphi_m^* = 35°$，$\delta = 15°$，由式（5-19），超前校正部分提供的相角补偿为

$$\gamma_m = \varphi_m^* - [180° + \angle P(\text{i}\omega_c)] + \delta = 29°$$

超前校正部分参数为

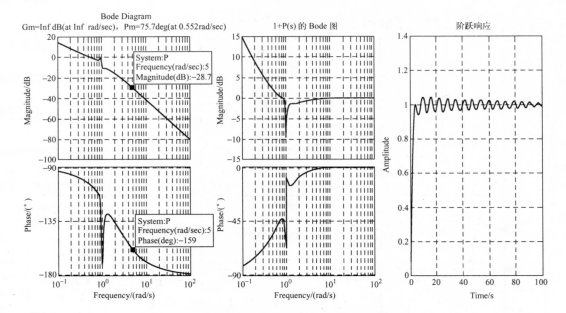

图 5-16　校正前频率特性与闭环系统的阶跃响应

$$a = \frac{1+\sin\gamma_m}{1-\sin\gamma_m} = \frac{1+\sin 29°}{1-\sin 29°} = 2.88$$

$$\tau = \frac{1}{\sqrt{a}\omega_c} = \frac{1}{\sqrt{2.88\times5}} = 0.118\text{s}$$

$$C_1(s) = \frac{0.34s+1}{0.118s+1}$$

② 确定滞后校正部分。

由图 5-16 读出 $|P(\text{i}5)|_{\text{dB}} = -28.7\text{dB}$，由式（5-20），滞后校正部分提供的衰减参数为

$$20\lg b = |K|_{\text{dB}} + |P(\text{i}\omega_c)|_{\text{dB}} + 10\lg a$$

$$= 45.2 - 28.7 + 10\lg 2.88 = 21.1\text{dB}$$

$$\Rightarrow b = 11.3$$

$$\frac{1}{T} = \frac{1}{10}\omega_c = 0.5\text{rad/s}, \quad T = 2\text{s}$$

滞后校正部分参数为

$$C_2(s) = \frac{Ts+1}{bTs+1} = \frac{2s+1}{22.6s+1}$$

③ 为使校正后的系统具有高频滚降特性，使用附加的滞后校正部分。

$$\zeta_0 = 0.5, \quad T_0 = 0.1/\omega_c = 0.02\text{ s}$$

$$C_3(s) = \frac{1}{(0.02s)^2 + 0.02s + 1}$$

3）验算。写出校正后系统的开环传递函数

$$L = PC = P[KC_1(s)C_2(s)C_3(s)]$$

$$= \frac{181.8(s^2 + 0.12s + 1.1)(0.34s + 1)(2s + 1)}{s(s+2)(s^2 + 0.08s + 1)(0.118s + 1)(22.6s + 1)(0.0004s^2 + 0.02s + 1)}$$

采用 MATLAB 绘出校正后的系统频率特性与阶跃响应，如图 5-17 所示。

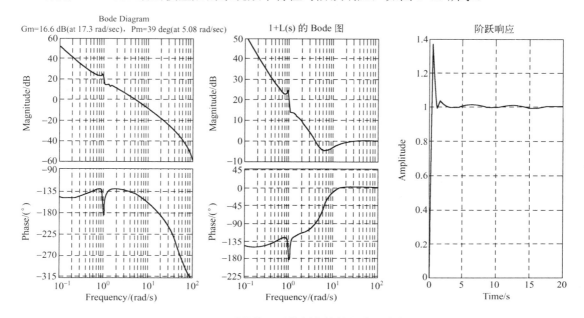

图 5-17 系统校正后的频率特性和阶跃响应

由图 5-17 读出 $s_m = -4.87\text{dB}=0.57 > 0.5$，$\omega_c = 5.08\text{rad/s}$，满足要求。

另外 $\varphi_m = 39°$，$2\sin(\varphi_m / 2) = 0.667 > s_m = 0.57$，符合不等关系式（4-49）、式（4-98），系统的振荡现象已明显消除，但付出的代价是系统的阶跃响应的超调量过大（37%），必须寻求进一步的改善途径。

注释 1：对于高阶复杂系统，一般使用简单的滞后-超前串联校正或 PID 串联控制设计，可以使系统获得较好的控制性能。图 5-18 给出了灵敏度函数 S、余灵敏度函数 T、扰动灵敏度函数 SP 和输入灵敏度函数 SC 的频率特性，以及相应的时域响应波形。过大的余灵敏度函数和灵敏度函数峰值对应于 y 过大的超调量和过大的跟踪误差 e，而较低的扰动灵敏度函数 SP 幅频对应于较好的扰动抑制性能（y_d 为扰动单独作用于系统的过程输出信号），高频段过高的输入灵敏度函数 SC 幅频对应于控制信号 u 过大的动态幅值。

注释 2：以上所述的各种频率校正方法原则上仅适用于最小相位系统。对非最小相位系统，则应对校正系统的带宽施加一些限制，详见第 5.6 节。

注释 3：串联校正方法是一种折中方法，对系统性能的改善是有条件的。若使用串联校正还达不到要求，可以考虑采用反馈控制与前馈控制结合的复合校正设计方法。

【例 5-6】 设图 5-19 中系统 $P(s) = \frac{1}{s(s+1)}$，在单位斜坡输入下 $e_{ss}^* \leqslant 0.04$，相角裕度 $\varphi_m^* \geqslant 45°$，要求利用渐近线作图法设计校正环节 $KC(s)$。

解 所给系统为 I 型系统。根据要求，比例系数 $K \geqslant 25$，取 $K = 25$。画出 $KP(s)$

$= \dfrac{25}{s(s+1)}$ 的 Bode 图如图 5-20 所示。

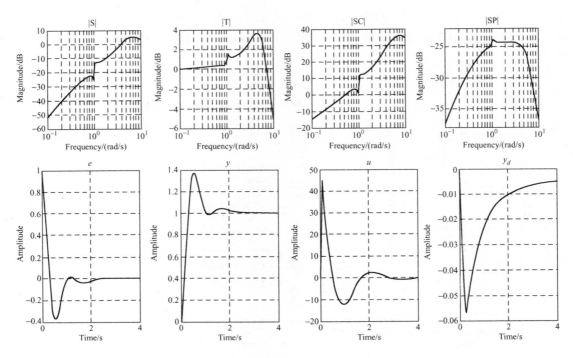

图 5-18　例 5-5 系统校正后的控制性能

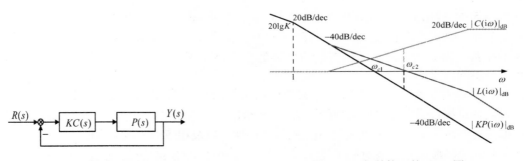

图 5-19　系统的串联校正　　　　　　图 5-20　超前校正的 Bode 图

由折线对数频率特性可知 $20\lg K = 40\lg \omega_{c1}/1$，由此可计算出校正前的交越频率 $\omega_{c1} = \sqrt{25} = 5$，校正前相角裕度为

$$\varphi_m^0 = 180° + \varphi(\omega_{c1}) = 180° - 90° - \arctan 5 = 11.4° < 45°$$

需校正。

1）用超前校正 $C(s) = \dfrac{1 + a\tau s}{1 + \tau s}$。

取 $\gamma_m = \varphi_m^* - \varphi_m^0 + \delta = 45° - 11.4° + 11.4° = 45°$，　$a = \dfrac{1 + \sin\gamma_m}{1 - \sin\gamma_m} = 5.83$。

令 $|KP(i\omega_{c2})|_{dB} = -10\lg a$，即 $-40\lg\dfrac{\omega_{c2}}{\omega_{c1}} = -10\lg a$，求出

$$\omega_{c2} = \omega_{c1}\sqrt[4]{a} = 7.8$$

由于校正环节的最大超前角频率 ω_m 选在 ω_{c2} 处，即 $\omega_m = \dfrac{1}{\sqrt{a\tau}} = \omega_{c2}$，因此得到

$\tau = \dfrac{1}{\sqrt{5.83 \times 7.8}} = 0.053$，所以 $C(s) = \dfrac{1+0.311s}{1+0.053s}$。验算系统校正后的相角裕度为

$$\varphi_m = 180° + \arctan(0.311 \times 7.8) - 90° - \arctan 7.8 - \arctan(0.053 \times 7.8)$$
$$= 90° + (90° - \arctan 0.4) - (90° - \arctan 0.13) - \arctan 0.4 = 53° > 45°$$

满足设计要求，校正后的对数幅频特性如图 5-20 中的 $|L(i\omega)|_{dB}$ 所示。未校正系统在 ω_{c2} 的附加滞后相角为 $\varphi(\omega_{c2}) - \varphi(\omega_{c1}) = \arctan 5 - \arctan 7.8 \approx -4°$，说明取 $\delta = 11.4°$ 是大了（7.4°）。

2）用滞后校正 $C(s) = \dfrac{1+Ts}{1+bTs}$。

取 ω_{c2} 使 $180° - 90° - \arctan\omega_{c2} = \varphi_m^* + \delta = 45° + 15° = 60°$，解得 $\omega_{c2} = \dfrac{1}{\sqrt{3}}$，由 $20\lg\dfrac{K}{\omega_{c2}}$

$= 20\lg b$，得 $b = \dfrac{25}{1/\sqrt{3}} \approx 42$，取 $\dfrac{1}{T} = \dfrac{\omega_{c2}}{6} \approx 0.1$，得 $T \approx 10$，因此 $C(s) = \dfrac{1+10s}{1+420s}$。

验算校正后相角裕度为

$$\varphi_m = 180° + \arctan\dfrac{10}{\sqrt{3}} - 90° - \arctan\dfrac{1}{\sqrt{3}} - \arctan\dfrac{420}{\sqrt{3}} = 50° > 45°$$

满足设计要求，如图 5-21 所示。

滞后校正环节在 ω_{c2} 的滞后相角为 $\arctan\dfrac{10}{\sqrt{3}} - \arctan\dfrac{420}{\sqrt{3}} = -10°$，说明取 $\delta = 15°$ 是大了（5°）。

若采用 PI 校正，只需取 $K_p = \dfrac{1}{b}$，$T_i = T$，得到

$$C(s) = K_p\left(1 + \dfrac{1}{T_i s}\right) = \dfrac{1}{42}\left(1 + \dfrac{1}{10s}\right)$$

$$\varphi_m = 180° + \arctan\dfrac{10}{\sqrt{3}} - 90° - \arctan\dfrac{1}{\sqrt{3}} - 90° = 51° > 45°$$

满足要求，如图 5-22 所示。

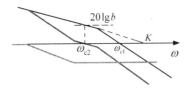

图 5-21 滞后校正的 Bode 图

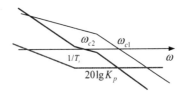

图 5-22 PI 校正的 Bode 图

3）若要求 $\omega_{c1} > \omega_{c2} \geqslant 4\mathrm{rad/s}$，用滞后-超前校正 $C(s) = \dfrac{1+Ts}{1+bTs}\dfrac{1+a\tau s}{1+\tau s}$。

取 $\omega_{c2} = 4\mathrm{rad/s}$，先确定超前校正环节 $\gamma_m = 45° - 11.4° - 3.6° = 30°$（因 $\omega_{c1} > \omega_{c2}$，补偿角取负值），$a = \dfrac{1+\sin\gamma_m}{1-\sin\gamma_m} = 3$，由 $\omega_m = \dfrac{1}{\sqrt{a\tau}} = \omega_{c2}$ 求出 $\tau = \dfrac{1}{\sqrt{a}\omega_{c2}} = \dfrac{1}{\sqrt{3}\times 4} = 0.14$，$a\tau = 3 \times 0.14 = 0.42$，再确定滞后环节，令 $b=a=3$，并取 $\dfrac{1}{T} = \dfrac{\omega_{c2}}{10} = 0.4$，得 $T=2.5$，因此 $C(s) = \dfrac{1+2.5s}{1+7.5s}\dfrac{1+0.42s}{1+0.14s}$。校正后的对数幅频特性如图 5-23 所示。

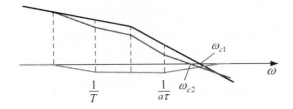

图 5-23　滞后-超前校正

5.4　复合校正

到目前为止，我们的分析和设计都是针对反馈控制进行介绍的，能够改变的只有闭环系统的极点，为设计出一个更有效的控制系统，希望也可以改变闭环系统的零点，这可以使用前馈控制法。前馈控制可以改善指令跟踪或扰动抑制性能，但前馈控制是一种开环控制设计，对模型参数变化非常敏感。一般的做法是，将反馈控制与前馈控制法结合起来，把扰动抑制和稳定鲁棒控制的设计，与指令跟踪的设计分开进行。我们先使用反馈控制法，获得较好的扰动抑制和稳定鲁棒控制性能，再使用前馈控制方法，对指令跟踪特性加以改善，这就是所谓的二自由度（Two-Degrees-of-Freedom）控制设计（参见图 5-2）。与反馈控制器的设计不同，前馈校正器的设计相对简单和直接。下面分别针对指令跟踪和扰动可测时抵消扰动的问题，论述前馈控制器的设计问题，前提条件是假定已经设计好反馈控制器。

先考虑指令跟踪问题，为此令 $d=0$，希望的输出响应信号为

$$Y_m(s) = F_r(s)R(s) \tag{5-24}$$

前馈的控制信号为

$$U_{ff}(s) = F_f(s)R(s) \tag{5-25}$$

设过程模型为标称模型 P，指令输入 r 至过程输出 y 的传递函数为

$$G_{yr} = \frac{P(CF_r + F_f)}{1+PC} = F_r + \frac{PF_f - F_r}{1+PC} = F_r + S(PF_f - F_r) = F_r + \Delta G_{yr} \tag{5-26}$$

其中，第一项 F_r 为期望的闭环传递函数，第二项为实际闭环传递函数与期望闭环传递函数的误差

$$\Delta G_{yr} = S(PF_f - F_r) = \frac{PF_f - F_r}{1+PC} \tag{5-27}$$

式中，$S=1/(1+PC)$ 为灵敏度函数。使误差 ΔG_{yr} 取小值分频段进行。在低频段，采用反馈控制，使 $S=1/(1+PC)$ 取小值；在高频段，采用前馈控制，使 $(PF_f - F_r)$ 取小值。

在理想条件下，$\Delta G_{yr}=0$，过程的输出误差 $e = y_m - y$ 为零，实现了完全跟踪（Perfect Following），由式（5-26）得到

$$PF_f = F_r \text{ 或 } F_f = F_r / P \tag{5-28}$$

由此得到如图 5-24 所示的完全跟踪控制系统的结构图，其中需要采用逆过程模型，这需要较为精确的过程模型知识。

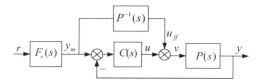

图 5-24　完全跟踪控制系统的结构图

为了保证前馈控制传递函数 $F_f = F_r / P$ 在物理上可以实现的，应该使 $F_r(s) = N_r / D_r$ 的极点盈数 $\deg D_r - \deg N_r$ 大于或等于过程 $P = N_p / D_p$ 的极点盈数 $\deg D_p - \deg N_p$。过程输入为

$$V(s) = S(s)[C(s)F_r(s) + F_f(s)]R(s) = U(s) + S(s)U_{ff}(s) \tag{5-29}$$

其中，u 为单独使用反馈控制时的控制信号，即 $U(s) = S(s)C(s)F_r(s)R(s)$。

把式（5-29）改写为

$$V(s) = U(s) + S(s)U_{ff}(s) = U(s) + [S(s)-1]U_{ff}(s) + U_{ff}(s) \tag{5-30}$$

式（5-30）的第一项为

$$U(s) = \frac{C(s)F_r(s)}{1 + P(s)C(s)} R(s)$$

式（5-30）的第二项为（利用了式（5-28））

$$[S(s)-1]U_{ff}(s) = -\frac{P(s)C(s)}{1+P(s)C(s)}\frac{F_r(s)}{P(s)}R(s)$$
$$= -\frac{C(s)F_r(s)}{1+P(s)C(s)}R(s) = -U(s)$$

因此式（5-30）简化为

$$V(s) = U_{ff}(s) \text{ 或 } v = u_{ff}$$

这相当于反馈控制不起作用，系统为前馈开环控制方式。

实际系统一般都不满足理想条件。假定过程模型具有加性摄动 $\Delta P(s)$，实际模型为

$$P_a(s) = P(s) + \Delta P(s)$$

闭环传递函数的误差为（与式（5-27）对比）

$$\Delta G_{yr} = \frac{P_a F_f - F_r}{1 + P_a C} = \frac{F_r}{1 + P_a C}\left(\frac{P_a}{P}-1\right) = \frac{F_r}{1 + P_a C}\frac{\Delta P}{P} \tag{5-31}$$

过程的输出误差 $e = y_m - y \neq 0$，反馈控制力图使输出误差 e 回零。由式（5-30），过程输入为

$$V(s) = \frac{C(s)F_r(s)}{1+P_a(s)C(s)} R(s) - \frac{P_a(s)C(s)}{1+P_a(s)C(s)} U_{ff}(s) + U_{ff}(s)$$

结合式（5-28）和式（5-25），有

$$\begin{aligned} V(s) &= \left[1 - \frac{P_a(s)}{P(s)}\right] \frac{C(s)F_r(s)}{1+P_a(s)C(s)} R(s) + U_{ff}(s) \\ &= -\frac{\Delta P(s)}{P(s)} U(s) + U_{ff}(s) \end{aligned} \tag{5-32}$$

其中，最后等式的第一项为由模型相对误差 $\Delta P / P$ 引起的反馈控制校正量。

在低频段，使 $|L(\mathrm{i}\omega)| = |P(\mathrm{i}\omega)C(\mathrm{i}\omega)| \gg 1$（如使用积分控制），$|S(\mathrm{i}\omega)| \ll 1$，由低灵敏度实现 $\Delta G_{yr} \approx 0$；在高频段，若使期望的闭环系统带宽 ω_B 低于模型摄动的频段，则有 $\Delta G_{yr} \approx F_r \Delta P / P \approx 0$，也可使过程输出较好地跟踪期望的输出。

【例 5-7】 在图 5-2 中，假定基于标称模型

$$P(s) = P_1(s)P_2(s) = \frac{s^2 + 0.12s + 1.1}{s(s+2)(s^2 + 0.08s + 1)}$$

已采用例 5-5 中的方法设计出串联反馈控制器

$$C(s) = \frac{181.8(0.34s+1)(2s+1)}{(0.118s+1)(22.6s+1)(0.0004s^2 + 0.02s + 1)}$$

在此基础上，使用期望的闭环传递函数

$$F_r(s) = \frac{25}{s^2 + 1.41 \times 5s + 25}$$

指定期望的输出响应特性（闭环控制系统具有最佳阻尼系数 $\zeta = 0.707$，带宽 $\omega_B = \omega_n = 5\mathrm{rad/s}$）。指令前馈校正传递函数为

$$F_f(s) = F_r(s) / P(s) = \frac{25}{s^2 + 1.41 \times 5s + 25} \frac{s(s+2)(s^2 + 0.08s + 1)}{s^2 + 0.12s + 1.1}$$

是物理上可以实现的。

解 使用如下的 MATLAB 程序计算复合校正系统的阶跃响应，如图 5-25 所示。

```
numP=[1 0.12 1.1]; denP= conv([1 0], conv([1 2], [1 0.08 1])) ;
P=tf(numP,denP);
numC=181.8*conv([0.34 1],[2 1]); denC= conv([0.118 1], conv([22.6 1], [0.0004 0.02 1])) ;
C=tf(numC,denC); numFr=25; denFr=[1 1.41*5 25]; Fr=tf(numFr,denFr);
numFf=conv(numFr,denP); denFf= conv(denFr,numP);
Ff=tf(numFf,denFf);
L=P*C; S=feedback(1,L ,–1); Gur=S*C*Fr; Gvr=S*(C*Fr+Ff);
Gyr=Fr+ S*(P*Ff -Fr);
subplot(1,5,1); x=0:0.01:4; step(Fr,x); grid; title(' \it y_m ')
subplot(1,5,2); x=0:0.01:4; step(Gyr,x); grid; title(' \it y')
subplot(1,5,3); x=0:0.01:4; step(Gur,x); grid; title(' \it u ')
subplot(1,5,4); x=0:0.01:4; step(Ff,x); grid; title('\it u_f_f')
```

subplot(1,5,5); x=0:0.01:4; step(Gvr,x); grid; title('\it v ')

显然 $y=y_m$，实际过程输出很好地跟踪希望的过程输出；$v=u_{ff}$，过程输入信号完全等于前馈控制信号，反馈控制不起作用。

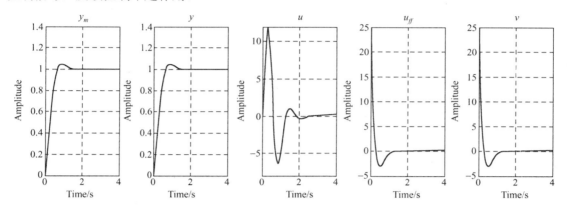

图 5-25　具有标称模型的复合校正系统的阶跃响应

但前馈控制对模型摄动非常敏感。对此，我们可以假定上述的过程模型为近似的，实际的过程模型为

$$P_a(s) = \frac{s^2 + 0.12s + 1.1}{s(s+2)(0.1s+1)(s^2 + 0.08s + 1)}$$

即过程模型具有相对摄动

$$\frac{\Delta P}{P} = \frac{-0.1s}{0.1s+1}$$

指令 r 至反馈控制信号 u 的传递函数为

$$G_{ur} = \frac{CF_r}{1+P_aC}$$

指令 r 至过程输入 v 的传递函数为

$$G_{vr} = \frac{CF_r + F_f}{1+P_aC} = \frac{CF_r + F_r/P}{1+P_aC}$$

因为存在模型摄动，由式（5-32）得到过程输入为

$$V(s) = \Delta U(s) + U_{ff}(s)，\quad \Delta U = D_u(s)R(s)，\quad D_u(s) = \left[1 - \frac{P_a(s)}{P(s)}\right]G_{ur}(s)$$

Δu 为模型摄动引起的反馈控制校正信号，Δu 和前馈控制信号 u_{ff} 共同确定过程的输入信号 v。使用如下的 MATLAB 程序计算摄动系统采用复合校正后的过程输出 y、反馈控制信号 u、反馈校正信号 Δu、前馈控制信号 u_{ff} 和过程输入 v 的阶跃响应，结果如图 5-26 所示。

```
numP=[1 0.12 1.1]; denP= conv([1 0], conv([1 2], [1 0.08 1])) ;
P=tf(numP,denP);
numPa=[1 0.12 1.1]; denPa= conv(conv([1 0],[0.1 1]),conv([1 2], [1 0.08 1])) ;
Pa=tf(numPa,denPa);
```

numC=181.8*conv([0.34 1],[2 1]); denC= conv([0.118 1], conv([22.6 1], [0.0004 0.02 1])) ;
C=tf(numC,denC); numFr=25; denFr=[1 1.41*5 25]; Fr=tf(numFr,denFr);
numFf=conv(numFr,denP); denFf= conv(denFr,numP);
Ff=tf(numFf,denFf);
L=Pa*C; S=feedback(1,L ,−1); Gyr=Fr+ S*(Pa*Ff −Fr);
Gur=S*C*Fr; Gvr=S*(C*Fr+Ff);Du=(1−Pa/P)*Gur;
subplot(1,5,1); x=0:0.01:6; step(Gyr,x); grid; title(' \it y')
subplot(1,5,2); x=0:0.01:6; step(Gur,x); grid; title(' \it u')
subplot(1,5,3); x=0:0.01:6; step(Du,x); grid; title(' Δ\it u')
subplot(1,5,4); x=0:0.01:6; step(Ff,x); grid; title(' \it u_f_f')
subplot(1,5,5); x=0:0.01:6; step(Gvr,x); grid; title('\it v')

各系统变量都有明显的振荡，反馈校正控制也起作用了。

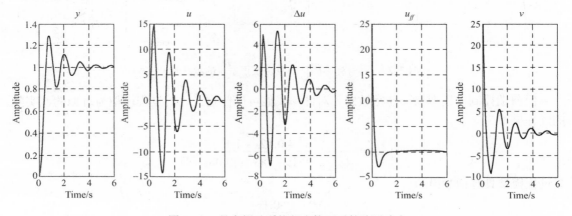

图 5-26　具有摄动系统复合校正后的阶跃响应

　　为减低复合校正系统对模型摄动的敏感性，可以适当降低系统的带宽，如把 F_r 的带宽由 $\omega_B = 5\text{rad/s}$ 减小到 $\omega_B = 2.5\text{rad/s}$，由下述的 MATLAB 程序计算系统的阶跃响应，如图 5-27 所示。

numP=[1 0.12 1.1]; denP= conv([1 0], conv([1 2], [1 0.08 1])) ; P=tf(numP,denP);
numPa=[1 0.12 1.1]; denPa= conv(conv([1 0],[0.1 1]),conv([1 2], [1 0.08 1])) ; Pa=tf(numPa,denPa);
numC=181.8*conv([0.34 1],[2 1]); denC= conv([0.118 1], conv([22.6 1], [0.0004 0.02 1])) ;
C=tf(numC,denC);
numFr=6.25; denFr=[1 1.41*2.5 6.25]; Fr=tf(numFr,denFr);
numFf=conv(numFr,denP); denFf= conv(denFr,numP);
Ff=tf(numFf,denFf);
L=Pa*C; S=feedback(1,L ,−1); Gyr=Fr+ S*(Pa*Ff −Fr);
Gur=S*C*Fr; Gvr=S*(C*Fr+Ff);Du=(1−Pa/P)*Gur;
subplot(1,5,1); x=0:0.01:6; step(Gyr,x); grid; title(' \it y')
subplot(1,5,2); x=0:0.01:6; step(Gur,x); grid; title(' \itu')
subplot(1,5,3); x=0:0.01:6; step(Du,x); grid; title('Δ\it u')
subplot(1,5,4); x=0:0.01:6; step(Ff,x); grid; title(' \itu_f_f')
subplot(1,5,5); x=0:0.01:6; step(Gvr,x); grid; title('\it v')

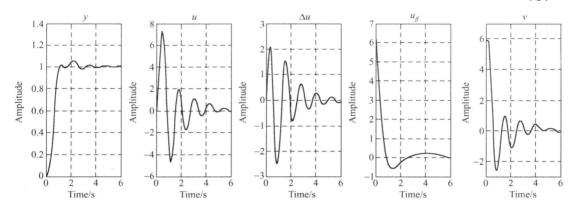

图 5-27　具有模型摄动的复合校正系统降低带宽后的阶跃响应

过程输出 y 的响应没有明显改变（与图 5-25 比较），说明系统的稳定鲁棒性提高了，同时系统的各种控制信号幅度也减低了。

现在考虑消除图 5-2 中负载扰动影响的问题。若扰动可测（如使用软测量技术），并假定扰动以已知的方式作用于系统（由 P_1 和 P_2 表征），如针对电机被控对象，一般有 $P_1 = k/s$，$P_2 = 1/(Ts+1)$。扰动的影响可以采用可测扰动信号的前馈校正进行消减，前馈校正的传递函数为 F_d。

不失一般性，令 $r=0$，则由扰动至过程输出的传递函数为

$$G_{yd} = \frac{P_1(1-F_dP_2)}{1+PC} \tag{5-33}$$

式中，$P=P_2P_1$，扰动的影响可以使 $1-F_dP_2$ 取小值（前馈）或使 $S=1/(1+PC)$ 取小值（反馈）进行消减，补偿的条件为

$$F_d = F_0P_2^{-1} \tag{5-34}$$

注意，扰动前馈补偿器为传递函数 P_2^{-1}，这需要过程 P_2 部分的精确模型，这是比较容易得到的，因为 P_2 部分一般为电子放大器和功率放大器。为了使所得到的前馈控制器是物理上可以实现的，采用高频滤波器 F_0，使 F_d 不含纯微分运算。

与指令跟踪一样，扰动抑制充分地把反馈和前馈控制的优点结合起来，在低频段，使用反馈可有效地抑制恒值负载扰动；而针对突加或突卸的负载扰动，可以使用前馈进行消减。式（5-28）和式（5-34）给出了前馈控制器的解析表达式，为了使所得到的前馈控制器是物理上可以实现的，需要控制器是稳定的，并且不含纯微分运算，这需要精心选择期望的闭环传递函数 F_r。若 P 存在 RHP 零点，则需要作近似处理。

5.5　局部反馈校正

除串联校正外，还可以通过环绕系统中一个或几个前向通道部件的局部反馈来对系统进行补偿，如图 5-1 所示的 $H(s)$。虽然在大多数情况下串联校正是相当令人满意和经济的，但反馈补偿具有串联校正不具备的特点：①在局部反馈校正中，信号从高能级被引向低能级，因此不需要经过放大。②反馈补偿通常提供更大的抗负载干扰能力。

下面用频率法来考虑局部反馈校正问题。从图 5-1 可知，局部闭环系统的传递函数为

$$G(s) = \frac{Y(s)}{U(s)} = \frac{P(s)}{1 + P(s)H(s)} \tag{5-35}$$

假设局部闭环系统本身是稳定的。局部闭环系统的开环传递函数为 $P(s)H(s)$，其开环幅频特性为 $P(\mathrm{i}\omega)H(\mathrm{i}\omega)$。容易看出：

$$|P(\mathrm{i}\omega)H(\mathrm{i}\omega)| << 1, \ \text{有} \ G(\mathrm{i}\omega) = P(\mathrm{i}\omega)$$

$$|P(\mathrm{i}\omega)H(\mathrm{i}\omega)| >> 1, \quad G(\mathrm{i}\omega) = 1/H(\mathrm{i}\omega) \tag{5-36}$$

以上表明，当内环的开环传递函数的幅值远小于 1 时，反馈校正作用很弱，可认为内环是开路的，因此校正后内环的传递函数近似等于原环节的传递函数；当内环的开环传递函数的幅值远大于 1 时，反馈校正作用很强，校正后内环的传递函数取决于反馈校正装置的传递函数，几乎与原环节的传递函数 $P(s)$ 无关。由此可知，反馈校正的思想就是，用反馈校正装置去包围原系统中影响动态性能提高的某些环节，构成一个内环，使得反馈校正起作用时，内环特性主要取决于引入的反馈校正装置，而与系统原来的环节特性几乎无关。因此，适当选取反馈校正装置的形式和参数，则可以获得所需的内环特性，从而使校正后系统特性满足要求。

在绘制 Bode 图时，可以将式（5-36）的近似关系延拓至 $|P(\mathrm{i}\omega)H(\mathrm{i}\omega)| = 1$ 的频率附近。于是，得到

$$G(\mathrm{i}\omega) = P(\mathrm{i}\omega), \ \text{对于} \ |P(\mathrm{i}\omega)H(\mathrm{i}\omega)| < 1$$

$$G(\mathrm{i}\omega) = 1/H(\mathrm{i}\omega), \ \text{对于} \ |P(\mathrm{i}\omega)H(\mathrm{i}\omega)| > 1 \tag{5-37}$$

图 5-28 给出了某个系统的 $|P(\mathrm{i}\omega)|_{\mathrm{dB}}$ 和 $|1/H(\mathrm{i}\omega)|_{\mathrm{dB}}$ 图线。两条频率特性相交于 $|P(\mathrm{i}\omega)|_{\mathrm{dB}} = |1/H(\mathrm{i}\omega)|_{\mathrm{dB}}$ 的频率处。由式（5-37）可知，当 $\omega \leqslant \omega_1$ 和 $\omega \geqslant \omega_2$（即在低频段和高频段）时，内环的近似对数频率特性与原有环节 $P(\mathrm{i}\omega)$ 的近似对数频率特性重合，而在 $\omega_1 \leqslant \omega \leqslant \omega_2$ 时，内环的近似对数频率特性与 $1/H(\mathrm{i}\omega)$ 的近似对数频率特性重合。于是，可方便地得到内环的近似频率特性（图 5-28 中粗线所示）。

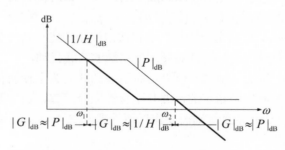

图 5-28　局部反馈校正频率特性的近似

应当指出，在 $|P(\mathrm{i}\omega)H(\mathrm{i}\omega)| = 1$ 的频率及其附近频域中，上述关系是不真实的。与绘制曲型的渐近 Bode 图不同，对于上述频率上的误差没有直接可用的修正方案。为了减小误差，工程上的办法是使交越频率远离上述频率点。

于是，可以归纳出局部反馈校正的综合方法如下。

1）确定在系统固有部分中准备加以局部反馈校正的部分，也就是内环的前向通道的传

递函数，记作 $P(\text{i}\omega)$ 。画出 $P(\text{i}\omega)$ 的对数频率特性。

2）设计出经过局部反馈校正后预期的内环的传递函数，记作 $G(s)$ 。画出 $G(s)$ 的对数频率特性。

3）把 $G(s)$ 的对数频率特性反号，即得 $1/G(s)$ 的频率特性。于是，得到局部反馈校正装置的传递函数 $H(s) = 1/G(s)$ 。当然，这样得到的 $H(s)$ 可能不是真有理分式。为了使 $H(s)$ 在物理上可实现，通常需要修改它的高频段，使 $\omega \to \infty$ 时有 $|H(\text{i}\omega)|_{\text{dB}} \to -\infty$ 。

4）校验内环是否稳定。要求内环稳定是为了便于外环调整和设计，如果内环不稳定，必须修改所设计的 $G(s)$ ，或者在内环中加入校正环节。

5）根据式（5-36），只有当 $|P(\text{i}\omega)H(\text{i}\omega)| \gg 1$ 时， $G(\text{i}\omega) = 1/H(\text{i}\omega)$ 。因此必须校核 $|P(\text{i}\omega)H(\text{i}\omega)| \gg 1$ 在主要频段（交越区）是否成立。若不成立，则需重新设计 $G(s)$ 。

由此可知，局部反馈设计也是一个反复试凑的过程。

作为特例，考虑位置速度控制系统。由于速度信号可以测量，微分负反馈 $H(s) = \tau_d s$ 是物理上可实现的。在低频段（对应于稳态工作状态）

$$|H(\text{i}\omega)| = \tau_d \omega \ll 1, \quad G(s) = P(s)$$

微分反馈不起作用，局部反馈回路相当于断开；在高频段（对应于初始时刻）

$$|H(\text{i}\omega)| = \tau_d \omega \gg 1, \quad G(s) \approx 1/H(s) \approx 1/(\tau_d s)$$

系统的响应特性与被控对象的结构和参数无关，完全由反馈校正参数决定。因此，对于位置控制系统，采用具有微分负反馈局部校正功能的速度控制内环是非常普遍的。

5.6 控制系统的动态性能约束

受被控系统容量和工程上可实现条件的限制，控制系统的性能指标并不是任意指定的，即控制系统的动态性能受被控系统物理条件的约束。下面研究过程输入信号的幅值、模型摄动边界和非最小相位系统的交越频率约束问题。

5.6.1 过程输入信号幅值与模型摄动边界

在图 5-27 中，我们发现系统带宽降低一倍，过程输入的最大幅值减小到原幅度的 1/4，系统对模型摄动的敏感性也减低了，系统的这些特性是可以估算的。

针对图 5-2 中的复合校正系统，指令信号至过程输入信号的传递函数为

$$G_{vr}(s) = \frac{V(s)}{R(s)} = \frac{G_{yr}(s)}{P(s)} \tag{5-38}$$

其中， G_{yr} 为指令信号至过程输出信号的闭环传递函数。 G_{vr} 的特性类似于式（5-2）和图 5-4 中的输入灵敏度函数 $SC = T/P$ 特性。若期望 G_{yr} 的带宽为 ω_B ，则在 $0 \sim \omega_B$ 的频段内， $G_{yr} = F_r = 1$ ， G_{vr} 近似等于对象传递函数的逆，即 $G_{vr} = P^{-1}$ 。设 $|P(\text{i}\omega_B)| < 1$ ， $|P(\text{i}\omega)|_{\text{dB}}$ 在高频段的斜率为 $-v \times 20\text{dB/dec}$ ，若 ω_B 加大 1 倍，则过程输入信号的幅值将会增大为原来的 2^v 倍。

在例 5-7 中， $|P(\text{i}\omega)|_{\text{dB}}$ 在高频段的斜率为 $|P(\text{i}\omega)|_{\text{dB}} = -2 \times 20\text{dB/dec}$ （参见图 5-16），把

160

期望闭环传递函数 F_r 的带宽由 $\omega_B=5\text{rad/s}$ 减小到 $\omega_B=2.5\text{rad/s}$，与图 5-26 相比，过程输入信号 v 的最大幅值将会减小到原来的 1/4，由 25 减至 $25/4\approx6$，如图 5-27 所示。若把 F_r 的带宽由 $\omega_B=5\text{rad/s}$ 加大到 $\omega_B=10\text{rad/s}$，与图 5-26 相比，信号 v 的最大幅值将会增大为原来的 $2^2=4$ 倍，由 25 增至 $4\times25=100$，如图 5-29 所示。

反馈控制信号 u 的响应由指令至 u 的传递函数决定，为

$$G_{ur}=SCF_r=\frac{TF_r}{P}$$

由此可见余灵敏度函数 T、期望闭环传递函数 F_r 和过程传递函数 P 共同确定 u 的幅值。若 F_r 的带宽 ω_B 高于 T 的带宽 ω_b，则 u 的幅值主要取决于 T/P；若 F_r 的带宽 ω_B 小于 T 的带宽 ω_b，则 u 的幅值主要取决于 F_r/P。

由式（4-66）的稳定鲁棒条件

$$\left|\frac{\Delta P(\text{i}\omega)}{P(\text{i}\omega)}\right|<\frac{1}{|T(\text{i}\omega)|}$$

可把系统的稳定鲁棒边界定义为闭环谐振峰值的倒数，即 $|\Delta P/P|_{\max}=1/M_r$。在谐振频率附近，系统对模型的建模精度要求最高，要求相对模型摄动不超过 $|\Delta P/P|_{\max}=1/M_r$。相对模型摄动越接近稳定鲁棒边界 $|\Delta P/P|_{\max}=1/M_r$，系统的稳定鲁棒性越差；反之，系统的稳定鲁棒性越好。

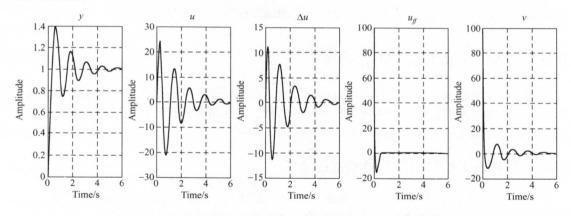

图 5-29　具有模型摄动的复合校正系统增大系统带宽后的阶跃响应

在例 5-7 中，过程具有模型摄动 $\dfrac{\Delta P}{P}=-\dfrac{0.1s}{0.1s+1}$，标称倒余灵敏度函数 $1/T$ 的 Bode 图如图 5-30 所示。由图给出，稳定鲁棒边界为 $|\Delta P/P|_{\max}=1/M_r=-3.46\text{dB}=0.67$，$\omega_r=5\text{rad/s}$。若期望的系统带宽 ω_B 覆盖谐振频率 $\omega_r=5\text{rad/s}$ 的区段，相对模型摄动与稳定鲁棒边界的距离最短。例如，谐振频率 $\omega_r=5\text{rad/s}$ 处的相对模型摄动 $|\Delta P(\text{i}\omega_r)/P(\text{i}\omega_r)|=-6.98\text{dB}=0.45$，与稳定鲁棒边界值很接近，鲁棒性能较差，过程输出的波形出现明显的振荡，如图 5-26、图 5-29 所示（期望的闭环传递函数 F_r 的带宽分别取 $\omega_B=100\text{rad/s}$、$\omega_B=1000\text{rad/s}$ 的过程输出的波形与图 5-29 一样），由余灵敏度函数 T 确定实际系统的带宽。若期望的闭环传递函数的带宽 ω_B 低

于谐振频率，如取 $\omega_B = 2.5\text{rad/s}$，由期望的闭环传递函数 F_r 确定实际系统的带宽，它等于 ω_B，相对模型摄动远离稳定鲁棒边界，过程输出的波形得到明显的改善，如图 5-27 所示。

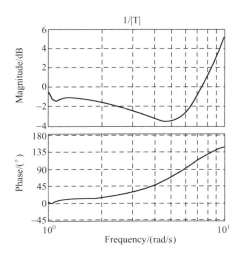

图 5-30　倒余灵敏度函数 $1/T$ 的 Bode 图

综合例 5-5、例 5-7 和式（5-34）的设计结果，设置期望的闭环带宽为 $\omega_B = 2.5\text{rad/s}$，针对图 5-2，设过程具有模型摄动 $\Delta P / P = -0.1s /(0.1s + 1)$，参考输入 r 为 -1～+1 的方波信号，负载扰动 d 为 -1～+1 的方波信号，测量噪声为幅值等于 1/3 的白噪声信号，Simulink 仿真系统如图 5-31 所示，过程输出波形如图 5-32 所示。其中，指令跟踪、扰动抑制、高频噪声衰减和模型摄动的鲁棒性等系统性能都是事先所指定的。

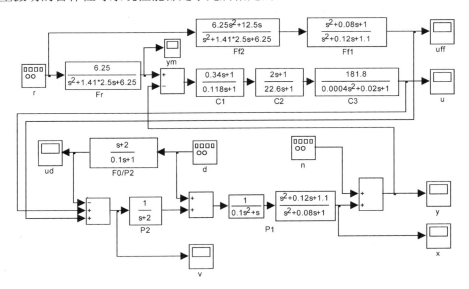

图 5-31　Simulink 仿真系统实现

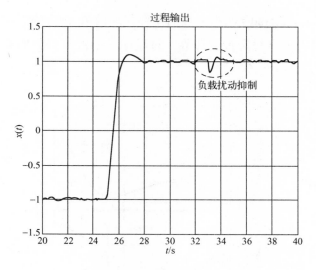

图 5-32　过程输出波形

5.6.2　非最小相位系统的性能约束

对于最小相位系统，基于开环频率特性的环路整形法具有很大的灵活性和便利性。但对于非最小相位系统，将对校正系统的交越频率或带宽施加一些限制。

考察如图 5-3 所示的反馈控制系统，在零到交越频率之间，若回路增益 $L=CP$ 很大，则参考输入 r 至控制信号 u 的传递函数等于输入灵敏度函数 SC，即

$$G_{ur} = SC = \frac{C}{1+PC} \approx \frac{1}{P}$$

假如对象 P 含有 RHP 零点，则 $1/P$ 是不稳定的，控制信号的幅值将会很大，这需要很大功率的执行器，否则受执行器饱和特性的影响，系统的频带宽度将是受限的。执行器饱和特性的影响具有类似的特性。更一般地，研究如下非最小相位系统的性能约束。

1. 非最小相位环节的影响

在线性系统中，存在一些固有的控制性能受限的对象，这些限制与过程 RHP 极点、RHP 零点及延迟有关。假定过程的传递函数为

$$P(s) = P_{mp}(s)P_{ap}(s) \tag{5-39}$$

其中，P_{mp} 为最小相位部分，P_{ap} 为非最小相位部分，并且 $|P_{ap}(i\omega)| = 1$，$\angle P_{ap}(i\omega) < 0°$。传递函数 P_{ap} 称为全通函数，因为它对于所有的频率都具有单位增益。设需要的相角裕度为 φ_m，则有

$$\arg L(i\omega_c) = \arg P_{mp}(i\omega_c) + \arg P_{ap}(i\omega_c) + \arg C(i\omega_c) \geqslant -\pi + \varphi_m \tag{5-40}$$

其中，C 为控制器的传递函数。令 n_c 为幅频特性曲线在交越频率处的斜率，利用 $|P_{ap}(i\omega)| = 1$，得到

$$n_c = \left.\frac{\mathrm{d}\lg|L(i\omega)|}{\mathrm{d}\lg\omega}\right|_{\omega=\omega_c} = \left.\frac{\mathrm{d}\lg|P_{mp}(i\omega)C(i\omega)|}{\mathrm{d}\lg\omega}\right|_{\omega=\omega_c}$$

假定斜率 n_c 为负值，对于稳定的系统，要求 $n_c > -2$。由 Bode 关系式（4-74），得到

$$\arg P_{mp}(\mathrm{i}\omega) + \arg C(\mathrm{i}\omega) \approx n_c \frac{\pi}{2}$$

结合式（5-40），给出

$$-\arg P_{ap}(\mathrm{i}\omega_c) \leqslant \pi - \varphi_m + n_c \frac{\pi}{2} = \varphi_l \tag{5-41}$$

该条件称为交越频率不等式，表示交越频率的选择必须满足如下条件：非最小相位环节的滞后相角不能太大。若系统需要具有较好的鲁棒稳定性，可以选择 $\varphi_m = 60°$（或 $\pi/3$）、$n_c = -1$，由此给出允许的滞后相角 $\varphi_l = 30°$（或 $\pi/6$）。若 $\varphi_m = 45°$（或 $\pi/4$）、$n_c = -1/2$，则 $\varphi_l = 90°$（或 $\pi/2$）。

交越频率不等式表明非最小相位系统交越频率的选择不是任意的，同时也意味着非最小相位系统的稳定裕度也是受限的。

2．RHP 零点和延迟环节

含有 RHP 零点的过程的非最小相位部分为

$$P_{ap}(s) = \frac{1 - \tau s}{1 + \tau s}$$

其中，零点 $z = 1/\tau > 0$，非最小相位部分的滞后相角为

$$\arg P_{ap}(\mathrm{i}\omega) = -2\arctan \tau\omega$$

由于 P_{ap} 的相角随着频率的升高而减小，不等式（5-41）给出了下列交越频率的上界

$$\omega_c \leqslant z \tan \frac{\varphi_l}{2} \tag{5-42}$$

若 $\varphi_l = \pi/2$，则 $\omega_c \leqslant z$。RHP 零点 z 越小，交越频率的限制上界越小。

延迟环节 $P_{ap}(s) = \mathrm{e}^{-\tau s}$ 的作用类似于 RHP 零点，交越频率不等式为

$$\tau\omega_c \leqslant \varphi_l \tag{5-43}$$

若 $\varphi_l = \pi/2$，则 $\omega_c \leqslant 1.57/\tau$。延迟 τ 越大，交越频率的限制上界越小。

3．RHP 极点

含有 RHP 极点的过程的非最小相位部分为

$$P_{ap}(s) = \frac{Ts + 1}{Ts - 1}$$

其中，极点 $p = 1/T > 0$，非最小相位部分的滞后相角为

$$\arg P_{ap}(\mathrm{i}\omega) = -2\arctan \frac{1}{\omega T}$$

由于 P_{ap} 的相角随着频率的升高而增大，交越频率不等式为

$$\omega_c \geqslant \frac{p}{\tan \dfrac{\varphi_l}{2}} \tag{5-44}$$

该不等式表明 RHP 的极点要求闭环系统具有足够大的带宽。若 $\varphi_l = \pi/2$，则 $\omega_c \geqslant p$，p 越大，所需要的带宽越大。

4. 同时存在 RHP 极点和零点

含有 RHP 极点和零点的过程的非最小相位部分为

$$P_{ap}(s) = \frac{1-\tau s}{1+\tau s} \frac{Ts+1}{Ts-1}$$

其中，零点 $z = 1/\tau > 0$，极点 $p = 1/T > 0$。对于 $\tau < T$，即 $z > p$，有

$$\arg P_{ap}(\mathrm{i}\omega) = -2\arctan\frac{\tau\omega + 1/(\omega T)}{1 - \tau/T}$$

交越频率不等式为

$$\tau\omega_c + \frac{1}{T\omega_c} \leqslant \left(1 - \frac{\tau}{T}\right)\tan\frac{\varphi_l}{2}$$

在 $\omega_c = 1/\sqrt{\tau T}$，不等式左边取得最小值 $2\sqrt{\tau/T}$，因此

$$\varphi_m < \pi + n_c \frac{\pi}{2} - 2\arctan\frac{2\sqrt{\tau/T}}{1-\tau/T} = 180° + n_c \cdot 90° - 4\arctan\sqrt{\frac{p}{z}} \qquad (5\text{-}45)$$

取 $n_c = -1/2$，由式（5-45）给出相角裕度 φ_m 与零极点比 z/p 的关系，见表 5-2。

表 5-2　相角裕度 φ_m 与零极点比 z/p 的关系

$\varphi_m(°)$	−6	0	30	38.6	45	60	64.8	84.6
z/p	2	2.24	4.11	5	5.83	8.68	10	20

由此可见，零极点比 z/p 小于 5.83，所可以得到的相角裕度 φ_m 小于 45°。

例如，X-29 战斗机是目前世界上最先进的飞机之一，该机能以 40° 的迎角飞行，以获得极高的机动性和灵活性。一般来说，当飞机的迎角在临界值附近时，机翼可产生较大的升力，从而使战斗机获得高机动能力，迅速改变位置和方向，以制胜对手。在 X-29 实验机项目实施过程中，投入了大量的人力和物力，力图使相角裕度 $\varphi_m = 45°$，但难以达到，究其原因，在于 X-29 战斗机具有如下的非最小相位特性

$$P(s) = \frac{s-26}{s-6}$$

零极点比 $z/p = 4.33$，若 $n_c = -1/2$，则 $\varphi_m = 32.4°$。若需要 $\varphi_m = 45°$，则要求 $n_c = -0.36$，这是难以实现的。

最靠近原点的 RHP 零点 z 确定了 ω_c 的上界；离原点最远的 RHP 极点 p 确定了 ω_c 的下界。若 RHP 零点和 RHP 极点过于靠近，系统的高性能控制（高稳定裕度）将会非常困难。在实际应用中，应尽可能避免 RHP 极点和 RHP 零点同时出现的情形。一般情况下，RHP 极点取决于系统的内部特性，改变极点要求重新进行系统设计。而 RHP 零点取决于执行器和传感器与系统的耦合结构。RHP 极点有时是非常有用的，超音速飞机就是一种具有 RHP 极点的被控对象。

由上述介绍可知，利用频域法设计非最小相位系统控制器较为复杂。采用极点配置设计（见 5.7 节），可以便捷地求解非最小相位系统的控制问题。

5. Bode 灵敏度积分公式

在系统设计中，为保证具有较好的稳定鲁棒性，除了提供足够的相位裕度外，还应满足其他性能指标，包括负载扰动抑制、指令跟踪误差和高频测量噪声衰减。较好的负载扰动抑

制和稳定鲁棒性要求相应频段上的灵敏度函数 $S=1/(1+PC)$ 取得较低的幅值。关于反馈系统的灵敏度函数的约束，直接引用由 Bode 给出的下列积分公式。

定理 5.1（Bode 灵敏度积分公式）：设 $S(s)$ 为反馈系统的灵敏度函数，对于大的 s，其收敛于 0 的速度快于 $1/s$。若开环传递函数具有 RHP 的极点 p_k，则灵敏度函数满足下列积分公式

$$\int_0^\infty \ln|S(i\omega)|\,d\omega = \int_0^\infty \ln \frac{1}{|1+L(i\omega)|}\,d\omega = \pi \sum \mathrm{Re}\, p_k \qquad (5\text{-}46)$$

方程（5-46）表明反馈控制设计可以达到的性能：由于 $\ln|S(i\omega)|$ 在 $\omega = 0 \sim \infty$ 的积分为常数，若负载扰动在某些频率被抑制，则在另外的频率必然被放大。开环不稳定系统总的灵敏度比开环稳定系统大。$\mathrm{Re}\, p_k$ 越大，总的灵敏度越大。

若开环系统稳定，由式（5-46）可以得到如下的守恒定律

$$\int_0^\infty \ln|S(i\omega)|\,d\omega = 0$$

该表达式表明：如果系统的灵敏度在频段 $0 \sim \omega_{sc}$ 被衰减，必然在 $\omega_{sc} \sim \infty$ 被放大。ω_{sc} 称为灵敏度交越频率。

例如，设开环传递函数 $L(s) = 1/[s(s+1)(0.5s+1)]$，相应的灵敏度函数为

$$S(s) = \frac{0.5s^3 + 1.5s^2 + s}{0.5s^3 + 1.5s^2 + s + 1}$$

以 ω 为横轴（线性刻度），作出的 $\ln S|(i\omega)|$ 图像如图 5-33 所示。

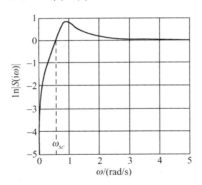

图 5-33　Bode 灵敏度积分公式的几何解释（水床效应）

在图 5-33 中，$\omega_{sc} = 0.575\mathrm{rad/s}$，$\ln S|(i\omega_{sc})| = 0$。在频段 $0 \sim \omega_{sc}$，$\ln S|(i\omega)| < 0$，$S|(i\omega)| < 1$，扰动被衰减；在频段 $\omega_{sc} \sim \infty$，$\ln S|(i\omega)| > 0$，$S|(i\omega)| > 1$，扰动被放大。$\ln S|(i\omega)| > 0$ 和 $\ln S|(i\omega)| < 0$ 的面积相等，即所谓的水床效应。

5.6.3　非最小相位系统的稳定补偿器的存在条件

最小相位系统对控制施加许多限制，如控制信号的幅值过大。是否存在可以使闭环系统稳定的稳定补偿器，是我们感兴趣的，对此，在这里直接引用 Youla 和 Bongiorno 等人于 1974 年的研究结果。

考虑如图 5-3 所示的反馈系统，过程模型为 P，补偿器为 C。若过程模型在每一对正实

轴的零点（含无穷远处的零点）之间的极点数（计重数）为偶数，称这种对象具有奇偶交错性（Parity Interlacing Property）。

定理 5.2（稳定补偿器存在性）：存在使系统闭环稳定的稳定补偿器 C 的充分必要条件是对象具有奇偶交错性。

例如，对象模型

$$P(s) = \frac{s+1}{(s-2)^2} \qquad (5\text{-}47)$$

具有奇偶交错性，而模型

$$P(s) = \frac{(s-1)(s-4)}{s(s-2)} \qquad (5\text{-}48)$$

则不具有奇偶交错性。可以证明使开环传递函数为式（5-47）的系统闭环稳定的补偿器本身是稳定的，通过绘制根轨迹，取补偿器为一定数值的比例环节就可以实现。

5.7 极点配置设计

在 5.4 节中，结合反馈与前馈控制构成的复合控制方法，可以把扰动抑制和稳定鲁棒控制的设计，与指令跟踪的设计分开进行，这种控制设计方法可以形式化为如图 5-34 所示的二自由度控制系统结构。

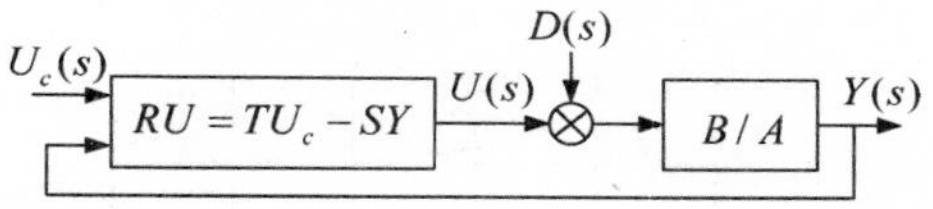

图 5-34　二自由度控制系统的系统结构框图

设被控对象的传递函数为 $P(s) = B(s)/A(s)$，它在物理上是可实现的，即多项式 $A(s)$ 的阶次大于多项式 $B(s)$ 的阶次。前馈控制器 $G_{ff}(s) = T(s)/R(s)$，反馈控制器 $G_{fb}(s) = S(s)/R(s)$，假设 $P(s)$、$G_{ff}(s)$、$G_{fb}(s)$ 的分子和分母均无公因式，而且 $G_{ff}(s)$ 和 $G_{fb}(s)$ 有相同的分母，$R(s)$ 为首一多项式，则闭环系统的输出为

$$Y(s) = \frac{B(s)T(s)}{A(s)R(s)+B(s)S(s)}U_c(s) + \frac{B(s)R(s)}{A(s)R(s)+B(s)S(s)}D(s) \qquad (5\text{-}49)$$

设参考输入指令 u_c 至输出 y 的理想的闭环系统传递函数由 $B_m(s)/A_m(s)$ 指定，则控制器的多项式 $R(s)$、$S(s)$ 和 $T(s)$ 满足

$$\frac{B(s)T(s)}{A(s)R(s)+B(s)S(s)} = \frac{B_m(s)}{A_m(s)} \qquad (5\text{-}50)$$

假设多项式 $A_m(s)$ 和 $B_m(s)$ 没有公因式。在控制设计中，为方便起见，一般指定的闭环系统传递函数 $B_m(s)/A_m(s)$ 为低阶的，如典型的二阶系统传递函数。由于实际系统的复杂性，传递函数一般为高阶的，式（5-50）的左边必然会出现零、极点对消，为此，下面加以讲解。

先考虑 $B(s)$ 中被对消的因式，设

$$B(s) = B^+(s)B^-(s) \tag{5-51}$$

其中，$B^+(s)$ 是被对消的因式，而且为首一多项式。因为 $A(s)$ 和 $B(s)$ 没有公因式，由式（5-50）知道 $B^+(s)$ 必然是 $R(s)$ 的因式，即

$$R(s) = B^+(s)R'(s) \tag{5-52}$$

$R'(s)$ 首一。为保证控制信号的幅值为有限值，控制器的特征多项式 $R(s)$ 不能有位于 s 平面的右半平面的根。因此，$B^+(s)$ 是被控对象位于 s 平面的左半平面的零点多项式，而 $B^-(s)$ 是被控对象位于 s 平面的右半平面的零点多项式，不能被消去。也就是说，$B_m(s)$ 中必须含有 $B^-(s)$，即

$$B_m(s) = B^-(s)B_m'(s) \tag{5-53}$$

再考虑 $T(s)$ 中被对消的因式，设其为 $A_o(s)$，不失一般性，$A_o(s)$ 为首一的。闭环传递函数的分子去掉公因式后得到 $[T(s)/A_o(s)]B^-(s)$，它应该等于 $B_m(s)$，因此

$$T(s) = B_m'(s)A_o(s) \tag{5-54}$$

同理，闭环传递函数的分母去掉公因式后应该等于 $A_m(s)$，因此闭环特征多项式为

$$A(s)R(s) + B(s)S(s) = A_m(s)A_o(s)B^+(s) \tag{5-55}$$

或

$$A(s)R'(s) + B^-(s)S(s) = A_m(s)A_o(s) \tag{5-56}$$

式（5-55）或式（5-56）在代数中具有重要的应用，称为 Diophantine 方程。

在给定设计参数 $A_m(s)$、$B_m(s)$ 和 $A_o(s)$ 时，不仅要考虑模型性能，还要考虑设计出的控制器在物理上是可实现的，即 $R(s)$ 的阶次不小于 $T(s)$ 和 $S(s)$，记为

$$\deg R(s) \geqslant \deg T(s) \tag{5-57}$$

$$\deg R(s) \geqslant \deg S(s) \tag{5-58}$$

式（5-57）和式（5-58）称为容许控制条件。

引理 5.1（相容性条件）：如图 5-34 所示的控制系统存在容许控制的必要条件是控制设计参数 $A_m(s)$、$B_m(s)$ 和 $A_o(s)$ 满足

$$\deg A_m(s) - \deg B_m(s) \geqslant \deg A(s) - \deg B(s) \tag{5-59}$$

$$\deg A_c(s) \geqslant 2\deg A(s) - 1 \tag{5-60}$$

其中，$A_c(s) = A_m(s)A_o(s)B^+(s)$ 为闭环特征多项式。

证明：①先证明式（5-59）。

记多项式 $\bullet(s)$ 的阶次为 $\deg[\bullet(s)]$，由于分母 $A(s)$ 的阶次大于分子 $B(s)$ 的阶次，结合式（5-55）和式（5-57），给出

$$\deg[A(s)R(s)] = \deg[A(s)R(s) + B(s)S(s)]$$
$$= \deg[A_m(s)A_o(s)B^+(s)]$$

由此得到

$$\deg R(s) = \deg A_m(s) + \deg A_o(s) + \deg B^+(s) - \deg A(s) \tag{5-61}$$

由式（5-54），得到

168

$$\deg T(s) = \deg B_m{'}(s) + \deg A_o(s) \tag{5-62}$$

根据式（5-57），结合式（5-61）和式（5-62），导出

$$\deg A_m(s) + \deg A_o(s) + \deg B^+(s) - \deg A(s)$$
$$\geqslant \deg B_m{'}(s) + \deg A_o(s)$$

由此得到

$$\deg A_m(s) - \deg B_m{'}(s) \geqslant \deg A(s) - \deg B^+(s) \tag{5-63}$$

式（5-63）两边加上 $-\deg B^-(s)$ 就得到式（5-59），即

$$\deg A_m(s) - \deg B_m(s) \geqslant \deg A(s) - \deg B(s)$$

② 再证明式（5-60）。

Diophantine 方程（式（5-56））有多个解。设 $R^0(s)$ 和 $S^0(s)$ 为（5-56）的解，则

$$R(s) = R^0(s) + Q(s)B(s)$$
$$S(s) = S^0(s) - Q(s)A(s) \tag{5-64}$$

也是式（5-56）的解。其中，$Q(s)$ 为 s 的任意多项式。在这些众多的解中，我们应寻求最低阶次解。由于方程式（5-64），总可以找到式（5-56）的一个解，使之满足 $\deg S(s) < \deg A(s)$，满足该条件的 $S(s)$ 最大阶次为

$$\deg S(s) = \deg A(s) - 1 \tag{5-65}$$

这就是式（5-56）的最低阶次解。结合式（5-58）和式（5-61），给出

$$\deg A_m(s) + \deg A_o(s) + \deg B^+(s) - \deg A(s) \geqslant \deg A(s) - 1$$

对该式进行整理，得到

$$\deg A_m(s) + \deg A_o(s) + \deg B^+(s) \geqslant 2\deg A(s) - 1$$

由 $A_c(s) = A_m(s)A_o(s)B^+(s)$，给出式（5-60），即

$$\deg A_c(s) \geqslant 2\deg A(s) - 1$$

证毕。

注释 1：式（5-59）表明闭环系统的极点盈数 $\deg A_m(s) - \deg B_m(s)$ 大于或等于被控对象的极点盈数 $\deg A(s) - \deg B(s)$。

注释 2：式（5-60）等效于

$$\deg A_o(s) \geqslant 2\deg A(s) - \deg A_m(s) - \deg B^+(s) - 1$$

这表明，为得到可实现的控制律，应使被对消多项式 $\deg A_o(s)$ 的次数足够高。

据此，将如图 5-34 所示的二自由度控制系统设计归纳为如下的极点配置问题：给定被控系统 $A(s)$ 和 $B(s)$，确定理想模型 $A_m(s)$、$B_m(s)$ 和 $A_o(s)$，要求解出容许的控制器多项式 $R(s)$、$S(s)$ 和 $T(s)$。

求解的步骤如下：

1）将 $B(s)$ 分解为 $B(s) = B^+(s)B^-(s)$。其中，$B^+(s)$ 为根位于 s 平面的左半平面的首一多项式。

2）根据相容性条件和性能要求，确定闭环系统模型 $A_o(s)$、$A_m(s)$ 和 $B_m(s) = B^-(s)B_m{'}(s)$。一般使 $A_o(s)$ 的根远离 $A_m(s)$ 的根，以便使被对消的因子 $A_o(s)$ 相应的动态分

量快速衰减。

3）求解 Diophantine 方程

$$A(s)R'(s) + B^-(s)S(s) = A_m(s)A_o(s)$$

得到 $R'(s)$ 和 $S(s)$。

求解 Diophantine 可以用待定系数法。求解时，令

$$\deg R'(s) = \deg A_o(s) + \deg A_m(s) - \deg A(s)$$

$$\deg S(s) = \deg A(s) - 1$$

4）由式（5-52）及式（5-54）计算控制器多项式

$$R(s) = B^+(s)R'(s), \quad T(s) = B_m'(s)A_o(s) \tag{5-66}$$

【例 5-8】 已知图 5-34 中被控对象的传递函数为 $P(s) = \dfrac{50}{s(s+6)}$。试确定校正装置的

多项式 $R(s)$、$S(s)$ 和 $T(s)$，使得闭环系统对指令跟踪具有模型 $\dfrac{B_m(s)}{A_m(s)} = \dfrac{100}{s^2 + 15s + 100}$ 的特性。

解 1）$B^+(s) = 1$，$B^-(s) = 50$，$B_m'(s) = B_m(s)/B^-(s) = 100/50 = 2$。

2）取

$$\deg A_c(s) = 2\deg A(s) - 1 = 2 \times 2 - 1 = 3$$

$$\deg A_o(s) = \deg A_c(s) - \deg A_m(s) - \deg B^+(s) = 3 - 2 = 1$$

并使 $A_o(s)$ 的根远离 $A_m(s)$ 根的实部 5 倍以上，由此可取 $A_o(s) = s + 40$。

3）用待定系数法求解 Diophantine 方程。

$$A(s)R'(s) + B^-(s)S(s) = A_m(s)A_o(s)$$

$$A_m(s)A_o(s) = (s^2 + 15s + 100)(s + 40) = s^3 + 55s^2 + 700s + 4000$$

因为

$$\deg R'(s) = \deg A_o(s) + \deg A_m(s) - \deg A(s) = 1 + 2 - 2 = 1$$

$$\deg S(s) = \deg A(s) - 1 = 2 - 1 = 1$$

令

$$R'(s) = s + r_1, \quad S(s) = s_0 s + s_1$$

代入式（5-56），得到如下 Diophantine 方程

$$s^3 + (6 + r_1)s^2 + (6r_1 + 50s_0)s + 50s_1 = s^3 + 55s^2 + 700s + 4000$$

解出

$$r_1 = 49, \quad s_0 = 8.12, \quad s_1 = 80$$

$$R'(s) = s + 49, \quad S(s) = 8.12s + 80$$

4）由式（5-66）计算多项式

$$R(s) = B^+(s)R'(s) = s + 49$$

$$T(s) = B_m'(s)A_o(s) = 2s + 80$$

由此得到的闭环系统的阶跃响应如图 5-35 所示。

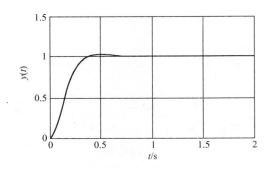

图 5-35 闭环系统的阶跃响应

若已知扰动的动态特性，可以据此修正极点配置设计，以消除扰动引起的稳态误差。办法是增加多项式 $R'(s)$ 的积分环节，使 $R'(s)=s^l R''(s)$ ，$R''(s)$ 首一，l 为积分环节数目。例如，假如图 5-34 中的 $D(s)$ 为阶跃扰动，则增加 1 个积分环节；如 $D(s)$ 为斜坡扰动，则增加 2 个积分环节。设计方程变为

$$A(s)s^l R''(s)+B^-(s)S(s)=A_m(s)A_o(s) \tag{5-67}$$

在 $\deg S(s)<A(s)+l$ 的条件下，上述的 Diophantine 方程有一个解。取

$$\deg S(s)=\deg A(s)+l-1 \tag{5-68}$$

结合式（5-58）和式（5-61），得到可实现控制律的相容性条件为

$$\deg A_c(s)\geqslant 2\deg A(s)+l-1$$

或者

$$\deg A_o(s)\geqslant 2\deg A(s)+l-\deg A_m(s)-\deg B^+(s)-1 \tag{5-69}$$

【例 5-9】 已知图 5-34 中阶跃扰动 $D(s)=-e^{-s}/s$，被控对象的传递函数与例 5-8 相同，试确定校正装置的多项式 $R(s)$、$S(s)$ 和 $T(s)$，使得①闭环系统对指令跟踪具有例 5-8 指定的特性。②对 $D(s)$ 响应的稳态误差为 0。

解 1）$B^+(s)=1$，$B^-(s)=50$，相应有

$$B_m'(s)=B_m(s)/B^-(s)=100/50=2$$

2）为消除阶跃扰动引起的稳态误差，取 $R'(s)=sR''(s)$，$l=1$，取

$$\deg S(s)=\deg A(s)+l-1=2$$

$$\deg A_o(s)=2\deg A(s)+l-\deg A_m(s)-\deg B^+(s)-1=2$$

并使 $A_o(s)$ 的根远离 $A_m(s)$ 根的实部 5 倍以上，可取 $A_o(s)=(s+40)^2$。

3）用待定系数法求解 Diophantine 方程

$$A_m(s)A_o(s)=(s^2+15s+100)(s+40)^2$$
$$=s^4+95s^3+2900s^2+32000s+160000$$

因为

$$\deg R''=\deg A_o+\deg A_m-\deg A-l=1$$

由式（5-68），得到

$$\deg S(s)=\deg A(s)+l-1=2$$

令

$$R''(s) = s + r_1, \quad S(s) = s_0 s^2 + s_1 s + s_2$$

代入式（5-67），得到如下 Diophantine 方程

$$s^4 + (6 + r_1)s^3 + (6r_1 + 50s_0)s^2 + 50s_1 s + 50s_2$$
$$= s^4 + 95s^3 + 2900s^2 + 32000s + 160000$$

解出

$$r_1 = 89, \quad s_0 = 47.32, \quad s_1 = 640, \quad s_1 = 3200$$

$$R'(s) = s(s + 89), \quad S(s) = 47.32s^2 + 640s + 3200$$

4）由式（5-66）计算多项式

$$R(s) = B^+(s)R'(s) = s(s + 89)$$

$$T(s) = B_m'(s)A_o(s) = 2(s + 40)^2 = 2s^2 + 160s + 3200$$

由此得到闭环系统的阶跃指令和阶跃扰动响应，如图 5-36 所示。

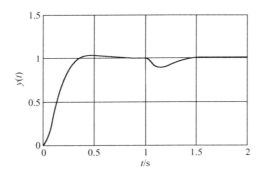

图 5-36　闭环系统的阶跃指令和阶跃扰动响应

利用极点配置还可以便捷地求解非最小相位系统的控制问题，现举例说明。

【例 5-10】　设图 5-37 中的非最小相位被控对象为

$$P(s) = (s - 25)/(s - 5)$$

试确定不含积分器的 $S(s)/R(s)$ 和增益 K，使得闭环系统具有闭环特征多项式 $A_m(s) = s^2 + 17s + 150$，对阶跃指令 $u_c(t)$ 跟踪的稳态误差为零，并分析 RHP 零点对系统响应特性的影响。

图 5-37　非最小相位系统

解　这相当于二自由度控制设计的 $T(s) = S(s)$：

1）$B^+(s) = 1$，$B^-(s) = s - 25$。

2）$\deg A_c(s) \geqslant 2\deg A(s) - 1 = 2 \times 1 - 1 = 1$，取 $\deg A_c(s) = 2$

$$\deg A_o(s) = \deg A_c(s) - \deg A_m(s) - \deg B^+(s) = 2 - 2 = 0$$

由此可取 $A_o(s) = 1$。

3）用待定系数法求解 Diophantine 方程：

$$A(s)R'(s) + B^-(s)S(s) = A_m(s)A_o(s)$$

$$A_m(s)A_o(s) = s^2 + 17s + 150$$

因为

$$\deg R'(s) = \deg A_o(s) + \deg A_m(s) - \deg A = 0 + 2 - 1 = 1$$

$$\deg S(s) = \deg A(s) - 1 = 1 - 1 = 0$$

令

$$R'(s) = s + r_1, \quad S(s) = s_0$$

代入式（5-56），得到如下 Diophantine 方程

$$s^2 + (r_1 - 5 + s_0)s - (5r_1 + 25s_0) = s^2 + 17s + 150$$

解出

$$r_1 = 35, \quad s_0 = -13$$

$$R'(s) = s + 35, \quad S(s) = -13$$

4）由式（5-66）计算多项式

$$R(s) = R'(s)B^+(s) = s + 35$$

使用串联校正装置 $S(s)/R(s)$ 的闭环传递函数为

$$G_{cl}(s) = \frac{Y(s)}{V_c(s)} = \frac{13(25 - s)}{s^2 + 17s + 150}$$

若取 $K = 1/G_{cl}(0) = 6/13$，则

$$\frac{Y(s)}{U_c(s)} = KG_{cl}(s) = \frac{6(25 - s)}{s^2 + 17s + 150}, \quad KG_{cl}(0) = 1$$

即系统对阶跃指令跟踪的稳态误差为零。由此得到的闭环系统单位阶跃响应如图 5-38 所示。

阶跃响应在起始阶段先进行反向运动并出现一个"负峰"，原因是原系统有 1 个 RHP 零点 $z_1 = 25$，闭环控制不改变系统的零点，在 $s = z_1 = 25$ 处，$Y(z_1) = 0$，对应于输出的时间函数必存在非零时刻 $t_1 > 0$，使 $y(t_1) = 0$，即输出在 $t > 0$ 时刻还存在一个过零点。

实际上，应用 Laplace 变换的终值和初值定理得

$$\lim_{t \to \infty} y(t) = \lim_{s \to 0} sY(s) = \lim_{s \to 0} s\left[G_{cl}(s)\frac{K}{s} \right] = 1 > 0$$

$$\lim_{t \to 0} \dot{y}(t) = \lim_{s \to \infty} s[sY(s)] = -6 < 0$$

这也说明输出先反向、然后正向运动，其间必出现一个"负峰"。非最小相位系统的响应过程较为迟缓，不利于控制，这与频域分析法中系

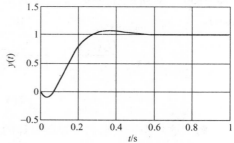

图 5-38 非最小相位系统的阶跃响应

统带宽受限于最靠近原点的 RHP 零点的结论一致。

5.8　小结

控制系统的校正方式可分为串联校正、反馈校正、前馈校正和复合校正等。串联校正最为基本，分为超前校正、滞后校正和滞后-超前校正 3 种。

可以使用环路整形方法实现串联校正设计。在低频段，一般使用高增益控制策略，提高系统的型别（增加积分器）或提高控制器的静态增益，以实现指令跟踪、扰动抑制及良好的低频鲁棒性能；在高频段，一般使用低增益控制策略，通过控制器给开环传递函数增加极点，获得高频滚降特性，避免出现过大的控制信号，减低高频噪声在反馈环路中的传播和对执行器的负面影响，并获得良好的高频鲁棒性能；在交越区（中频段），通过增加开环零点或降低开环增益，使开环频率特性以较平缓的斜率穿越 0dB 线，可获得较大的稳定裕度，限制灵敏度函数 S 及余灵敏度函数 T 的峰值，减低扰动灵敏度和输入灵敏度，实现良好的稳定鲁棒性控制。

超前校正利用超前校正环节的相角超前特性，将其最大超前角补在校正后系统的交越频率处，同时提高相角裕度和交越频率两项指标，从而改善系统的动态性能。滞后校正利用滞后校正环节的幅值衰减特性，通过压低未校正系统的交越频率，挖掘系统自身的相角储备，提高校正后系统的相角裕度，以牺牲快速性来改善相对稳定性。滞后-超前校正则综合利用超前、滞后校正环节的长处，具有较大的灵活性，能达到更好的校正效果。PD、PI 和 PID 校正可以分别作为超前、滞后和滞后-超前校正使用。

串联频率校正方法原则上只适用于单位反馈的最小相位系统。对于非最小相位系统的设计，使用极点配置更为便捷。非最小相位系统对控制系统的指标施加一些限制。

采用反馈加前馈控制的二自由度控制设计，可以实现良好的指令跟踪和扰动抑制控制。应根据实际情况，适当地选择期望的系统带宽。带宽越大，过程输入信号的幅度越大，所要求的过程建模精度越高，高频噪声对系统的负面影响也越大。一种好的设计方法是使期望的系统带宽低于闭环系统余灵敏度函数 T 的带宽，这样过程输入信号和反馈控制信号的幅度完全由期望的系统带宽指定，所要求的过程建模精度不高，高频噪声对系统的负面影响也不大。

对于二自由度控制器的设计，可以归结为极点配置设计和求解 Diophantine 方程问题。

5.9　习题

5-1　设单位负反馈系统的开环传递函数为 $P(s)=\dfrac{200}{s(0.1s+1)}$。设计串联校正环节，使校正后系统的相角裕度 $\varphi_m^* \geqslant 45°$，交越频率 $\omega_c^* \geqslant 50\,\text{rad/s}$。

5-2　设单位负反馈系统的开环传递函数为 $P(s)=\dfrac{1}{s(0.04s+1)}$。试设计串联校正装置，要求校正后系统的静态速度误差系数 $K_v^* \geqslant 100\,\text{rad/s}$，相角裕度 $\varphi_m^* \geqslant 45°$，交越频率 $\omega_c^* \geqslant 25\,\text{rad/s}$。

5-3　已知单位负反馈最小相位系统的固有部分对数幅频特性 $|P(\mathrm{i}\omega)|_{\mathrm{dB}}$ 和串联校正装置的对数幅频特性 $|C(\mathrm{i}\omega)|_{\mathrm{dB}}$ 如题 5-3 图所示。请完成以下内容：①由图形写出传递函数 $P(s)$ 和 $C(s)$。②求校正前系统的相角裕度。③画出校正后系统的对数幅频特性 $|L(\mathrm{i}\omega)|_{\mathrm{dB}}$。

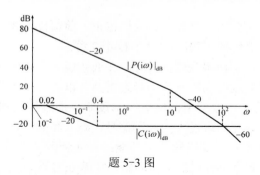

题 5-3 图

5-4　已知单位负反馈系统开环传递函数为 $P(s) = \dfrac{250}{s(0.1s+1)(0.01s+1)}$。试设计串联校正装置，使系统对斜坡输入的稳态误差 $e_{ss}^{*} \geqslant 0$，相角裕度 $\varphi_{m}^{*} \geqslant 40°$，交越频率 $\omega_{c}^{*} \geqslant 30\ \mathrm{rad/s}$，具有 $-100\mathrm{dB/dec}$ 的高频滚降特性。

5-5　设单位反馈系统如题 5-5 图所示。试设计速度反馈校正装置，使系统校正后对单位阶跃响应的超调量不超过 15%。

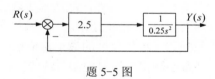

题 5-5 图

5-6　对含有谐振环节的高阶系统，设其开环传递函数为 $P(s) = \dfrac{0.2(s^2 + 0.1s + 0.5)}{s(s+1)(s^2 + 0.05s + 0.45)}$。试设计串联校正装置 $C(s)$，使校正后系统的模裕度 $s_{m}^{*} \geqslant 0.65$，速度误差系数 $K_{v}^{*} \geqslant 100$，交越频率 $5\mathrm{rad/s} \leqslant \omega_{c}^{*} \leqslant 8\mathrm{rad/s}$。

5-7　极点配置问题。已知图 5-34 中被控对象的传递函数为 $P(s) = \dfrac{b}{s(s+a)}$，设参考输入指令 u_c 至输出 y 的理想闭环系统传递函数由 $\dfrac{B_m(s)}{A_m(s)} = \dfrac{\omega^2}{s^2 + 2\zeta\omega s + \omega^2}$ 指定，求控制器的多项式 $R(s)$、$S(s)$ 和 $T(s)$。

第6章 非线性控制系统分析

前面各章讲解了LTI控制系统的分析与设计问题，但是实际系统总是存在非线性的特性，理想化的线性系统只是实际系统的近似。例如，放大元件受到电源电压和功率的限制，输出过大时呈现饱和现象。在研究的范围内，如果系统的非线性程度比较严重，则采用线性方法研究得到的结论可能是错误的，这时就有必要对非线性系统进行专门的讲解。本章主要介绍工程上常用的相平面法和描述函数法。

6.1 非线性控制系统概述

6.1.1 控制系统中的典型非线性特性

在构成控制系统的各个环节中，有一个或一个以上的环节具有非线性特性时，这种控制系统就称为非线性控制系统。

实际控制系统总是存在着各种非线性的因素。线性系统只是一种理想模型，通常忽略了次要的非线性因素，或在一定条件下对实际系统进行了线性化处理。例如，弹簧的弹力在平衡点附近时遵循Hooke定律，即弹力与位移成正比的线性关系是主要因素；当弹簧拉伸或压缩到接近极限时，弹性系数不再是常数，即弹力与位移不再具有线性关系，非线性关系成为主要因素。常用的电子器件，如二极管和晶体管，都有一个线性工作范围，输入超出这个范围时，输入和输出不具有线性关系，甚至会出现输出饱和现象。执行元件，如齿轮和电动机，存在间隙和摩擦，因此只有当输入达到一定数值时才会转动。

常见的典型非线性特性主要有以下几种。

1. 饱和非线性特性

实际的线性放大元件只能在一定的输入范围内保持输出和输入之间的线性关系。当输入信号超出范围时，输出则保持不变，这种特性称为饱和非线性特性，如图 6-1 所示。其中，$-a < x < a$ 的区域是线性范围，线性范围以外的区域是饱和区。许多元件的运动范围由于受到能源、功率等条件的限制，也都有饱和非线性特性。有时，工程上还人为引入饱和非线性特性以限制过载。饱和使放大元件的增益下降，可以降低超调量。

饱和非线性特性的数学描述为

$$y = \begin{cases} -M & x < -a \\ kx & -a \leqslant x \leqslant a \\ M & x > a \end{cases} \tag{6-1}$$

其中，a 为线性区宽度，k 为线性输出的放大倍数，$M = ka$ 为输出的饱和值。

2. 死区非线性特性

由于摩擦或其他阻尼作用，执行机构都存在不灵敏区，即接受到较小的输入信号时不会动作，只有在输入信号大到一定程度以后才会有输出。电子器件也有类似特性，如硅晶体管对小于 0.7V 的输入电压不敏感。这种只有当输入量超过一定值后才有线性输出的特性称为死区非线性特性，如图 6-2 所示。其中，$-a<x<a$ 的区域叫做不灵敏区或死区。信号太小使得元件进入死区时，系统实际上处于开环状态，因此死区非线性特性使得系统存在稳态误差。

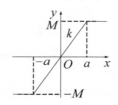

图 6-1　饱和非线性特性

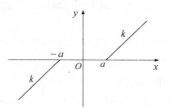

图 6-2　死区非线性特性

死区非线性特性的数学描述为

$$y=\begin{cases}k(x+a) & x<-a\\0 & -a\leqslant x\leqslant a\\k(x-a) & x>a\end{cases} \quad (6\text{-}2)$$

其中，a 为死区宽度，k 为线性输出的放大倍数。

3. 间隙（回环）非线性特性

机械传动一般都有间隙存在，齿轮传动中的间隙是最明显的例子。磁滞效应也是间隙特性的典型例子。间隙非线性的特点是当输入量的变化方向改变时，输出量保持不变，一直到输入量的变化超出一定数值（间隙）后，输出量才跟着变化。间隙非线性特性如图 6-3 所示。间隙非线性特性降低系统的跟踪精度，严重影响系统性能，必须加以克服。

间隙非线性特性的数学描述为

$$当\ \dot{x}>0\ 时，\quad y=\begin{cases}y_0 & x<y_0/k+a\\k(x-a) & x>y_0/k+a\end{cases} \quad (6\text{-}3)$$

$$当\ \dot{x}<0\ 时，\quad y=\begin{cases}k(x+a) & x<y_0/k-a\\y_0 & x>y_0/k-a\end{cases} \quad (6\text{-}4)$$

其中，a 为间隙宽度，k 为线性输出的放大倍数，y_0 为 x 变向时的当前输出值。

4. 继电器非线性特性

实际继电器输入和输出之间的关系不完全是单值的。由于继电器吸合与释放状态下磁路的磁阻不同，吸合与释放电流是不相同的。因此，继电器的特性有一个滞环。如图 6-4 所示的继电器特性称为具有滞环的三位置继电器特性。继电器特性常常使系统产生振荡。

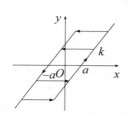

图 6-3　间隙非线性特性

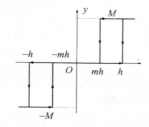

图 6-4　具有滞环的三位置继电器特性

继电器非线性特性的数学描述为

$$当 \dot{x} > 0 \text{ 时,} \quad y = \begin{cases} -M & x < -mh \\ 0 & -mh < x < h \\ M & x > h \end{cases} \tag{6-5}$$

$$当 \dot{x} < 0 \text{ 时,} \quad y = \begin{cases} -M & x < -h \\ 0 & -h < x < mh \\ M & x > mh \end{cases} \tag{6-6}$$

其中,h 为继电器的吸合电压,mh 为继电器的释放电压,M 为常值输出。当 $h = 0$ 时,可得到理想的继电器特性,如图 6-5 所示。当 $m = -1$ 时,可得到纯滞环的两位置继电器特性,如图 6-6 所示。

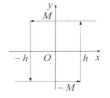

图 6-5 理想的继电器特性   图 6-6 具有滞环的两位置继电器特性

6.1.2 非线性控制系统的特殊性

1. 叠加原理

叠加原理是线性系统的基本性质之一,即系统在输入 $x = a_1 x_1 + a_2 x_2$ 的作用下,输出为 $y = a_1 y_1 + a_2 y_2$。其中,a_1、a_2 为常量,y_1 和 y_2 是系统分别对输入 x_1 和 x_2 的响应。但是对于非线性系统,叠加原理不再成立,因此系统的响应必须具体问题具体分析。

2. 稳定性

在前面章节对线性系统的分析中,稳定性是与整个系统相关的一个基本性能指标,这是因为线性系统只有一个平衡状态。稳定系统无论受到多大扰动,扰动消失后系统一定会回到唯一的平衡状态。但是非线性系统的平衡状态可能不止一个,因此不能说整个系统是否稳定。根据 Lyapunov 的定义,稳定性是与平衡状态相关的概念。一个非线性系统在某些平衡状态可能是稳定的,在另外一些平衡状态却可能是不稳定的。而系统处于哪个平衡状态附近取决于系统的初始状态,状态的变化趋势取决于系统输入。因此,非线性系统的稳定性除了与系统的结构和参数有关外,还与输入及初始条件有关。

非线性系统的稳定性问题一般采用 Lyapunov 方法分析。

3. 自激振荡

线性系统的时域响应与其稳定性有关。在无输入的情况下,稳定系统的输出随时间收敛,不稳定系统的输出随时间发散。此外,还有一种临界稳定的系统,输出为等幅振荡。但是这种情况不可能持久,因为系统参量的微小变化将使系统转为稳定系统或不稳定系统,或者输入的微小扰动将改变振荡的幅度。

非线性系统在无输入的情况下,也有可能产生一种频率和振幅固定的周期运动。当受到扰动作用后，运动仍能恢复原来的频率和振幅。这种稳定的周期运动称为自激振荡或自持振荡，简称自振。自振是非线性系统特有的现象，是非线性控制理论研究的重要问题。

4．频率响应

对于线性系统，输入为正弦信号时，系统的稳态输出是同频率的正弦信号，仅在幅值和相角上发生变化，这种变化就是系统的频率响应特性。

对于非线性系统，输入为正弦信号时，系统的稳态输出也是同频率的周期信号，但是不再是正弦信号，而是发生了畸变的正弦信号。将输出展开为 Fourier 级数可以知道，输出除了包含与输入频率相同的正弦信号外，还有与输入频率成整数倍的高次谐波分量。

6.1.3　非线性控制系统的分析方法

线性系统用线性常微分方程描述，可以应用叠加原理，这是时域分析法的基础。线性系统输入为正弦信号时，输出是同频率的正弦信号，这是频域分析法的基础。对于非线性系统，叠加原理和频率响应特性都不成立，因此不能直接采用线性系统的分析方法。常用的手段是对非线性系统进行局部线性化，然后分段采用线性系统的分析方法。

工程上还广泛采用两种分别类似于时域分析法和频域分析法的非线性控制系统分析方法——相平面法和描述函数法。

相平面法是一种适用于低阶系统的图解法。相平面上的轨迹曲线描述了系统状态随时间变化的过程，因此可以在相平面图上分析平衡状态的稳定性和系统的时间响应特性。

描述函数法又称为谐波平衡法，类似于线性系统的频率分析法。它利用闭环控制系统的低通特性，研究系统中的低频基波分量，目的是分析非线性控制系统自振过程的基本特性，如振幅和频率。

6.2　相平面法

相平面法是一种图解法，能够给出系统状态随着时间变化的清晰图像，但是一般只适用于二阶非线性系统。在第 3 章已经提到，二阶系统是控制系统中具有代表性的模型，因此阶次的局限性并没有影响相平面法在非线性系统分析中的广泛应用。

6.2.1　相平面的基本概念

1．相平面和相轨迹

二阶时不变系统可以用下面的常微分方程来描述

$$\ddot{x} = f(x, \dot{x})$$ （6-7）

其中，x 是系统的一个状态，$\dot{x}$ 是系统的另一个独立的状态。二阶系统的运动可以用 $x(t)$ 和 $\dot{x}(t)$ 的解描述。以 x 和 $\dot{x}$ 为坐标轴构成的坐标平面称为相平面。在任一时刻，系统的每一个状态均对应于该平面上的一点。从任意初始状态开始，随着时间 t 的变化，系统状态对应的点在 $x - \dot{x}$ 平面上运动形成一条轨迹，称为相轨迹，如图 6-7 所示。相平面和相轨迹簇构成相平面图。相平面图表明了系统在各种初始条件下的状态变化过程。

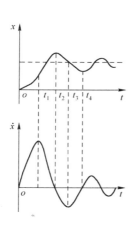

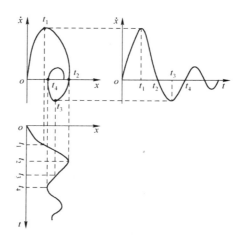

图 6-7 相轨迹

例如，在零输入的条件下，典型二阶线性系统的微分方程为 $\ddot{x}+2\zeta\omega_n\dot{x}+\omega_n^2 x=0$，初始条件非全零。记初始条件为 $\dot{x}(0)=\dot{x}_0$，$x(0)=x_0$。当 $\zeta=0$ 时，方程为 $\ddot{x}+\omega_n^2 x=0$，方程的解为

$$x=A\sin(\omega_n t+\varphi)$$

$$\dot{x}=A\omega\cos(\omega_n t+\varphi)$$

其中，$A=\sqrt{x_0^2+\dot{x}_0^2/\omega_n^2}$，$\theta=\arctan(x_0\omega_n/\dot{x}_0)$。

消去变量 t，可得出 $x-\dot{x}$ 的关系为

$$x^2+\left(\frac{\dot{x}}{\omega_n}\right)^2=A^2$$

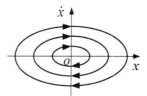

图 6-8 $\zeta=0$ 时的典型二阶线性系统相平面图

这是一个椭圆方程。椭圆的参数 A 取决于初始条件 x_0 和 $\dot{x}_0$。不同的初始条件，相平面上对应的相轨迹是不同的椭圆。选取不同的初始条件便得到一组相轨迹簇，如图 6-8 所示。图中的箭头表示时间 t 增大的方向。

2. 相轨迹的性质

（1）相轨迹的运动方向

在相平面的上半平面中，$\dot{x}>0$，因此相轨迹点沿相轨迹向 x 轴正方向移动，即上半部分相轨迹箭头向右；同理，在相平的下半相平面中，$\dot{x}<0$，相轨迹箭头向左。

（2）相轨迹切线的斜率

由于

$$\ddot{x}=\frac{\mathrm{d}\dot{x}}{\mathrm{d}t}=\frac{\mathrm{d}\dot{x}}{\mathrm{d}x}\cdot\frac{\mathrm{d}x}{\mathrm{d}t}=\frac{\mathrm{d}\dot{x}}{\mathrm{d}x}\cdot\dot{x} \qquad (6\text{-}8)$$

因此，由式（6-7）和式（6-8）得到通过相平面上任一点的相轨迹在该点处的切线的斜率 α 为

$$\alpha=\frac{\mathrm{d}\dot{x}}{\mathrm{d}x}=\frac{\ddot{x}}{\dot{x}}=\frac{f(x,\dot{x})}{\dot{x}} \qquad (6\text{-}9)$$

相平面上任一点 $(x,\dot{x})$，只要不同时满足 $\dot{x}=0$ 和 $f(x,\dot{x})=0$，则 α 是一个确定的值。这样，通过该点的相轨迹不可能多于一条，相轨迹不会在该点相交。这些点是相平面上的普通点。

（3）相轨迹穿越 x 轴的方向

当相轨迹穿越 x 轴时，在与 x 轴的交点处 $\dot{x}=0$。根据式（6-9），如果 $f(x,\dot{x})\neq 0$，则 $\alpha=\infty$，相轨迹以垂直方向通过 x 轴。

（4）平衡点

在相平面上同时满足 $\dot{x}=0$ 和 $f(x,\dot{x})=0$ 的点处，相轨迹切线的斜率 $\alpha = f(x,\dot{x})/\dot{x}=0/0$，不是一个确定的值，因此通过该点的相轨迹有一条以上。这些点是相轨迹的交点，称为奇点。显然，奇点只分布在相平面的 x 轴上。由于奇点处 $\ddot{x}=\dot{x}=0$，故奇点也称为平衡点。对于二阶线性系统，奇点为坐标原点

$$\alpha\big|_{x=0,\dot{x}=0} = \frac{f(x,\dot{x})}{\dot{x}}\bigg|_{x=0,\dot{x}=0} = \frac{-(2\zeta\omega\dot{x}+\omega^2 x)}{\dot{x}}\bigg|_{x=0,\dot{x}=0} = \frac{0}{0}$$

（5）极限环

相轨迹可能会形成封闭的曲线，对应于系统的自激振荡。相轨迹中的孤立封闭曲线称为极限环。极限环是非线性系统的特有现象。产生的原因是由于系统中非线性特性的作用，使得系统能够从非周期性的能源中获取能量，从而维持周期运动形式。无阻尼二阶线性系统的椭圆簇相轨迹不是极限环，因为它们不是一个孤立的环，它们没有造成能量损耗，受到微小扰动就会偏离。用线性化方法分析非线性系统时，无法分析极限环问题，因此具有局限性。极限环分为稳定极限环、不稳定极限环和半稳定极限环 3 类。

● 稳定极限环。

如果由极限环外部和内部起始的相轨迹都渐近地趋向这个极限环，任何较小的扰动使系统运动离开极限环后，最后仍能回到极限环上。这样的极限环称为稳定极限环，对应系统的自振，如图 6-9 所示。

● 不稳定极限环。

如果由极限环外部和内部起始的相轨迹都从极限环发散出去，任何较小的扰动使系统运动离开极限环后，系统状态将远离极限环或趋向平衡点，这样的极限环称为不稳定极限环。相应系统的平衡状态在小范围内稳定，而在大范围内不稳定，如图 6-10 所示。

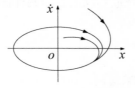

图 6-9　稳定极限环

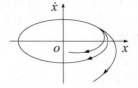

图 6-10　不稳定极限环

● 半稳定极限环。

如果由极限环外部起始的相轨迹渐近地趋向于极限环，由内部起始的相轨迹逐渐离开极限环；或者由外部起始的相轨迹从极限环发散出去，由内部起始的相轨迹渐近地趋向于极限环，这样的极限环称为半稳定极限环。具有这种极限环的系统不会产生自振。系统的运动最终会趋向于极限环内的奇点（见图 6-11a），或远离极限环（见图 6-11b）。

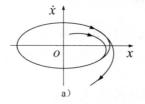

a)

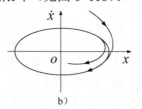

b)

图 6-11　半稳定极限环

6.2.2 绘制相平面图的等倾线法

等倾线法是一种通过图解方法求相轨迹的方法。前面已经由二阶时不变系统的微分方程（6-7）得出相轨迹切线的斜率方程（6-9），重写如下：

$$\alpha = \frac{\mathrm{d}\dot{x}}{\mathrm{d}x} = \frac{f(x,\dot{x})}{\dot{x}}$$

令斜率 α 为常数，则式（6-9）称为等倾线方程。满足等倾线方程的点连成的线称为相轨迹的等倾线。每个不同的 α 值对应相平面上一条不同的等倾线。相轨迹在等倾线上的点的切线斜率都等于 α，因此说等倾线指出了相轨迹的运动方向。

【例 6-1】 已知非线性系统方程为 $\ddot{x} = -(x+\dot{x})$，试用等倾线法绘制其相轨迹。

解 由式（6-9）得到 $\alpha = -(x+\dot{x})/\dot{x}$，即等倾线方程为 $\dot{x} = -x/(1+\alpha)$，可见对于给定的 α 值，等倾线是通过原点且斜率为 $k = -1/(1+\alpha)$ 的直线。为了方便作图，等间隔地选取等倾线与 x 轴的夹角 β，并由 $k = \tan\beta$ 和 $\alpha = -(1/k)-1$ 计算出相应的 α 值，见表 6-1。

表 6-1 等倾线与 x 轴的夹角 β、夹角 β 的正切值和 α 值

β	10°	20°	30°	40°	50°	60°	70°	80°	90°
$k = \tan\beta$	0.18	0.36	0.58	0.84	1.19	1.73	2.75	5.67	∞
$\alpha = -(1/k)-1$	−6.67	−3.75	−2.73	−2.19	−1.84	−1.58	−1.36	−1.18	−1.00
β	100°	110°	120°	130°	140°	150°	160°	170°	180°
$k = \tan\beta$	−5.67	−2.75	−1.73	−1.19	−0.84	−0.58	−0.36	−0.18	0.00
$\alpha = -(1/k)-1$	−0.82	−0.64	−0.42	−0.16	0.19	0.73	1.75	4.67	∞

图 6-12 画出了 α 取不同值时对应的等倾线和代表相轨迹切线方向的短线段。画出方向场后，很容易绘制出从某一点开始的特定的相轨迹。

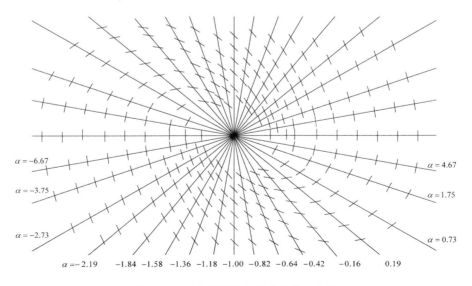

图 6-12 确定相轨迹切线方向的方向场

6.2.3 二阶线性系统的奇点和相轨迹

典型二阶线性系统的微分方程为

$$\ddot{x} + 2\zeta\omega_n\dot{x} + \omega_n^2 x = 0 \tag{6-10}$$

由式（6-9）可得

$$\frac{\mathrm{d}\dot{x}}{\mathrm{d}x} = \frac{-\omega_n^2 x - 2\zeta\omega_n\dot{x}}{\dot{x}} \tag{6-11}$$

上式左边表示典型二阶系统相轨迹上各点切线的斜率。在相平面原点处有 $\dot{x}=0$，$\ddot{x}=0$，因此原点是典型二阶线性系统的奇点（或平衡点）。

二阶线性系统相轨迹的形状和奇点的性质与特征根在复平面上的位置有关。对于典型的二阶线性系统，特征方程为

$$s^2 + 2\zeta\omega_n s + \omega_n^2 = 0 \tag{6-12}$$

其特征根为

$$\lambda_{1,2} = -\zeta\omega_n \pm \omega_n\sqrt{\zeta^2 - 1} \tag{6-13}$$

根据阻尼系数 ζ 的取值，典型二阶线性系统的奇点有 5 种类型。除此之外，二阶线性系统还有 3 种特殊的情况，下面分别说明。

（1）稳定的节点

当 $\zeta > 1$ 时，系统有两个负实根 $\lambda_2 < \lambda_1 < 0$。系统处于过阻尼状态，零输入响应为指数衰减。对应的相轨迹是一簇趋向相平面原点的抛物线，如图 6-13a 所示。原点对应的奇点称为稳定的节点。相轨迹沿着两条渐近线趋向原点，一条是斜率为 λ_1 的稳定渐近线，另一条是斜率为 λ_2 的不稳定渐近线。

（2）稳定的焦点

当 $0 < \zeta < 1$ 时，系统有一对具有负实部的共轭复根 λ_1、λ_2。系统处于欠阻尼状态，零输入响应为衰减振荡。对应的相轨迹是一簇对数螺旋线，收敛于相平面原点，如图 6-13b 所示。原点对应的奇点称为稳定的焦点。

（3）中心点

当 $\zeta = 0$ 时，系统有一对共轭纯虚根 λ_1、λ_2。系统处于无阻尼运动状态。系统的相轨迹是一簇同心椭圆，每个椭圆对应一定频率下的等幅振荡过程，如图 6-13c 所示。原点对应的奇点称为中心点。线性系统的等幅振荡是不能持续的。

（4）不稳定的焦点

当 $-1 < \zeta < 0$ 时，系统有一对具有正实部的共轭复根 λ_1、λ_2，系统的零输入响应是振荡发散的。对应的相轨迹是发散的对数螺旋线，如图 6-13d 所示。原点对应的奇点称为不稳定的焦点。

（5）不稳定的节点

当 $\zeta < -1$ 时，系统有两个正实根 λ_1、λ_2。系统的零输入响应为指数发散。对应的相轨迹是由原点出发的发散的抛物线簇，如图 6-13e 所示。原点对应的奇点称为不稳定的节点。

（6）鞍点

若系统特征根 λ_1、λ_2 为符号相反的实根，即系统的齐次微分方程为 $\ddot{x} + 2\zeta\omega_n\dot{x} - \omega_n^2 x = 0$

时，系统的零输入响应是非周期发散的。对应的相轨迹如图 6-13f 所示。原点对应的奇点称为鞍点，是不稳定的平衡状态。

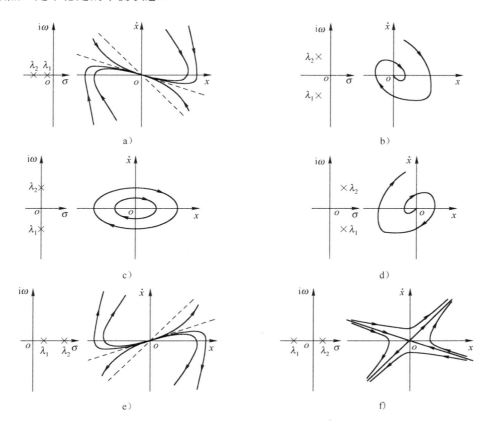

图 6-13　二阶线性系统的特征根与奇点

a）稳定的节点　b）稳定的焦点　c）中心点　d）不稳定的焦点　e）不稳定的节点　f）鞍点

极点分布不属于典型二阶线性系统的特殊情况有 3 种。鞍点是第一个不属于典型二阶线性系统的情况。

第二个不属于典型二阶线性系统的情况是系统有一个特征根为 0 而另一个不为 0，即系统的齐次微分方程为 $\ddot{x} + k\dot{x} = 0$。系统在无外界激励时的相轨迹方程为 $\dot{x} = -kx$，即相轨迹是一组平行直线簇。系统在阶跃输入 $u(t) = R \cdot 1(t)$ 下的等倾线方程为 $\dot{x} = R/(\alpha + k)$（相平面的水平线），或 $\alpha = R/\dot{x} - k$。当 $\dot{x} = R/k$ 时，$\alpha = 0$；当 $\dot{x} = 0$ 时，$\alpha = \infty$；当 $\dot{x} \to \pm\infty$ 时，$\alpha = -k$，相轨迹汇合到水平线 $\dot{x} = R/k$ 并趋向无穷远处，如图 6-14a 所示。

第三个不属于典型二阶线性系统的情况是系统的两个特征根均为 0，即系统的齐次微分方程为 $\ddot{x} = 0$。系统在无外界激励时的相轨迹方程为 $\dot{x} = c$（c 为常数）。系统在阶跃输入 $u(t) = R \cdot 1(t)$ 下的相轨迹方程 $\dot{x}^2 = 2Rx + c$ 是一组形状相同的抛物线簇，顶点在 x 轴上，如图 6-14b 所示。

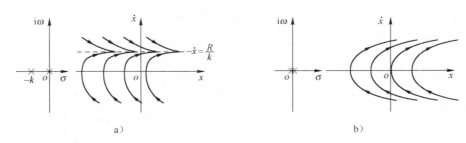

图 6-14 特征根为 0 的二阶线性系统在阶跃信号作用下的相轨迹

a）只有一个特征根为0 b）两个特征根均为0

【例 6-2】 求方程 $\ddot{x}-(1+x+x^2)\dot{x}-2x=0$ 的奇点，并确定其奇点类型。

解 令 $\ddot{x}=0$，$\dot{x}=0$，得到系统奇点为 $(0,0)$。将方程变换为式（6-7）的标准形式 $\ddot{x}=(1+x+x^2)\dot{x}+2x$，在奇点处将方程右边展开为 Taylor 级数并保留一次项

$$f(\dot{x},x)=f(0,0)+\left.\frac{\partial f(\dot{x},x)}{\partial \dot{x}}\right|_{x=0,\dot{x}=0}\cdot \dot{x}+\left.\frac{\partial f(\dot{x},x)}{\partial x}\right|_{x=0,\dot{x}=0}\cdot x=\dot{x}+2x$$

得出奇点处的线性化方程为 $\ddot{x}=\dot{x}+2x$，特征方程为 $s^2-s-2=0$，特征根为 2 和-1。因此奇点为鞍点，如图 6-13f 所示。

6.2.4 非线性系统的相平面分析

大多数非线性控制系统所含有的非线性特性是分段线性的，因此绘制相平面图时可以采用分段绘制的方法。步骤如下：

1）根据非线性特性的线性分段情况，用几条分界线（称为开关线）把相平面分成几个线性区域。在各个线性区域内，各自用一个线性微分方程来描述。

2）分析各线性区域的系统的奇点及其类型，画出各线性区域的相平面图。

3）将相邻区域间的相轨迹连接成连续的曲线，得到系统的相平面图。

【例 6-3】 试确定下列方程的奇点及其类型，画出相平面图的大致图形。

1）$\ddot{x}+x+\mathrm{sgn}\dot{x}=0$。

2）$\ddot{x}+|x|=0$。

解 1）系统方程可写为

$$\begin{cases} \ddot{x}+x+1=0,\ \dot{x}>0, & \text{Ⅰ 区} \\ \ddot{x}+x-1=0,\ \dot{x}<0, & \text{Ⅱ 区} \end{cases}$$

特征方程和奇点分别为

Ⅰ：特征方程 $s^2+1=0$，奇点 $x_{\mathrm{eI}}=-1$（中心点）

Ⅱ：特征方程 $s^2+1=0$，奇点 $x_{\mathrm{eII}}=1$（中心点）

画出相平面图如图 6-15a 所示。图中 x 轴是两部分相轨迹的分界线，称为"开关线"。上、下两半平面的相轨迹分别是以各自奇点 $x_{\mathrm{eI}}=-1$ 和 $x_{\mathrm{eII}}=1$ 为中心的圆，相轨迹运动到[-1,1]之间的点后能够保持不动。奇点在[-1,1]之间连成一条线，称为奇线。

2）系统方程可写为

$$\begin{cases} \ddot{x}+x=0,\quad x>0,\ \text{Ⅰ 区} \\ \ddot{x}-x=0,\quad x<0,\ \text{Ⅱ 区} \end{cases}$$

特征方程和奇点分别为

Ⅰ：特征方程 $s^2+1=0$ ，奇点 $x_{\mathrm{eI}}=0$ （中心点）

Ⅱ：特征方程 $s^2-1=0$ ，奇点 $x_{\mathrm{eII}}=0$ （鞍点）

　　画出系统的相平面图如图 6-15b 所示。$\dot{x}$ 轴是开关线，左半平面相轨迹由鞍点决定，右半平面相轨迹由中心点确定。由图可见，系统的自由响应总是会向 x 轴负方向发散，系统不稳定。

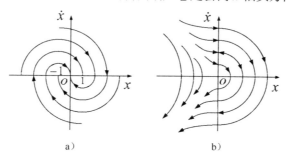

图 6-15　例 6-3 的相轨迹图

a） $\ddot{x}+x+\mathrm{sgn}\,\dot{x}=0$ 　b） $\ddot{x}+|x|=0$

【例 6-4】　　非线性系统结构图如图 6-16 所示。系统参数为 $K=T=M=h=1$ 。画出 $\dot{x}-x$ 的相平面图。

　　解　先推导关于 x 的方程。对线性环节有

$$\frac{Y(s)}{U(s)}=\frac{K}{s(Ts+1)}$$

即

$$(Ts^2+s)Y(s)=KU(s)$$

得到

$$T\ddot{y}+\dot{y}=Ku$$

在输入为 0 的条件下，$x=-y$ ，代入上式得到

$$T\ddot{x}+\dot{x}=-Ku$$

对于非线性环节，有

$$u=\begin{cases} M & \begin{cases} x>h,\dot{x}>0 \\ x>-h,\dot{x}<0 \end{cases} \\ -M & \begin{cases} x<-h,\dot{x}<0 \\ x<h,\dot{x}>0 \end{cases} \end{cases}$$

代入微分方程中，得到

$$\text{Ⅰ：}\ T\ddot{x}+\dot{x}=-KM \quad \begin{cases} x>h,\dot{x}>0 \\ x>-h,\dot{x}<0 \end{cases}$$

$$\text{Ⅱ：}\ T\ddot{x}+\dot{x}=KM \quad \begin{cases} x<-h,\dot{x}<0 \\ x<h,\dot{x}>0 \end{cases}$$

相平面分为两个区域。令 $\alpha=\dfrac{\mathrm{d}\dot{x}}{\mathrm{d}x}$ ，在 Ⅰ 区，$\ddot{x}=(-KM-\dot{x})/T$ ，由式（6-9），得到

$$\alpha = \frac{(-KM - \dot{x})/T}{\dot{x}}$$

得到等倾线方程

$$\dot{x} = \frac{-KM}{T\alpha + 1} \quad (\text{I 区})$$

同理，可得 II 区的等倾线方程

$$\dot{x} = \frac{KM}{T\alpha + 1} \quad (\text{II 区})$$

计算列表见表 6-2（取 $K = T = M = h = 1$）。

表 6-2　不同 $\dot{x}$ 值对应的相轨迹切线斜率值 α

$\dot{x}$	2	1	0.5	−0.5	−1	−2
I：$\alpha = -\dfrac{1}{\dot{x}} - 1$	−1.5	−2	−3	1	0	−0.5
II：$\alpha = \dfrac{1}{\dot{x}} - 1$	−0.5	0	1	−3	−2	−1.5

　　绘制系统的相轨迹图如图 6-17 所示。由图可见，系统运动最终全部趋向于一条封闭的相轨迹，称为极限环，对应系统的一种稳定的周期运动，即自振。不论初始条件怎样，系统自由响应运动最终都是固定形式的振荡。

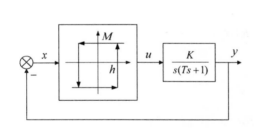

图 6-16　例 6-4 系统结构图

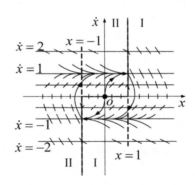

图 6-17　例 6-4 相轨迹图

【例 6-5】　已知非线性系统结构如图 6-18 所示，$r(t) = R \cdot 1(t)$，$R > a$。分别画出 $k = 0$ 和 $k > 0$ 时 $\dot{x} - x$ 的相轨迹图。

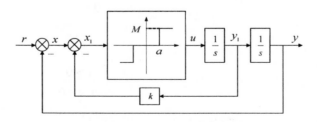

图 6-18　例 6-5 系统结构图

　　解　1）$k = 0$ 时，$x_1 = x$。系统线性部分关系为 $Y(s)/U(s) = 1/s^2$，因此

$$\ddot{y} = u = \begin{cases} -M & x < -a \\ 0 & -a < x < a \\ M & x > a \end{cases}$$

又 $x = r - y$，$r(t) = R \cdot 1(t)$，当 $t > 0$ 时，$\ddot{x} = -\ddot{y}$。代入上式可得

$$\ddot{x} = \begin{cases} M & \text{I}: x < -a \\ 0 & \text{II}: -a < x < a \\ -M & \text{III}: x > a \end{cases}$$

I 区：由式（6-9）得到 $\dfrac{\mathrm{d}\dot{x}}{\mathrm{d}x} = \dfrac{M}{\dot{x}}$，即 $\dot{x}\mathrm{d}\dot{x} = M\mathrm{d}x$，两边积分得到相轨迹方程 $\dot{x}^2 = 2Mx + c$，c 为任意常数。相轨迹为一簇抛物线。

II 区：由式（6-9）得到 $\dfrac{\mathrm{d}\dot{x}}{\mathrm{d}x} = \dfrac{0}{\dot{x}}$，得到相轨迹方程 $\dot{x} = c$，c 为任意常数。相轨迹为一簇水平线。

III 区：由式（6-9）得到 $\dfrac{\mathrm{d}\dot{x}}{\mathrm{d}x} = -\dfrac{M}{\dot{x}}$，即 $\dot{x}\mathrm{d}\dot{x} = -M\mathrm{d}x$，得到相轨迹方程 $\dot{x}^2 = -2Mx + c$，c 为任意常数。相轨迹为一簇抛物线。

两条开关线方程 $x = a$ 和 $x = -a$ 将相轨迹分为 3 个区，如图 6-19a 所示，系统的自由响应运动是一个等幅振荡的过程。系统的初始状态为 $\dot{x}(0_+) = 0$，$x(0_+) = R$。

2）$k > 0$ 时，$y_1 = \dot{y}$，$x_1 = x - ky_1$。当 $t > 0$ 时，仍然有 $\ddot{x} = -\ddot{y} = -u$，因此

$$\ddot{x} = \begin{cases} M & \text{I}: x_1 < -a \\ 0 & \text{II}: -a < x_1 < a \\ -M & \text{III}: x_1 > a \end{cases}$$

可见系统的方程没有变，开关线方程变为 $x_1 = a$ 和 $x_1 = -a$。要画出 $x - \dot{x}$ 平面上的相轨迹，开关线方程必须用 x 和 $\dot{x}$ 来表示 x_1。因为 $x_1 = x - ky_1 = x + k\dot{x}$，所以由 $x_1 = a$ 得到 $\dot{x} = -x/k + a/k$，由 $x_1 = -a$ 得到 $\dot{x} = -x/k - a/k$。两条新的开关线为两条平行的斜线，当 $\dot{x} = 0$ 时，x 分别等于 a 和 $-a$，相轨迹如图 6-19b 所示。系统初始状态仍为 $\dot{x}(0_+) = 0$，$x(0_+) = R$。可见，加入速度反馈后，系统振荡消除。

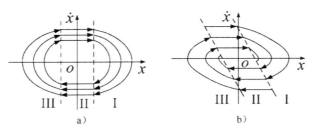

图 6-19　例 6-5 相轨迹图

a）$k=0$ 的相轨迹　b）$k>0$ 的相轨迹

6.2.5　相平面法分析小结

由前面的几个例子可以发现，对于分段线性的二阶系统，可以先确定系统在线性区域内

188

的平衡点和特征根，然后根据二阶线性系统平衡点的分类确定相轨迹形状。线性方程中通常存在外部激励项，如果外部激励项是一个常数，可分 3 种情况考虑。

1）如果线性方程中含有 x 项，则平衡点在 x 轴上，位置由常数项和 x 项的系数决定，相轨迹的形状与无外部激励的二阶线性系统相同。在例 6-3（1）中，特征根为共轭虚数，平衡点 1 和 -1 属于中心点，相轨迹是椭圆簇。

2）如果线性方程中没有 x 项而含有 $\dot{x}$ 项，则系统没有平衡点。这是 6.2.3 小节介绍的第二个不属于典型二阶线性系统的情况，系统的微分方程是 $\ddot{x}+k\dot{x}=R$，一个特征根为 0 而另一个是非零实数，等倾线均为相平面上的水平线，相轨迹汇合到水平线 $\dot{x}=R/k$ 并趋向无穷远处。在例 6-4 中，系统没有平衡点，I 区和 II 区的相轨迹分别汇合到水平线 $\dot{x}=-KM$ 和 $\dot{x}=KM$。

3）如果线性方程中只有 $\ddot{x}$ 和常数项，则系统没有平衡点。这是 6.2.3 小节介绍的第三个不属于典型二阶线性系统的情况，系统的微分方程为 $\ddot{x}=R$，两个特征根均为 0，相轨迹方程为 $\dot{x}^2=2Rx+c$（c 为任意常数），相轨迹是抛物线簇，常数项决定了抛物线的开口大小。例 6-5 就是只有 $\ddot{x}$ 项和常数项的例子。

6.3 描述函数法

相平面法研究的是系统的时域响应。它的不足之处是局限于二阶系统，应用于高阶系统较为困难。描述函数法研究的是系统的频域响应。它利用闭环控制系统的低通特性，忽略正弦输入时系统响应畸变而产生的高次谐波分量，将非线性系统近似等效为线性系统，用于研究非线性系统平衡点的稳定性和自振问题。描述函数法不受系统阶次的限制，但是对系统的结构、非线性环节的特性和线性部分的性能都有一定的要求。

6.3.1 描述函数的基本内容

1. 描述函数的概念

如图 6-20 所示，非线性环节的输入为正弦信号 $x(t)=A\sin\omega t$。一般情况下，输出 $y(t)$ 是同频率的周期信号，但是发生了畸变。$y(t)$ 可以展开为 Fourier 级数，也就是说 $y(t)$ 包含了直流分量 y_0、基波分量 $y_1(t)$ 和高次谐波分量。在第 4 章中的频域分析中已经说明，为了抑制噪声和保证系统的平稳性，控制系统

图 6-20 非线性环节对正弦输入的响应

的高频段应该迅速衰减。因此非线性环节产生的高次谐波分量将被抑制，基波分量 $y_1(t)$ 起主要作用。非线性环节输出基波分量 $y_1(t)$ 和正弦输入信号的频率相同，幅值和相角发生改变。与频域分析的方法一样，这种幅值和相角的关系用一个复数来描述，其模值表示输出基波分量与正弦输入信号的幅值比，相角表示输出基波分量与正弦输入信号的相位差。这个复数称为非线性环节的描述函数。在非线性环节内部不包含储能元件的情况下，描述函数是正弦输入信号的幅值 A 的函数，用符号 $N(A)$ 表示，即

$$N(A) = \frac{Y_1}{A} e^{i\varphi_1} \qquad (6\text{-}14)$$

式中，Y_1 为非线性环节输出信号中基波分量的幅值；A 为正弦输入信号的幅值；φ_1 为非线性环节输出信号中基波分量与正弦输入信号的相位差。

非线性特性的描述函数是线性系统频率特性概念的推广。利用描述函数的概念，在一定条件下，可以借用线性系统频域分析法来分析非线性系统的稳定性和自振。

2. 描述函数的计算方法

设非线性环节的输入/输出特性为 $y = f(x)$。在正弦信号 $x = A\sin\omega t$ 的作用下，输出 $y(t)$ 是非正弦周期信号。把 $y(t)$ 展开为 Fourier 级数

$$\begin{aligned} y(t) &= \frac{A_0}{2} + \sum_{n=1}^{\infty}(A_n\cos n\omega t + B_n\sin n\omega t) \\ &= \frac{A_0}{2} + \sum_{n=1}^{\infty} Y_n\sin(n\omega t + \varphi_n) \end{aligned} \qquad (6\text{-}15)$$

其中

$$A_n = \frac{1}{\pi}\int_0^{2\pi} y(t)\cos n\omega t\, \mathrm{d}(\omega t), \quad n = 0,1,2,\cdots \qquad (6\text{-}16)$$

$$B_n = \frac{1}{\pi}\int_0^{2\pi} y(t)\sin n\omega t\, \mathrm{d}(\omega t), \quad n = 1,2,\cdots \qquad (6\text{-}17)$$

$$Y_n = \sqrt{A_n^2 + B_n^2} \qquad (6\text{-}18)$$

$$\varphi_n = \arctan\frac{A_n}{B_n} \qquad (6\text{-}19)$$

于是得到输出的基波分量为

$$y_1 = A_1\cos\omega t + B_1\sin\omega t = Y_1\sin(\omega t + \varphi_1) \qquad (6\text{-}20)$$

非线性环节的描述函数为

$$N(A) = \frac{Y_1}{A}e^{i\varphi_1} = \frac{\sqrt{A_1^2 + B_1^2}}{A}e^{i\arctan(A_1/B_1)} \qquad (6\text{-}21)$$

若非线性特性是关于原点对称的，即 $y(x) = -y(-x)$（奇函数），则有 $A_0 = 0$，$A_n = 0$。

3. 描述函数的物理意义

1）非线性环节的描述函数表现为复数增益的放大器。由于一般控制系统具有低通特性，正弦输入产生的高次谐波在反馈过程中逐渐衰减到 0，只保留基波分量。系统线性部分的极点必须位于复平面的左半部分，才具有低通特性；线性部分阶次越高，滤波性能越好。

2）线性系统的频率特性 $G(i\omega)$ 是正弦输入信号频率 ω 的函数，与幅值 A 无关；非线性系统的近似频率特性 $N(A)$ 是正弦输入信号幅值 A 的函数，在非线性环节内部不包含储能元件的情况下，与频率 ω 无关。这是非线性系统的描述函数与线性系统的频率特性的本质区别。

3）描述函数的定义是根据均方误差最小的原则进行选择的。设非线性环节输出 $y(t)$，近似线性环节输出 $z(t)$，测量时间为 T，则应该选择近似线性环节使 $e = \int_0^T [y(t) - z(y)]^2\mathrm{d}t$ 最小。

190

6.3.2 典型非线性特性的描述函数

下面给出饱和非线性特性和继电器非线性特性的描述函数的推导过程，然后将常见非线性特性的描述函数列成表 6-3。

1. 饱和非线性特性的描述函数

图 6-21 表示饱和非线性特性及其在正弦信号 $x(t) = A\sin\omega t$ 作用下的输出波形。输出 $y(t)$ 的数学表达式为

$$y(t) = \begin{cases} kA\sin\omega t & 0 \leqslant \omega t \leqslant \phi \\ ka & \phi < \omega t < \pi/2 \end{cases}$$

式中，k 为线性部分的斜率，a 为线性范围，$a = A\sin\phi$。由于 $y(t)$ 是奇函数，而且在半周期内对称，所以 $A_n=0$，且

$$B_1 = \frac{1}{\pi}\int_0^{2\pi} y(t)\sin\omega t \, d(\omega t) = \frac{4}{\pi}\int_0^{\frac{\pi}{2}} y(t)\sin\omega t \, d(\omega t)$$

$$= \frac{4}{\pi}\left[\int_0^\phi kA\sin^2\omega t \, d(\omega t) + \int_\phi^{\frac{\pi}{2}} ka\sin\omega t \, d(\omega t)\right]$$

$$= \frac{4}{\pi}\left[\frac{1}{2}kA\left(\omega t - \frac{1}{2}\sin 2\omega t\right)\Big|_{\omega t=0}^\phi - ka\cos\omega t\Big|_{\omega t=\phi}^{\pi/2}\right]$$

$$= \frac{4}{\pi}\left[\frac{1}{2}kA\left(\phi - \frac{1}{2}\sin 2\phi\right) + ka\cos\phi\right]$$

$$= \frac{4}{\pi}\left[\frac{1}{2}kA\left(\arcsin\frac{a}{A} - \frac{a}{A}\sqrt{1-\left(\frac{a}{A}\right)^2}\right) + ka\sqrt{1-\left(\frac{a}{A}\right)^2}\right]$$

$$= \frac{2kA}{\pi}\left[\arcsin\frac{a}{A} - \frac{a}{A}\sqrt{1-\left(\frac{a}{A}\right)^2} + \frac{2a}{A}\sqrt{1-\left(\frac{a}{A}\right)^2}\right]$$

$$= \frac{2kA}{\pi}\left[\arcsin\frac{a}{A} + \frac{a}{A}\sqrt{1-\left(\frac{a}{A}\right)^2}\right]$$

即饱和非线性特性的描述函数为

$$N(A) = \frac{B_1}{A} = \frac{2k}{\pi}\left[\arcsin\frac{a}{A} + \frac{a}{A}\sqrt{1-\left(\frac{a}{A}\right)^2}\right] \quad (A \geqslant a)$$

由上式可见，饱和非线性特性的描述函数是一个与输入信号幅值有关的实数。饱和非线性特性的描述函数等效于一个变系数的比例环节，当 $A > a$ 时，比例系数总小于 k。

2. 继电器非线性特性的描述函数

图 6-22 表示具有滞环和死区的继电器非线性特性及其在正弦信号 $x(t) = A\sin\omega t$ 作用下的输出。输出 $y(t)$ 在半周期内的数学表达式为

$$y(t) = \begin{cases} 0 & 0 \leqslant \omega t < \phi_1 \\ M & \phi_1 \leqslant \omega t \leqslant \phi_2 \\ 0 & \phi_2 < \omega t \leqslant \pi \end{cases}$$

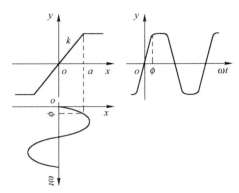

图 6-21　饱和非线性特性及其输入/输出波形

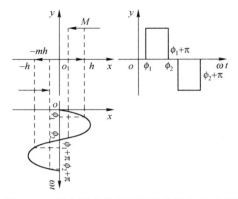

图 6-22　继电器非线性特性及其输入/输出波形

其中，$\phi_1 = \arcsin\dfrac{h}{A}$，$\phi_2 = \pi - \arcsin\dfrac{mh}{A}$，$M$ 为继电器元件的输出。由于继电器非线性特性是非单值函数，在正弦信号作用下的输出波形既非奇函数也非偶函数，故需分别求 A_1 和 B_1。因 $y(t)$ 在半周期内对称，故 A_1 和 B_1 可按下式计算

$$A_1 = \frac{1}{\pi} \int_0^{2\pi} y(t)\cos\omega t\, \mathrm{d}(\omega t) = \frac{2}{\pi} \int_{\phi_1}^{\phi_2} M\cos\omega t\, \mathrm{d}(\omega t) = \frac{2M}{\pi}(\sin\phi_2 - \sin\phi_1)$$

$$= \frac{2Mh}{\pi A}(m-1)$$

$$B_1 = \frac{1}{\pi} \int_0^{2\pi} y(t)\sin\omega t\, \mathrm{d}(\omega t) = \frac{2}{\pi} \int_{\phi_1}^{\phi_2} M\sin\omega t\, \mathrm{d}(\omega t) = \frac{2M}{\pi}(-\cos\phi_2 + \cos\phi_1)$$

$$= \frac{2M}{\pi}\left[\sqrt{1-\left(\frac{mh}{A}\right)^2} + \sqrt{1-\left(\frac{h}{A}\right)^2}\right]$$

得到继电器非线性特性的描述函数为

$$N(A) = \frac{B_1}{A} + \mathrm{i}\frac{A_1}{A}$$

$$= \frac{2M}{\pi A}\left[\sqrt{1-\left(\frac{mh}{A}\right)^2} + \sqrt{1-\left(\frac{h}{A}\right)^2}\right] + \mathrm{i}\frac{2Mh}{\pi A^2}(m-1) \quad (A \geqslant h)$$

令 $h = 0$，得到理想继电器非线性特性的描述函数

$$N(A) = \frac{4M}{\pi A}$$

令 $m = 1$，得到死区继电器非线性特性的描述函数

$$N(A) = \frac{4M}{\pi A}\sqrt{1-\left(\frac{h}{A}\right)^2} \quad (A \geqslant h)$$

令 $m = -1$，就得到具有滞环的两位置继电器非线性特性的描述函数

$$N(A) = \frac{4M}{\pi A}\sqrt{1-\left(\frac{h}{A}\right)^2} - \mathrm{i}\frac{4Mh}{\pi A^2} \quad (A \geqslant h)$$

3. 其他非线性特性的描述函数

常见非线性特性的描述函数见表 6-3。由表可以看出，常见的非线性特性曲线都是关于

原点对称的。单值非线性特性的描述函数是实数，非单值非线性特性的描述函数是复数。

表 6-3　常见非线性特性的描述函数及其负倒描述函数曲线

类　　型	非线性特性	描述函数 $N(A)$	负倒描述函数 $-1/N(A)$
理想继电器特性		$\dfrac{4M}{\pi A}$	
死区继电器特性		$\dfrac{4M}{\pi A}\sqrt{1-\left(\dfrac{h}{A}\right)^2}\quad (A\geqslant h)$	
两位置滞环继电器特性		$\dfrac{4M}{\pi A}\sqrt{1-\left(\dfrac{h}{A}\right)^2}-\mathrm{i}\dfrac{4Mh}{\pi A^2}$ $(A\geqslant h)$	
死区加滞环继电器特性		$\dfrac{2M}{\pi A}\left[\sqrt{1-\dfrac{(mh)^2}{A}}+\sqrt{1-\left(\dfrac{h}{A}\right)^2}\right]$ $+\mathrm{i}\dfrac{2Mh}{\pi A^2}(m-1)\quad (A\geqslant h)$	
间隙特性		$\dfrac{k}{\pi}\left[\dfrac{\pi}{2}+\arcsin\left(1-\dfrac{2a}{A}\right)+\right.$ $\left.2\left(1-\dfrac{2a}{A}\right)\sqrt{\dfrac{a}{A}\left(1-\dfrac{a}{A}\right)}\right]$ $+\mathrm{i}\dfrac{4ka}{\pi A}\left(\dfrac{a}{A}-1\right)\quad(A\geqslant b)$	
饱和特性		$\dfrac{2k}{\pi}\left[\arcsin\dfrac{a}{A}+\dfrac{a}{A}\sqrt{1-\left(\dfrac{a}{A}\right)^2}\right]$ $(A\geqslant a)$	
死区特性		$\dfrac{2k}{\pi}\left[\dfrac{\pi}{2}-\arcsin\dfrac{a}{A}-\dfrac{a}{A}\sqrt{1-\left(\dfrac{a}{A}\right)^2}\right]$ $(A\geqslant a)$	
死区加饱和特性		$\dfrac{2k}{\pi}\left[\arcsin\dfrac{a}{A}-\arcsin\dfrac{b}{A}+\right.$ $\left.\dfrac{a}{A}\sqrt{1-\left(\dfrac{a}{A}\right)^2}-\dfrac{b}{A}\sqrt{1-\left(\dfrac{b}{A}\right)^2}\right](A\geqslant a)$	

6.3.3 非线性特性的合并

根据描述函数的定义，并联非线性特性的等效描述函数等于各非线性特性的描述函数之和，如图 6-23 所示。

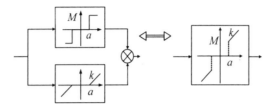

图 6-23 非线性特性的并联结构

若两个非线性环节串联，可以采用图解法化简，如图 6-24 所示。注意，等效特性取决于串联环节的前后次序。

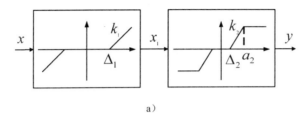

a）

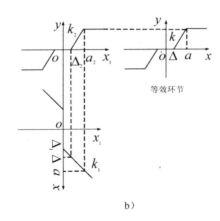

b）

图 6-24 非线性特性的串联结构

a）串联结构 b）化简运算

在图 6-24 中，有

$$k_1(\Delta - \Delta_1) = \Delta_2$$
$$\Rightarrow \Delta = \Delta_2 / k_1 + \Delta_1$$
$$k_1(a - \Delta_1) = a_2$$
$$\Rightarrow a = a_2 / k_1 + \Delta_1$$
$$k(a - \Delta) = k_2(a_2 - \Delta_2)$$
$$\Rightarrow k = k_2(a_2 - \Delta_2)/(a - \Delta) = k_1 k_2$$

6.3.4 用描述函数法分析非线性系统

1. 运用描述函数法的基本条件

在 6.3.1 小节说明了描述函数的基本原理。在应用描述函数法分析非线性系统时，需要对系统做出如下一些合理的假设：

1）非线性系统的结构图可以简化成只有一个非线性环节 $N(A)$ 和一个线性部分 $G(s)$ 串联的形式，如图 6-25 所示。

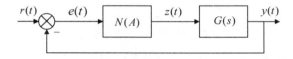

图 6-25 非线性系统典型结构图

2）非线性环节的输入/输出特性是奇对称的，即 $z(-e) = -z(e)$。这保证了非线性环节在正弦输入信号下的输出不包含直流分量。

3）线性部分具有较好的低通性能。这样非线性环节产生的高次谐波分量将被大大削弱，使得闭环通道内基波分量起主要作用。

满足以上条件时，可以将非线性环节近似当做线性环节，用描述函数作为其"频率特性"，应用 Nyquist 判据分析系统的稳定性。

2. 非线性系统的稳定性分析

非线性系统结构图如图 6-25 所示。设 $G(s)$ 的极点均在 s 平面的左半平面，且系统满足以上假设条件，因此对于输入正弦信号和输出信号中的基波分量，非线性环节近似为一个线性环节 $N(A)$，闭环系统的频率特性为

$$G_{yr}(\mathrm{i}\omega) = \frac{N(A)G(\mathrm{i}\omega)}{1 + N(A)G(\mathrm{i}\omega)} \tag{6-22}$$

闭环系统的特征方程为

$$1 + N(A)G(\mathrm{i}\omega) = 0 \tag{6-23}$$

即

$$G(\mathrm{i}\omega) = -\frac{1}{N(A)} \tag{6-24}$$

其中，$-1/N(A)$ 为非线性特性的负倒描述函数。由 Nyquist 判据可知，当 $G(s)$ 在 s 平面的右半平面没有极点时，要使系统稳定，要求 $N(A)G(\mathrm{i}\omega)$ 曲线不能包围 $(-1, \mathrm{i}0)$，或者说 $G(\mathrm{i}\omega)$ 曲线不能包围 $(-1/N(A), \mathrm{i}0)$。注意，$N(A)$ 的变量是信号幅值 A，与频率 ω 相互独立。为了判断系统的稳定性，需要画出 ω 由 $0 \to \infty$ 变化时线性环节的频率特性曲线 $G(\mathrm{i}\omega)$，以及 A 由 $0 \to \infty$ 变化时非线性环节的负倒描述函数曲线 $-1/N(A)$，然后根据 Nyquist 判据分析。

以理想继电器非线性特性为例，负倒描述函数为 $-\dfrac{1}{N(A)} = -\dfrac{\pi A}{4M}$。当 A 由 $0 \to \infty$ 变化时，它在复平面中的轨迹是从原点沿负实轴趋于 $-\infty$ 的一条直线，如图 6-26 所示。若线性环节 $G(s)$

是 II 型三阶系统，频率特性曲线为 $G_1(i\omega)$，将 $-1/N(A)$ 完全包围，因此非线性系统不稳定。若 $G(s)$ 是二阶系统，频率特性曲线为 $G_3(i\omega)$，没有包围 $-1/N(A)$ 曲线上的点，因此非线性系统稳定。若 $G(s)$ 是 I 型或零型三阶系统，频率曲线为 $G_2(i\omega)$，与 $-1/N(A)$ 有交点。当 $A < a$ 时，$G_2(i\omega)$ 包围 $-1/N(A)$，系统暂时处于不稳定的状态，振幅 A 将不断增大；当 $A > a$ 时，$G_2(i\omega)$ 不包围 $-1/N(A)$，系统暂时处于稳定状态，振幅 A 将不断衰减。可见，理想继电器输入端的振幅 A 将稳定在 $A = a$ 处，系统存在稳定的周期运动，即自振。

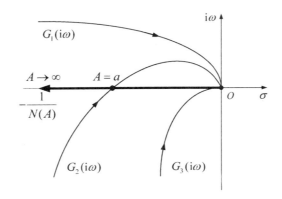

图 6-26　非线性系统频率特性图

通过上例分析容易理解，非线性系统存在自振的必要条件是 $G(i\omega)$ 曲线与 $-1/N(A)$ 曲线有交点。在交点处系统处于临界稳定状态，满足条件 $N(A) \cdot G(i\omega) = -1$，即

$$\begin{cases} |N(A)| \cdot |G(i\omega)| = 1 \\ \angle N(A) + \angle G(i\omega) = -180° \end{cases} \tag{6-25}$$

上式就是系统存在自振的必要条件。下面分析系统存在自振的充分条件。

设系统的 $G(i\omega)$ 曲线与 $-1/N(A)$ 曲线有两个交点 M_1 和 M_2，如图 6-27a 所示，这说明系统中可能存在两个不同振幅和频率的周期运动。

如果系统原来工作在 M_1 点，受到外界干扰后非线性环节的输入振幅 A 增大，则工作点将由 M_1 点移至 B 点。由于点 B 不被 $G(i\omega)$ 曲线包围，系统暂时稳定，振荡衰减，振幅 A 减小，工作点将回到 M_1 点。如果系统受到外界干扰后振幅 A 减小，则工作点将由 M_1 点移至 C 点。由于点 C 被 $G(i\omega)$ 曲线包围，系统暂时不稳定，振荡加剧，振幅 A 增大，工作点将从 C 点回到 M_1 点。这说明 M_1 点对应的周期运动受到扰动后能够维持，所以 M_1 点是自振点。

如果系统原来工作在 M_2 点，受到外界干扰后非线性环节的输入振幅 A 增大，则工作点将由 M_2 点移至 D 点。由于点 D 被 $G(i\omega)$ 曲线包围，系统暂时不稳定，振幅 A 增大，工作点进一步离开 M_2 点向 M_1 点移动，最终将停留在稳定的 M_1 点。如果系统受到外界干扰后振幅 A 减小，则工作点将由 M_2 点移至 E 点。由于点 E 不被 $G(i\omega)$ 曲线包围，系统暂时稳定，振幅 A 继续减小，最终衰减为零。因此 M_2 点对应的周期运动是不稳定的。不稳定的周期运动不可能被观察到。

非线性系统稳定性的判据总结如下：

1）若线性环节的 $G(i\omega)$ 曲线包围非线性环节 $-1/N(A)$ 曲线，则系统不稳定。

2）若线性环节的 $G(i\omega)$ 曲线不包围非线性环节 $-1/N(A)$ 曲线，则系统稳定。

3）若 $G(i\omega)$ 与 $-1/N(A)$ 有交点，则在交点处满足 $G(i\omega) = -1/N(A)$，对应于非线性系统的极限环。定义 $G(i\omega)$ 包围的区域为不稳定区域，而不被 $G(i\omega)$ 曲线包围的区域是稳定区域，如图 6-27b 所示。如果在交点处 $-1/N(A)$ 曲线沿着振幅 A 增大的方向由不稳定区域进入稳定区域，则对应的极限环是稳定的，即该交点是系统的自振点；反之，交点处的 $-1/N(A)$ 曲线沿着振幅 A 增加的方向由稳定区进入不稳定区时，对应的极限环是不稳定的，即该交点不是系统的自振点。

表 6-3 给出了常见非线性特性对应的负倒描述函数曲线，供分析时查用。

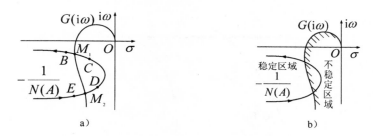

图 6-27 非线性系统自振分析

a）$G(i\omega)$ 曲线与 $-1/N(A)$ 曲线的交点 b）系统稳定区域的划分

3. 自振参数的计算

如果存在自振点，必然对应系统的自振运动。自振的幅值和频率分别由 $-1/N(A)$ 曲线和 $G(i\omega)$ 曲线在自振点处的 A 和 ω 决定，利用自振的必要条件可以求出 A 和 ω。

【例 6-6】 如图 6-28a 所示非线性系统，$M = 2$，$K = 6$，试分析系统的稳定性，如果系统存在自振，确定自振参数。

解 非线性环节为理想继电器特性，描述函数为

$$N(A) = \frac{4M}{\pi A} = \frac{8}{\pi A}$$

将 $G(i\omega)$ 与 $-1/N(A)$ 曲线同时画在复平面上，如图 6-28b 所示。根据前面给出的稳定性判据可以判定，系统存在自振。依据自振条件 $N(A)G(i\omega) = -1$，得到

$$\frac{8}{\pi A} \cdot \frac{6}{i\omega(1 + i\omega)(2 + i\omega)} = -1$$

$$\frac{48}{\pi A} = -i\omega(1 + i\omega)(2 + i\omega) = 3\omega^2 - i\omega(2 - \omega^2)$$

比较实部和虚部有

$$\begin{cases} \dfrac{48}{\pi A} = 3\omega^2 \\ \omega(2 - \omega^2) = 0 \end{cases}$$

解得

$$\omega = \sqrt{2} = 1.41, \quad A = \frac{48}{6\pi} = 2.55 \, .$$

因此，系统自振振幅 $A = 2.55$ ，自振频率 $\omega = 1.41 \, \text{rad/s}$ 。

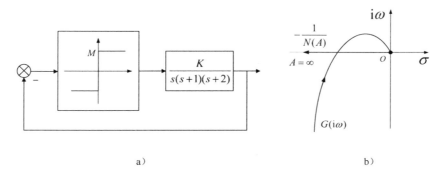

a）   b）

图 6-28   例 6-6 图

a）非线性系统的结构   b）$G(\text{i}\omega)$ 曲线与 $-1/N(A)$ 曲线

【例 6-7】   已知非线性系统结构图如图 6-29a 所示。其中，$M = h = 1$，$G_1(s) = \dfrac{1}{s(s+2)}$，

$G_2(s) = \dfrac{1}{s}$，$K > 0$ 。

1）试分析当 $K = 6$ 时，系统是否会产生自振。若产生自振，求自振的幅值和频率。

2）当 K 取何值时，系统不会产生自振。

解   此例的结构图与图 6-25 不同，不能直接使用前面例题的过程，但是仍然可以采用 Nyqiust 判据。将非线性元件的描述函数看做常数，由 Mason 公式可以写出闭环系统的传递函数为

$$G_{yr}(s) = \frac{G_1(s)}{1 + G_1(s) + KN(A)G_1(s)G_2(s)}$$

闭环系统的特征方程为 $1 + G_1(s) + KN(A)G_1(s)G_2(s) = 0$ ，即

$$\frac{KG_1(s)G_2(s)}{1 + G_1(s)} = -\frac{1}{N(A)}$$

记 $G(s) = \dfrac{KG_1(s)G_2(s)}{1 + G_1(s)}$ 。由 Nyquist 判据可知，当 $G(s)$ 在 s 平面的右半平面没有零极点时，要使系统稳定，要求 $G(\text{i}\omega)$ 曲线不能包围点 $(-1/N(A), \text{i}0)$ 。

1）当 $K = 6$ 时

$$G(s) = \frac{KG_1(s)G_2(s)}{1 + G_1(s)} = \frac{6 \cdot \dfrac{1}{s(s+2)} \cdot \dfrac{1}{s}}{1 + \dfrac{1}{s(s+2)}} = \frac{6}{s(s^2 + 2s + 1)}$$

$$N(A) = \frac{4M}{\pi A}\sqrt{1 - \left(\frac{h}{A}\right)^2} = \frac{4}{\pi A}\sqrt{1 - \left(\frac{1}{A}\right)^2}$$

如图 6-29b 所示，如果 $G(\text{i}\omega)$ 曲线和 $-1/N(A)$ 曲线相交，则系统会产生自振。将 $s = \text{i}\omega$ 代入 $G(s) = -1/N(A)$ 得到

198

$$\frac{6}{-2\omega^2+i\omega(1-\omega^2)}=\frac{-1}{\frac{4}{\pi A}\sqrt{1-\left(\frac{1}{A}\right)^2}}$$

比较实部和虚部有

$$\begin{cases}1-\omega^2=0\\\dfrac{\omega^2}{3}=\dfrac{4}{\pi A}\sqrt{1-\left(\dfrac{1}{A}\right)^2}\end{cases}$$

解得

$$\begin{cases}\omega=1\\A=1.039\quad\text{或}\quad3.68\end{cases}$$

根据 $-1/N(A)$ 曲线的方向可以判定系统自振振幅 $A=3.68$ ，自振频率 $\omega=1$ 。

2）由图 6-29b 可知，如果 $G(i\omega)$ 曲线和 $-1/N(A)$ 曲线不相交，则系统不会产生自振。$-1/N(A)$ 曲线的最大值为 $-\dfrac{\pi}{2}$ 。令 $G(i\omega)=\dfrac{K}{-2\omega^2+i\omega(1-\omega^2)}$ 的虚部为 0，可以计算出 $G(i\omega)$ 与实轴的交点为 $G(i\omega)=-K/2$ 。因此当 $-K/2>-\pi/2$ ，即 $K<\pi$ 时， $G(i\omega)$ 曲线和 $-1/N(A)$ 曲线不相交，系统稳定。

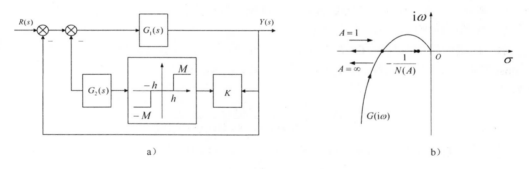

图 6-29　例 6-7 图

a）非线性系统的结构　b） $G(i\omega)$ 曲线与 $-1/N(A)$ 曲线

6.4　改善非线性系统性能的措施及运用非线性特性

通常情况下，非线性环节往往给系统带来不利的影响，如使稳态误差增大或使系统发生自振等。消除或减小非线性因素的影响，是非线性系统研究中一个有实际意义的课题。但是有时也可以在线性系统中加入非线性环节，实现非线性控制规律，克服线性反馈系统中快速性和平稳性难以兼顾的困难。

6.4.1　改善非线性系统性能的措施

在例 6-5 中，加入局部反馈可以消除系统的自振。在如图 6-30 所示的系统中，可加入图中虚线所示的速度反馈。

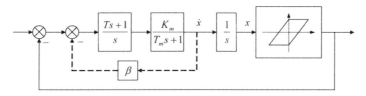

图 6-30　系统引入反馈消除自振

在例 6-7 中，减小闭环回路的增益使 $G(\mathrm{i}\omega)$ 曲线与 $-1/N(A)$ 曲线不相交，$G(\mathrm{i}\omega)$ 不再包围 $-1/N(A)$ 曲线，自振消失，闭环系统能够稳定工作。

引入新的非线性环节可以改变系统的非线性特性。如图 6-31 所示，N_1 为饱和特性，选择 N_2 为死区特性，使死区范围 a 等于饱和特性的线性段范围，且二者线性段斜率相同，则并联后总的输入/输出特性为线性特性。可以用描述函数证明，因为

$$N_1(A) = \frac{2k}{\pi}\left[\arcsin\frac{a}{A} + \frac{a}{A}\sqrt{1 - \left(\frac{a}{A}\right)^2}\right]$$

$$N_2(A) = \frac{2k}{\pi}\left[\frac{\pi}{2} - \arcsin\frac{a}{A} - \frac{a}{A}\sqrt{1 - \left(\frac{a}{A}\right)^2}\right]$$

于是得到

$$N_1(A) + N_2(A) = k$$

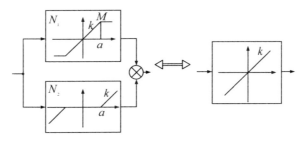

图 6-31　死区特性和饱和特性并联

6.4.2　运用非线性特性

在第 3 章中介绍的速度反馈是一种常用的控制结构，可以增加系统阻尼，改善动态响应的平稳性。但是这种结构在减小超调的同时，往往降低了响应的速度。利用死区非线性特性可以实现有条件的速度反馈。如图 6-32 所示的非线性阻尼控制系统，在速度反馈通道中串入死区特性。当系统输出小于死区 a 时，没有速度反馈，系统处于弱阻尼状态，响应较快。当系统输出增大超过死区 a 时，速度反馈开始起作用，系统的阻尼增大，抑止了超调量，使输出平稳地跟踪输入指令。图 6-33 中分别给出了系统在无速度反馈、线性速度反馈和非线性速度反馈 3 种情况下的阶跃响应曲线。由图可见，非线性速度反馈时，系统的动态过程既快又稳，具有良好的控制性能。

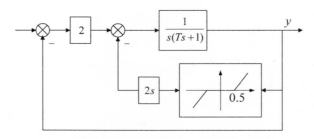

图 6-32 非线性阻尼控制系统

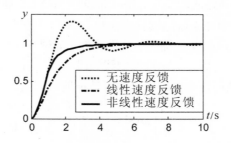

图 6-33 非线性阻尼控制的阶跃响应

6.5 小结

本章介绍了经典控制理论中常用的研究非线性控制系统的两种方法：相平面法和描述函数法。

相平面法属于时域分析方法。它是研究二阶非线性系统的一种图解方法。相平面图清楚地表示了系统在不同初始条件下的自由运动。相平面法原则上仅适用于二阶系统。但是，相平面法的概念可以扩展到高阶系统中去。

描述函数法类似于线性系统的频域分析方法，主要用于分析非线性系统的稳定性和自振。采用该方法时，非线性特性应该是奇对称的，而且线性部分具有良好的低通滤波特性。一般要求系统的结构图为图 6-25 中的典型形式，如果不是典型形式的结构图，则需要写出系统的特征方程，然后变换为标准形式。描述函数法是一种工程近似方法，结果的准确度在很大程度上取决于高次谐波成分被衰减的程度。这要求非线性环节在正弦信号作用下输出高次谐波分量所占的比例很小，以及系统的线性部分具有良好的低通滤波性能。描述函数法的一个显著特点是：分析不受系统阶数的限制，高阶系统的分析准确度比低阶系统高。

6.6 习题

6-1 已知线性系统的微分方程如下，试用等倾线法绘制其相轨迹。

（1）$\ddot{x} + 3\dot{x} + 2x = 0$ （2）$\ddot{x} + \dot{x} + 2x = 0$

（3）$\ddot{x} + 2x = 0$ （4）$\ddot{x} + \dot{x} - 2x = 0$

（5）$\ddot{x} + 3\dot{x} = 1$ （6）$\ddot{x} = 1$

6-2　已知二阶非线性系统的微分方程如下，求其奇点并确定奇点类型。

（1）$\ddot{x} - (1 + x^3)\dot{x} + x = 0$

（2）$\ddot{x} + (1 - |x|)\dot{x} - x = 0$

6-3　二阶系统如题 6-3 图所示，非线性部分输出 $M>1$。

（1）输入 $r(t) = 0$ 时，试用等倾线法绘出变量 x 的相平面图，分析极限环的形成情况。

（2）输入 $r(t) = t$ 时，试用等倾线法绘出变量 x 的相平面图，并与（1）对比。

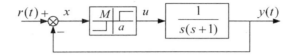

题 6-3 图

6-4　二阶系统如题 6-4 图所示，非线性部分 $k>1$，输入 $r(t) = 0$。试用等倾线法绘出变量 x 的相平面图，分析极限环的形成情况。

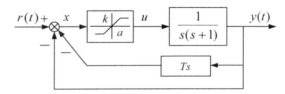

题 6-4 图

6-5　非线性系统如题 6-5 图所示，继电特性输出幅值 $M=4.7$。

（1）如果继电器的特性 $a=0$，求系统的自持振荡周期和振幅。

（2）a 为何值时，系统无自持振荡？

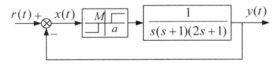

题 6-5 图

6-6　已知非线性系统结构图如题 6-6 图所示，其中，$M=h=1$，$G_1(s) = \dfrac{K}{s(s+3)}$，$G_2(s) = \dfrac{5}{s+1}$。当 K 取何值时，系统会产生自振？

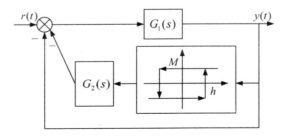

题 6-6 图

6-7 已知非线性系统结构图如题 6-7 图所示，$G_1(s) = \dfrac{K}{s(s+3)}$，$G_2(s) = \dfrac{5}{s+1}$。当 K 取何值时，系统会产生自振？

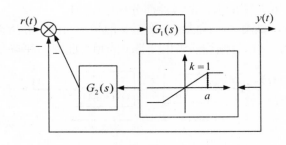

题 6-7 图

6-8 已知非线性速度反馈系统如题 6-8 图所示。利用 MATLAB 求系统单位阶跃响应的解析表达式。

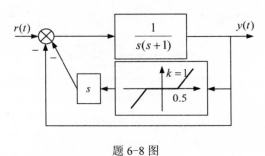

题 6-8 图

第7章 离散控制系统的基本理论

7.1 引言

在控制系统中，时间上和幅值上都连续的信号称为连续信号或模拟信号；时间上离散而幅值上连续的信号称为采样信号或离散时间的模拟信号；时间上和幅值上都离散的信号称为数字信号。图 7-1 表示出了这 3 类信号。

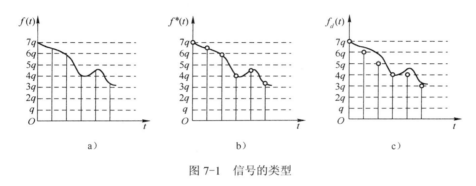

图 7-1 信号的类型

a) 连续信号 b) 采样信号 c) 数字信号

连续信号在时间上的离散化是通过采样来实现的。采样方式有多种，这里仅介绍周期采样，简称采样。采样就是按照一定的时间间隔 T 获取连续信号 $f(t)$ 的瞬时值 $f(kT)$ 的过程。$f(t)$ 在 $t = kT$ 时刻的瞬时值 $f(kT)$ 叫采样值，相邻两个采样值之间的时间间隔 T 称为采样周期。连续信号 $f(t)$ 经过采样后就变为采样信号 $f^*(t)$。

采样信号 $f^*(t)$ 在幅值上的离散化是通过量化来实现的。量化就是用量化单位 q 的整数倍来逼近采样信号的幅值。采样信号 $f^*(t)$ 经过量化后就变为数字信号 $f_d(t)$。显然，数字信号与相应的采样信号在幅值上是存在误差的，这个误差通常称为量化误差。量化单位 q 越小，两个信号的误差就越小。量化单位 q 与二进制数的字长 n 有关，通常 $q = 1/2^n$。当量化单位 q 很小，以至数字信号的量化误差可以忽略时，数字信号可看做采样信号。

如果控制系统中的所有信号都是连续信号，则这样的系统称为连续控制系统。如果控制系统中有一处或几处信号是采样信号，则这样的系统称为采样控制系统。如果控制系统中的所有信号都是离散时间信号，则这样的系统称为离散控制系统。如果控制系统采用计算机实现，则模拟信号经过 A/D 转换后转化为数字信号进入计算机，经过计算机处理后输出的数字信号通过 D/A 转换转化为模拟信号，用于控制对象，这样的系统称为计算机控制系统，如图 7-2 所示。

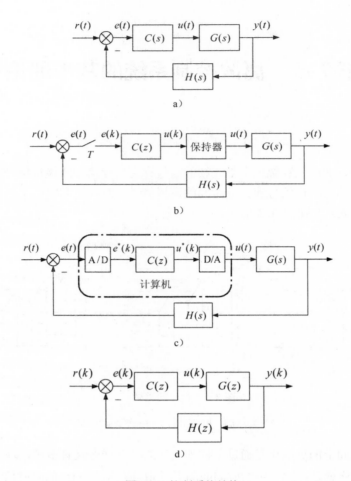

图 7-2 控制系统结构

a）连续控制系统 b）采样控制系统 c）计算机控制系统 d）离散控制系统

对于计算机控制系统，如果忽略量化误差，则可以看做采样系统。为了在离散域进行控制器设计，需要将连续的被控对象转化为等效的离散模型，这样，采样系统就变成了离散控制系统，而采样信号则转化为离散序列。本章内容主要介绍离散控制系统的基本理论和方法，而更深入的内容属于计算机控制系统课程的范畴。

7.2 信号的采样与保持

7.2.1 采样过程

采样过程是用采样器（也叫采样开关）来实现的。采样过程就是把连续信号转换为离散的模拟信号或脉冲序列的过程。图 7-3 给出了实际采样开关的采样过程：每隔 T 秒接通一次，接通时间为 τ 秒。接通时，$f_\tau^*(t) = f(t)$。断开时，$f_\tau^*(t) = 0$。

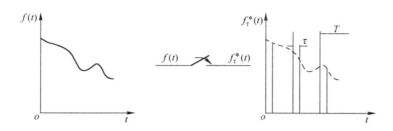

图 7-3　实际的采样过程

在实际应用中，采样开关的接通时间 τ 远小于采样周期 T，也远小于采样开关后面的被控对象的时间常数，故可忽略不计。因此，实际采样开关可近似看做具有瞬时接通功能的理想采样开关，其输出 $f_\tau^*(t)$ 可近似为一个定义在采样瞬时上的理想脉冲序列 $f^*(t)$，实际采样过程也就近似为理想采样过程，如图 7-4 所示。这样的近似处理是合理的，也给后面对采样信号和系统的分析带来很大的方便。

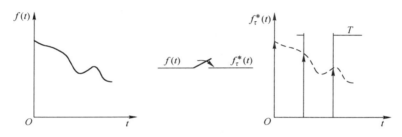

图 7-4　理想的采样过程

7.2.2　理想采样信号的数学描述

设理想采样开关的输入为连续信号 $f(t)$，在 $t=kT$ 时瞬时接通，接通持续时间为 0。这时，理想采样开关的输出是一个瞬时作用的信号，这个信号在数学上用 δ 函数（即单位脉冲函数）来描述。设理想采样开关的输出为 $f^*(t)$，则

$$f^*(t) = f(t)\delta(t-kT) = f(kT)\delta(t-kT)$$

如果 k 从 0 开始，理想采样开关每隔 T 秒瞬时接通一次，则

$$f^*(t) = \sum_{k=0}^{\infty} f(kT)\delta(t-kT)$$

$$= \sum_{k=0}^{\infty} f(t)\delta(t-kT) \tag{7-1}$$

$$= f(t)\sum_{k=0}^{\infty} \delta(t-kT)$$

在实际系统中，$t<0$ 时 $f(t)=0$，所以

$$f^*(t) = \sum_{k=-\infty}^{\infty} f(kT)\delta(t-kT)$$

$$= \sum_{k=-\infty}^{\infty} f(t)\delta(t-kT) \tag{7-2}$$

$$= f(t)\sum_{k=-\infty}^{\infty} \delta(t-kT)$$

通常，记 $\delta_T(t) = \sum_{k=-\infty}^{\infty} \delta(t-kT)$，则

$$f^*(t) = f(t)\delta_T(t) \tag{7-3}$$

式（7-1）～式（7-3）是理想采样信号的时域数学描述。

对式（7-3）进行 Laplace 变换，得

$$F^*(s) = \mathscr{L}[f^*(t)] = \int_0^{\infty} f^*(\tau)e^{-s\tau}\mathrm{d}\tau$$

$$= \int_0^{\infty} \sum_{k=-\infty}^{\infty} f(\tau)\delta(\tau-kT)e^{-s\tau}\mathrm{d}\tau$$

$$= \sum_{k=-\infty}^{\infty} f(kT)e^{-kTs} \tag{7-4}$$

$$= \sum_{k=0}^{\infty} f(kT)e^{-kTs}$$

式（7-4）是理想采样信号的 s 域数学描述。

对于式（7-3），如果先对 $\delta_T(t)$ 函数进行 Fourier 级数展开，再进行 Laplace 变换，还可得到 $F^*(s)$ 的另一种形式。

设 $\delta_T(t)$ 是一个周期函数，其 Fourier 级数展开为

$$\delta_T(t) = \sum_{k=-\infty}^{\infty} \delta(t-kT) = \sum_{k=-\infty}^{\infty} c_k e^{\mathrm{i}k\omega_s t} \tag{7-5}$$

式中，$\omega_s = \dfrac{2\pi}{T}$，为采样角频率；$c_k$ 是 Fourier 系数，其值为

$$c_k = \frac{1}{T}\int_{-T/2}^{T/2} \delta_T(t)e^{-\mathrm{i}k\omega_s t}\mathrm{d}t$$

在 $\begin{bmatrix} -T/2 & T/2 \end{bmatrix}$ 区间，$\delta_T(t)$ 仅在 $t=0$ 时有值，为 $\delta(t)$，且 $e^{-\mathrm{i}k\omega_s t}\big|_{t=0} = 1$，所以

$$c_k = \frac{1}{T}\int_{0_-}^{0_+} \delta(t)\mathrm{d}t = \frac{1}{T} \tag{7-6}$$

将式（7-6）代入式（7-5）中，得

$$\delta_T(t) = \frac{1}{T}\sum_{k=-\infty}^{\infty} e^{\mathrm{i}k\omega_s t} \tag{7-7}$$

将式（7-7）代入式（7-3），得

$$f^*(t) = f(t)\delta_T(t) = \frac{1}{T}\sum_{k=-\infty}^{\infty} f(kT)\mathrm{e}^{\mathrm{i}k\omega_s t} = \frac{1}{T}\sum_{k=-\infty}^{\infty} f(t)\mathrm{e}^{\mathrm{i}k\omega_s t} \qquad (7\text{-}8)$$

对式（7-8）进行 Laplace 变换，得

$$F^*(s) = \frac{1}{T}\sum_{k=-\infty}^{\infty} F(s-\mathrm{i}k\omega_s) \qquad (7\text{-}9)$$

式（7-4）与式（7-9）是等效的，即

$$\sum_{k=0}^{\infty} f(kT)\mathrm{e}^{-kTs} = \frac{1}{T}\sum_{k=-\infty}^{\infty} F(s-\mathrm{i}k\omega_s) \qquad (7\text{-}10)$$

式（7-10）称为 Poisson 总和公式。式（7-4）建立了 $F^*(s)$ 与采样函数 $f(kT)$ 之间的关系，而式（7-9）建立了 $F^*(s)$ 与 $f(t)$ 的 Laplace 变换 $F(s)$ 之间的关系。由式（7-4）可以导出采样函数的 z 变换，而借助式（7-9）可以导出采样信号的频域描述，进而对采样信号进行频谱分析。

7.2.3 采样定理及采样周期的选取

典型的计算机控制系统如图 7-2c 所示。其中的 A/D 转换器是把模拟信号转换为离散数字信号的装置，它可以用一个每隔 T 秒瞬时闭合一次的理想采样开关来表示。误差信号 $e(t)$ 经 A/D 转换器后变成误差采样信号 $e^*(t)$，数字控制器对 $e^*(t)$ 进行处理后输出数字控制信号 $u^*(t)$。

假设误差信号 $e(t)$ 如图 7-5 的点线所示，如果采样周期为 T，那么 $e^*(t)$ 丢失 $e(t)$ 的信息少，可以反映原连续信号 $e(t)$ 的变化规律。因此，数字控制器对 $e^*(t)$ 进行处理后输出的数字控制信号 $u^*(t)$ 是有效的。如果采样周期为 $5T$（见图 7-5 的虚线所示），那么 $e^*(t)$ 丢失 $e(t)$ 的信息就多，不能反映原连续信号 $e(t)$ 的变化规律，数字控制器对 $e^*(t)$ 进行处理后输出的数字控制信号 $u^*(t)$ 是无效的。

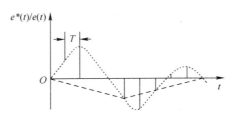

图 7-5 误差信号 $e(t)$ 的采样

由以上内容可知，对于采样系统，需要考虑采样周期大小的问题，即采样周期取多大，才能让采样信号不失真地表示原连续信号，或者说从采样信号不失真地恢复原连续信号。对于这个问题，目前从时域的角度还不能给出理论上的答案。但是，从频域的角度可以给出理论上的答案，即 Shannon 采样定理。

Shannon 采样定理指出：如果采样器的输入信号 $f(t)$ 具有有限的带宽，并且有直到 ω_h 的频率分量，则能够使信号 $f(t)$ 不失真地从采样信号 $f^*(t)$ 中恢复过来的采样周期 T 应满足：

$$T \leqslant \frac{2\pi}{2\omega_h} \tag{7-11}$$

下面对 Shannon 采样定理进行解释。由式（7-9），令 $s = i\omega$，得理想采样信号 $f^*(t)$ 的 Fourier 变换为

$$F^*(i\omega) = \frac{1}{T} \sum_{k=-\infty}^{\infty} F(s - ik\omega_s) \tag{7-12}$$

式（7-12）给出了理想采样信号 $f^*(t)$ 与连续信号 $f(t)$ 在频域中的相互关系。

假设 $f(t)$ 具有有限的带宽，并且有直到 ω_h 的频率分量，其频谱在不同的角频率下的特性如图 7-6 所示。

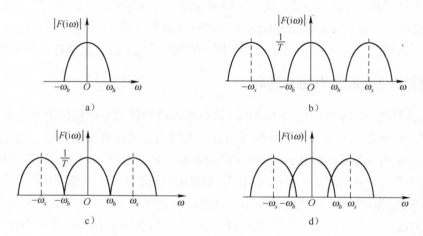

图 7-6 不同采样频率下 $f(t)$ 频谱

a）$f(t)$ 的频谱 b）$\omega_s > 2\omega_h$ 时 $f(t)$ 的频谱 c）$\omega_s = 2\omega_h$ 时 $f(t)$ 的频谱 d）$\omega_s < 2\omega_h$ 时 $f(t)$ 的频谱

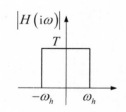

图 7-7 理想滤波器的幅频特性

对于图 7-6b 和图 7-6c，如果采用如图 7-7 所示的理想滤波器，其增益为 T，就可以在其输出端得到与 $f(t)$ 的频谱 $|F(i\omega)|$ 一致的频谱，从而可以不失真地恢复采样器的输入信号。对于图 7-6d，相邻分频谱互相重叠，用理想滤波器滤波后不能得到与 $f(t)$ 的频谱 $|F(i\omega)|$ 一致的频谱，从而不能不失真地恢复采样器的输入信号。

Shannon 采样定理的物理意义：对周期信号进行采样，每个周期至少抽样两次才有可能不失真地复原信号。从频域的角度来看，确定好信号带宽角频率 ω_h 后，可以根据 $T \leqslant 2\pi/(2\omega_h)$ 确定采样周期 T，因此，可以采用如图 7-7 所示的理想滤波器不失真地恢复采样器的输入信号。在实际应用中，一般采样时间小于信号周期的 1/5。

Shannon 采样定理给出了选择采样周期的指导原则，但是它在控制工程中的应用却受到很多限制，如信号 $f(t)$ 的 ω_h 很难求得，且带宽有限很难满足，理想滤波器是物理不可实现的。

所以，在实际应用中，采样周期的选择是用其他方法确定的，常用方法有以下几种。

1）按照工程经验选取。

对于工业过程控制，被控变量随时间的变化率一般比较缓慢。工程实践表明，按表 7-1 选取采样周期是可以满足工程要求的。

表 7-1 工业过程对象采样周期的选择

被 控 变 量	采样周期/s
流量	1～3
压力	1～5
液位	5～10
温度	10～20
成分	10～30

对于机电控制系统，尤其是快速随动系统，采样周期通常按下面的方法选取。

2）按照系统闭环频率特性选取。

系统闭环频率特性的闭环频带 ω_B 是一项重要的性能指标，如果系统输入信号的频率高于 ω_B，信号通过系统将被迅速衰减。因此，可以认为通过系统的控制信号的最高频率分量 $\omega_h = \omega_B$。根据经验，控制系统的采样角频率 ω_s 可取为

$$\omega_s = (5 \sim 10)\omega_B \tag{7-13}$$

3）按照系统开环频率特性选取。

系统开环频率特性的交越频率 ω_c 与系统闭环频率特性的谐振频率 ω_r 很接近，而 ω_r 与 ω_B 又很接近，所以，如果已知系统开环频率特性的交越频率 ω_c，可按下式计算采样角频率 ω_s

$$\omega_s = (5 \sim 10)\omega_c \tag{7-14}$$

4）按照开环传递函数选取。

如果已知系统开环传递函数，可以按照传递函数中的最小时间常数或最小自然振荡周期来选取采样周期。若系统开环传递函数的形式为

$$G(s) = \frac{N(s)}{s^v \prod_{i=1}^{n_1}(T_i s + 1) \prod_{j=1}^{n_2}\left[\left(s + \frac{1}{\tau_j}\right)^2 + \omega_j^2\right]} \tag{7-15}$$

则其对应的脉冲响应函数 $g(t)$ 中的基本分量为 e^{-t/T_i}，$e^{-t/\tau_j}\sin\omega_j t$，$(i=1,2,\cdots,n_1, j=1,2,\cdots,n_2)$，其中，$T_i$、$\tau_j$ 为时间常数，ω_j 为阻尼振荡角频率，换算为阻尼振荡周期得到 $t_j = 2\pi/\omega_j$。通过这些参数，可以近似了解系统动态过程中输出信号的最快变化速度或最高频率分量，所以，它们可作为采样周期选取的依据，采样周期 T 可取为

$$T = \min\frac{1}{4}(T_1, T_2, \cdots, T_{n_1}, \tau_1, \tau_2, \cdots, \tau_{n_2}, t_1, t_2, \cdots, t_{n_2}) \tag{7-16}$$

5）按照开环系统阶跃响应上升时间 t_r 选取。

阶跃响应的初始阶段反映了响应的高频分量，按照 t_r 选取采样周期 T，就相当于按照响应中的高频分量的周期选取 T，一般取

$$T = \frac{t_r}{2 \sim 4} \tag{7-17}$$

6）按照 A/D 转换量化单位和连续信号最大变化速度选取。

设 A/D 转换的量化单位为 q，被采样的连续信号为 $f(t)$，其最大变化速度为 $\max|f'(t)|$。如果用零阶保持器将采样信号 $f^*(t)$ 重构成连续信号 $f_h(t)$，最大重构误差为

$$e_m = \max|f(t) - f_h(t)| \leqslant T\max|f'(t)| \tag{7-18}$$

为保证重构精度，应使 $e_m \leqslant q$，所以，采样周期取为

$$T \leqslant \frac{q}{\max|f'(t)|} \tag{7-19}$$

7.2.4 信号的保持

在计算机控制系统中，数字控制器输出的数字信号必须经过 D/A 转换变成连续信号，才能用来控制连续的被控对象。D/A 转换过程如下：每隔 T 秒把离散数字信号（二进制数码串）转换为离散的模拟信号，这是解码过程，如图 7-8a 所示；再把离散的模拟信号转换为连续的模拟信号（一般是阶梯信号的形式），这是复现过程，如图 7-8b 所示。

一般情况下，我们把具有类似上述 D/A 转换器功能的装置叫做保持器。保持器是一种把数字信号或离散信号转换为连续信号的装置。为什么不能把离散信号直接加到被控对象的输入端而必须将其转换为连续信号后才可以呢？从前面对 Shannon 采样定理的介绍可知，当采样频率大于或等于连续信号的最高频率的两倍时，离散信号的频谱如图 7-6b 所示。可见，离散信号的频谱中包含了无穷多个孤立的高频频谱分量。这些信号分量在系统中相当于高频干扰，会对系统造成不利影响，必须滤除掉。如果接入一个理想滤波器，就可以把这些高频分量完全滤掉。但是，理想滤波器物理上是不可实现的。因此，工程上用近似的方法来实现，即接入保持器，把离散信号转换为连续信号，而连续信号不会含有无穷多个孤立的高频频谱分量，这就相当于把这些高频分量滤掉了。

工程中多使用零阶保持器，它将采样时刻 nT 的采样值一直保持到下一采样时刻 $(n+1)T$ 到来之前，如图 7-8b 所示。下面对它进行分析，看它是否具有滤除或衰减高频分量的特性。

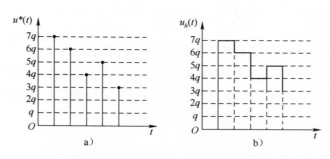

图 7-8 D/A 转换过程

a）解码过程　b）复现过程

给零阶保持器 $G_h(s)$ 输入一个理想单位脉冲 $\delta(t)$，则其单位脉冲响应函数 $g_h(t)$ 是幅值为

1，持续时间为 T 的矩形脉冲，如图 7-9 所示。它可分解为两个单位阶跃函数的差，即

$$g_h(t) = 1(t) - 1(t-T) \tag{7-20}$$

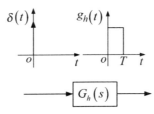

图 7-9　零阶保持器的单位脉冲响应特性

对脉冲响应函数 $g_h(t)$ 取 Laplace 变换，可得零阶保持器的传递函数

$$G_h(s) = \frac{1}{s} - \frac{e^{-Ts}}{s} = \frac{1-e^{-Ts}}{s} \tag{7-21}$$

在式（7-21）中，令 $s = i\omega$，得零阶保持器的频率特性为

$$G_h(i\omega) = \frac{1-e^{-i\omega T}}{i\omega} = \frac{2e^{-i\omega T/2}(e^{i\omega T/2}-e^{-i\omega T/2})}{2i\omega}$$
$$= T\frac{\sin(T\omega/2)}{T\omega/2}e^{-i\omega T/2} \tag{7-22}$$

将 $T = 2\pi/\omega_s$ 代入式（7-22），得

$$G_h(i\omega) = \frac{2\pi}{\omega_s} \cdot \frac{\sin\pi(\omega/\omega_s)}{\pi(\omega/\omega_s)}e^{-i\pi(\omega/\omega_s)} \tag{7-23}$$

根据式（7-23），可以画出零阶保持器的幅频特性和相频特性图，如图 7-10 所示。

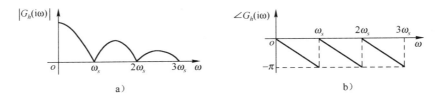

图 7-10　零阶保持器的频率特性

a）幅频特性　b）相频特性

由图 7-10 可见，零阶保持器具有如下特性。

1）低通特性：由于幅频特性的幅值随频率值的增大而迅速衰减，说明零阶保持器基本上是一个低通滤波器，但与理想滤波器相比，在 $\omega = \omega_s/2$ 时，其幅值只有零频值的 63.7%。零阶保持器除允许主要频谱分量通过外，还允许部分高频频谱分量通过，不过这些分量的幅值是逐渐衰减的。

2）相角滞后特性：由相频特性可见，零阶保持器会产生相角滞后，相角滞后量与采样角频率 ω_s 成反比，且随 ω 的增大而增大，在 $\omega = k\omega_s$（k=1，2，3，…）处，相角滞后最大可达

到 $-180°$，从而使系统的稳定性变差。所以，应适当提高采样角频率，以减小相角滞后。

7.3 z 变换理论

Laplace 变换是连续系统分析和设计的基本工具。而对离散控制系统的分析和设计则采用 z 变换。z 变换是从 Laplace 变换引申出来的一种离散序列变换方法，是研究线性离散控制系统的重要数学工具。

7.3.1 z 变换定义

采样信号 $f^*(t)$ 的 Laplace 变换为

$$F^*(s) = \mathscr{L}[f^*(t)] = \sum_{k=0}^{\infty} f(kT) \mathrm{e}^{-kTs} \qquad (7-24)$$

由于上式含有 e^{Ts} 因子，不便于使用，作变量代换

$$z = \mathrm{e}^{sT} \qquad (7-25)$$

或令

$$s = \frac{1}{T} \ln z \qquad (7-26)$$

代入式（7-24）得

$$F^*(s)\Big|_{s=\frac{1}{T}\ln z} = \sum_{k=0}^{\infty} f(kT) z^{-k} \qquad (7-27)$$

令

$$F(z) = F^*(s)\Big|_{s=\frac{1}{T}\ln z} = \sum_{k=0}^{\infty} f(kT) z^{-k} \qquad (7-28)$$

式（7-28）就是采样信号 $f^*(t)$ 的 z 变换。

注释 1：上述 z 变换是单边 z 变换，即假定 $t < 0$ 时，$f(t) = 0$。

注释 2：z 变换是针对采样信号进行的变换。采样信号 $f^*(t) = \sum_{k=0}^{\infty} f(kT)\delta(t-kT)$ 被抽象为离散序列 $f(k)$，因此 z 变换也是针对离散序列进行的变换。

注释 3：由 z 变换定义式可以获得两方面的信息——信号幅值的信息和时间信息。$f(kT)$ 反映信号幅值的信息；z^{-k} 表示延迟了 k 个采样周期。

注释 4：z 的无穷幂级数之和必须是收敛的。对控制工程中的多数信号，其 z 变换还可以写成闭合形式，并编制成 z 变换表以供查阅，见表 7-2。

注释 5：z 变换有多种写法，如 $\mathscr{Z}[f^*(t)]$、$\mathscr{Z}[f(t)]$、$\mathscr{Z}[F(s)]$、$\mathscr{Z}[f(k)]$，但是都必须理解为对采样信号 $f^*(t)$ 的 z 变换。连续信号及其 Laplace 变换是没有 z 变换的。

表 7-2　常用信号的 z 变换公式

s 域	时　域	z 域
1	$\delta(t)$	1
$\dfrac{1}{s}$	$1(t)$	$\dfrac{1}{1-z^{-1}}=\dfrac{z}{z-1}$
$\dfrac{1}{s^2}$	t	$\dfrac{Tz}{(z-1)^2}$
$\dfrac{1}{s^3}$	$\dfrac{t^2}{2}$	$\dfrac{T^2z(z+1)}{2(z-1)^3}$
$\dfrac{1}{s+a}$	e^{-at}	$\dfrac{e^{aT}z}{e^{aT}z-1}=\dfrac{z}{z-e^{-aT}}$
$\dfrac{1}{s+(\ln a)/T}$	$a^{\frac{t}{T}}$	$\dfrac{z/a}{z/a-1}=\dfrac{z}{z-a}$
$\dfrac{1}{(s+a)^2}$	te^{-at}	$\dfrac{Te^{-aT}z}{(z-e^{-aT})^2}$

7.3.2　z 变换的基本定理

1. 线性定理

若 $F_1(z)=\mathscr{Z}[f_1(t)]$，$F_2(z)=\mathscr{Z}[f_2(t)]$，$a$、$b$ 为常数，则

$$\mathscr{Z}[af_1(t)\pm bf_2(t)]=aF_1(z)\pm bF_2(z) \tag{7-29}$$

证明： 由 z 变换定义，可知

$$\mathscr{Z}[af_1(t)\pm bf_2(t)]=\sum_{k=0}^{\infty}[af_1(kT)\pm bf_2(kT)]z^{-k}$$

$$=a\sum_{k=0}^{\infty}f_1(kT)z^{-k}\pm b\sum_{k=0}^{\infty}f_2(kT)z^{-k}$$

$$=aF_1(z)\pm bF_2(z)$$

证毕。

2. 实数位移定理

实数位移是指整个采样序列 $f(kT)$ 在时间轴上左右平移若干采样周期。其中，向右平移为滞后，向左平移为超前。

（1）右移（滞后）定理

若 $\mathscr{Z}[f(t)]=F(z)$，则

$$\mathscr{Z}[f(t-nT)]=z^{-n}F(z) \tag{7-30}$$

式中，n 是正整数。

证明： 由定义

$$\mathscr{Z}[f(t-nT)]=\sum_{k=0}^{\infty}f(kT-nT)z^{-k}=z^{-n}\sum_{k=0}^{\infty}f(kT-nT)z^{-(k-n)}$$

令 $m=k-n$，则

$$\mathscr{Z}[f(t-nT)] = z^{-n}\sum_{m=-n}^{\infty}f(mT)z^{-m}$$

由 z 变换的单边性可知

$$\mathscr{Z}[f(t-nT)] = z^{-n}\sum_{m=0}^{\infty}f(mT)z^{-m} = z^{-n}F(z)$$

证毕。

（2）左移（超前）定理

若 $\mathscr{Z}[f(t)] = F(z)$ ，则

$$\mathscr{Z}[f(t+nT)] = z^{n}\left[F(z) - \sum_{k=0}^{n-1}f(kT)z^{-k}\right] \qquad (7\text{-}31)$$

证明：由定义

$$\mathscr{Z}[f(t+nT)] = \sum_{k=0}^{\infty}f(kT+nT)z^{-k} = z^{n}\sum_{k=0}^{\infty}f(kT+nT)z^{-(k+n)}$$

令 $m=k+n$，则

$$\begin{aligned}
\mathscr{Z}[f(t+nT)] &= z^{n}\sum_{m=n}^{\infty}f(mT)z^{-m} \\
&= z^{n}\left[\sum_{m=0}^{\infty}f(mT)z^{-m} - \sum_{m=0}^{n-1}f(mT)z^{-m}\right] \\
&= z^{n}\left[F(z) - \sum_{k=0}^{n-1}f(kT)z^{-k}\right]
\end{aligned}$$

证毕。

3. 复数位移定理

若 $\mathscr{Z}[f(t)] = F(z)$ ，则

$$\mathscr{Z}[a^{\mp bt}f(t)] = F(za^{\pm bT}) \qquad (7\text{-}32)$$

式中，a、b 为常数。

证明：由定义

$$\mathscr{Z}[a^{\mp bt}f(t)] = \sum_{k=0}^{\infty}a^{\mp bkT}f(kT)z^{-k} = \sum_{k=0}^{\infty}f(kT)(a^{\pm bT}z)^{-k}$$

令 $z_1 = a^{\pm bT}z$ ，则

$$\mathscr{Z}[a^{\mp bt}f(t)] = \sum_{k=0}^{\infty}f(kT)z_1^{-k} = F(z_1) = F(za^{\pm bT})$$

证毕。

4. 初值定理

若 $\mathscr{Z}[f(t)] = F(z)$ ，并存在极限 $\lim_{z\to\infty}F(z)$ ，则

$$f(0) = \lim_{k\to 0}f(kT) = \lim_{z\to\infty}F(z) \qquad (7\text{-}33)$$

证明：由定义

$$F(z) = \sum_{k=0}^{\infty} f(kT)z^{-k} = f(0) + f(T)z^{-1} + f(2T)z^{-2} + \cdots$$

所以

$$\lim_{z \to \infty} F(z) = f(0) = \lim_{k \to 0} f(kT)$$

证毕。

5. 终值定理

若 $\mathscr{Z}[f(t)] = F(z)$，并假定 $F(z)$ 的全部极点均在 z 平面的单位圆内或最多有一个极点在 $z = 1$ 处，则

$$\lim_{k \to \infty} f(kT) = \lim_{z \to 1}(1 - z^{-1})F(z) = \lim_{z \to 1}(z-1)F(z) \qquad (7\text{-}34)$$

证明：由定义

$$F(z) = \sum_{k=0}^{\infty} f(kT)z^{-k}$$

由滞后定理

$$z^{-1}F(z) = \sum_{k=0}^{\infty} f(kT - T)z^{-k}$$

故

$$\sum_{k=0}^{\infty} f(kT)z^{-k} - \sum_{k=0}^{\infty} f(kT - T)z^{-k} = F(z) - z^{-1}F(z)$$

又

$$\lim_{z \to 1}\left[\sum_{k=0}^{\infty} f(kT)z^{-k} - \sum_{k=0}^{\infty} f(kT - T)z^{-k}\right] = \sum_{k=0}^{\infty} f(kT) - \sum_{k=0}^{\infty} f(kT - T)$$

$$= \lim_{N \to \infty}\left[\sum_{k=0}^{N} f(kT) - \sum_{k=0}^{N} f(kT - T)\right] = \lim_{z \to 1}(1 - z^{-1})F(z)$$

上式中

$$\sum_{k=0}^{N} f(kT) - \sum_{k=0}^{N} f(kT - T)$$
$$= [f(0) - f(-T)] + [f(T) - f(0)] + [f(2T) - f(T)] + \cdots +$$
$$[f(NT) - f(NT - T)]$$
$$= -f(-T) + f(NT)$$

由 z 变换的单边性可知，$f(-T) = 0$，给出

$$\sum_{k=0}^{N} f(kT) - \sum_{k=0}^{N} f(kT - T) = f(NT)$$

所以

$$\lim_{z \to 1}\left[\sum_{k=0}^{\infty} f(kT)z^{-k} - \sum_{k=0}^{\infty} f(kT-T)z^{-k}\right]$$

$$= \lim_{N \to \infty}\left[\sum_{k=0}^{N} f(kT) - \sum_{k=0}^{N} f(kT-T)\right]$$

$$= \lim_{N \to \infty} f(NT) = f(\infty)$$

$$= \lim_{z \to 1}(1-z^{-1})F(z)$$

又

$$\lim_{z \to 1}(1-z^{-1})F(z) = \lim_{z \to 1}\left(\frac{z-1}{z}\right)F(z)$$

$$= \lim_{z \to 1}\frac{1}{z}\lim_{z \to 1}(z-1)F(z) = \lim_{z \to 1}(z-1)F(z)$$

证毕。

在离散控制系统分析中，常采用终值定理求取系统输出序列的稳态值和系统的稳态误差。

6. 卷积定理

设 $x(nT)$ 和 $y(nT)$，$n=0,1,2,\cdots$，为两个采样信号序列，其离散卷积定义为

$$x(nT) * y(nT) = \sum_{k=0}^{\infty} x(kT)y[(n-k)T] \tag{7-35}$$

则卷积定理可描述为：在时域中，若

$$g(nT) = x(nT) * y(nT) \tag{7-36}$$

则在 z 域中必有

$$G(z) = X(z)Y(z) \tag{7-37}$$

证明：由 z 变换定义，有

$$X(z) = \sum_{k=0}^{\infty} x(kT)z^{-k}$$

$$Y(z) = \sum_{n=0}^{\infty} y(nT)z^{-n}$$

所以

$$X(z)Y(z) = \sum_{k=0}^{\infty} x(kT)z^{-k}Y(z)$$

根据 z 变换平移定理，有

$$z^{-k}Y(z) = \mathscr{Z}\{y[(n-k)T]\} = \sum_{n=0}^{\infty} y[(n-k)T]z^{-n}$$

故

$$X(z)Y(z) = \sum_{k=0}^{\infty} x(kT)\sum_{n=0}^{\infty} y[(n-k)T]z^{-n}$$

交换求和次序并利用式（7-35），上式可写为

$$X(z)Y(z) = \sum_{n=0}^{\infty} \left\{ \sum_{k=0}^{\infty} x(kT)y[(n-k)T] \right\} z^{-n} = \sum_{n=0}^{\infty} [x(nT) * y(nT)] z^{-n}$$

$$= \sum_{n=0}^{\infty} g(nT)z^{-n} = G(z)$$

证毕。

7.3.3　z 变换的求法

1. 级数求和法

根据 z 变换的定义，将连续信号 $f(t)$ 按周期 T 进行采样，将采样点处的值代入式（7-28），可得

$$F(z) = f(0) + f(T)z^{-1} + f(2T)z^{-2} + \cdots + f(kT)z^{-k} + \cdots$$

再求出上式的闭合形式，即可求得 $F(z)$。这种方法可用来求一些简单采样函数，如阶跃函数、指数函数等采样函数的 z 变换。

【例 7-1】　对单位脉冲函数 $\delta(t)$ 按周期 T 进行采样，可得

$$\delta(kT) = \begin{cases} 1 & k = 0 \\ 0 & k \neq 0 \end{cases}$$

求该采样函数的 z 变换。

解　按 z 变换定义，有

$$\Delta(z) = \sum_{k=0}^{\infty} \delta(kT)z^{-k}$$

$$= 1 + 0z^{-1} + 0z^{-2} + 0z^{-3} + \cdots + 0z^{-k} + \cdots = 1$$

【例 7-2】　对单位脉冲序列 $\delta_T(t) = \sum_{k=0}^{\infty} \delta(t - kT)$ 按周期 T 进行采样，可得

$$\delta_T(kT) = \begin{cases} 1 & k = \text{正整数} \\ 0 & k \neq \text{正整数} \end{cases}$$

求该采样函数的 z 变换。

解　按 z 变换定义，有

$$\Delta_T(z) = \sum_{k=0}^{\infty} \delta_T(kT)z^{-k} = 1 + z^{-1} + z^{-2} + z^{-3} + \cdots + z^{-k} + \cdots$$

若 $|z^{-1}| < 1$，则无穷级数是收敛的，利用等比级数求和公式，可得闭合形式为

$$\Delta_T(z) = \frac{1}{1 - z^{-1}}$$

请读者思考，此题如果按周期 $T/2$ 进行采样，结果会是什么？

【例 7-3】　对单位阶跃函数 $1(t)$ 按周期 T 进行采样，可得

$$u(kT) = \begin{cases} 1 & k \geqslant 0 \\ 0 & k < 0 \end{cases}$$

求该采样函数的 z 变换。

解 按 z 变换定义，有

$$U(z) = \sum_{k=0}^{\infty} u(kT)z^{-k} = \sum_{k=0}^{\infty} z^{-k} = 1 + z^{-1} + z^{-2} + z^{-3} + \cdots + z^{-k} + \cdots$$

若 $\left| z^{-1} \right| < 1$，则无穷级数是收敛的，利用等比级数求和公式，可得闭合形式为

$$U(z) = \frac{1}{1 - z^{-1}}$$

【例 7-4】 对指数函数

$$e(t) = \begin{cases} a^t & t \geqslant 0 \\ 0 & t < 0 \end{cases}$$

按周期 T 进行采样，可得

$$e(kT) = \begin{cases} a^{kT} & k \geqslant 0 \\ 0 & k < 0 \end{cases}$$

试求 $E(z)$。

解 按 z 变换定义，有

$$E(z) = \sum_{k=0}^{\infty} e(kT)z^{-k} = \sum_{k=0}^{\infty} (a^T z^{-1})^k$$

$$= 1 + a^T z^{-1} + (a^T z^{-1})^2 + (a^T z^{-1})^3 + \cdots + (a^T z^{-1})^k + \cdots$$

若 $\left| a^T z^{-1} \right| < 1$，则无穷级数是收敛的，利用等比级数求和公式，可得闭合形式为

$$E(z) = \frac{z}{z - a^T}$$

2. 应用 z 变换基本定理

z 变换基本定理可用来求复杂函数的 z 变换。

【例 7-5】 求函数 $f(t) = 1 - e^{-at}$ 的 z 变换。

解 由 z 变换的单边性，上述函数应可以理解为单位阶跃函数和指数函数的叠加，根据线性定理，有

$$\mathscr{Z}[f(t)] = \mathscr{Z}[1(t)] - \mathscr{Z}[e^{-at}]$$

由例 7-3 和例 7-4，得

$$\mathscr{Z}[1(t)] = \frac{1}{1 - z^{-1}}, \quad \mathscr{Z}[e^{-at}] = \frac{z}{z - e^{-aT}}$$

所以

$$\mathscr{Z}[f(t)] = \mathscr{Z}[u(t)] - \mathscr{Z}[\mathrm{e}^{-at}] = \frac{1}{1-z^{-1}} - \frac{z}{z-\mathrm{e}^{-aT}} = \frac{(1-\mathrm{e}^{-aT})z}{(z-1)(z-\mathrm{e}^{-aT})}$$

【例 7-6】 求函数 te^{-at} 的 z 变换。

解 令 $f(t)=t$，由 z 变换表可知

$$F(z) = \mathscr{Z}[t] = \frac{Tz}{(z-1)^2}$$

根据复数位移定理，有

$$\mathscr{Z}(te^{-at}) = F[ze^{aT}] = \frac{Tze^{aT}}{(ze^{aT}-1)^2} = \frac{Tze^{-aT}}{(z-\mathrm{e}^{-aT})^2}$$

3. 部分分式法

已知连续信号 $f(t)$ 的 Laplace 变换 $F(s)$，将 $F(s)$ 展开成部分分式之和，即

$$F(s) = F_1(s) + F_2(s) + \cdots + F_n(s)$$

且每一个部分分式 $F_j(s)$，$j=1,2,\cdots n$，都是 z 变换表中所对应的标准函数，其 z 变换可查表得出

$$F(z) = F_1(z) + F_2(z) + \cdots + F_n(z)$$

【例 7-7】 已知连续函数的 Laplace 变换为

$$F(s) = \frac{1}{s(s+1)^2}$$

试求相应的 z 变换 $F(z)$。

解 将 $F(s)$ 展成部分分式：

$$F(s) = \frac{1}{s} - \frac{1}{s+1} - \frac{1}{(s+1)^2}$$

对上式逐项查 z 变换表，可得

$$F(z) = \frac{1}{1-z^{-1}} - \frac{1}{1-\mathrm{e}^{-T}z^{-1}} - \frac{Te^{-T}z^{-1}}{(1-\mathrm{e}^{-T}z^{-1})^2}$$

$$= \frac{(1-\mathrm{e}^{-T}-Te^{-T})z^{-1} + (\mathrm{e}^{-T}+T-1)\mathrm{e}^{-T}z^{-2}}{(1-z^{-1})(1-\mathrm{e}^{-T}z^{-1})^2}$$

7.3.4 z 反变换及其求法

z 反变换就是根据 z 变换表达式 $F(z)$ 求出相应的离散序列 $f(kT)$ 或采样信号 $f^*(t)$，常用的 z 反变换法有部分分式法、幂级数法和反演积分法。

1. 部分分式法

将 $F(z)$ 展开成简单的部分分式之和，通过查 z 变换表找出各个部分分式对应的离散序列，进而获得 $F(z)$ 的 z 反变换 $f(kT)$。考虑到在 z 变换表中，所有 z 变换函数 $F(z)$ 在其分子上都有因子 z，所以，通常先将 $F(z)/z$ 展成部分分式之和，然后将等式左边分母中的 z 乘到等式右

边的各分式中，再逐项查表反变换。

【例 7-8】 已知 $F(z)=\dfrac{10z}{(z-1)(z-2)}$，试用部分分式法求 $f(kT)$。

解 首先将 $\dfrac{F(z)}{z}$ 展开成部分分式，即

$$\frac{F(z)}{z}=\frac{10}{(z-1)(z-2)}=\frac{-10}{z-1}+\frac{10}{z-2}$$

把部分分式中的每一项乘上因子 z 后，得

$$F(z)=\frac{-10z}{z-1}+\frac{10z}{z-2}$$

查 z 变换表得

$$\mathscr{Z}^{-1}\left[\frac{z}{z-1}\right]=1\ ,\quad \mathscr{Z}^{-1}\left[\frac{z}{z-2}\right]=2^{k}$$

最后可得

$$f(kT)=10\times 2^{k}-10\quad (k=0,1,2,\cdots)$$

还可求得相应的采样信号 $f^{*}(t)$

$$f^{*}(t)=\sum_{k=0}^{\infty}f(kT)\delta(t-kT)=\sum_{k=0}^{\infty}10(2^{k}-1)\delta(t-kT)\quad (k=0,1,2,\cdots)$$

2. 幂级数法

若 $F(z)$ 是一个有理分式，则可以通过长除法将 $F(z)$ 展开为 z^{-1} 幂级数形式。根据 z 变换定义，z^{-k} 的系数便是 $f(kT)$ 的值。

【例 7-9】 设 $F(z)$ 同例 7-8，试用长除法求 $f(kT)$ 和 $f^{*}(t)$。

解 $F(z)=\dfrac{10z}{(z-1)(z-2)}=\dfrac{10z}{z^{2}-3z+2}$，应用长除法，用分母去除分子，即

$$
\begin{array}{r}
10z^{-1}+30z^{-2}+70z^{-3}+150z^{-4}+\cdots \\[2pt]
z^{2}-3z+2\ \overline{)\ 10z\phantom{-30z^0+20z^{-1}}} \\[2pt]
\underline{10z\ -30z^{0}\ +20z^{-1}} \\[2pt]
30z^{0}\ -20z^{-1} \\[2pt]
\underline{30z^{0}\ -90z^{-1}+60z^{-2}} \\[2pt]
70z^{-1}-60z^{-2} \\[2pt]
\underline{70z^{-1}-210z^{-2}+140z^{-3}} \\[2pt]
150z^{-2}-140z^{-3}
\end{array}
$$

$F(z)$ 可写成

$$F(z)=0z^{0}+10z^{-1}+30z^{-2}+70z^{-3}+150z^{-4}+\cdots$$

由此得

$$f(0)=0,\ f(T)=10,\ f(2T)=30,\ f(3T)=70,\cdots$$

所以
$$f^*(t) = 10\delta(t-T) + 30\delta(t-2T) + 70\delta(t-3T) + 150\delta(t-4T) + \cdots$$

长除法以序列的形式给出 $f(0), f(T), f(2T), f(3T), \cdots$ 的数值，但不容易得出 $f(kT)$ 的闭合表达形式。

3. 反演积分法（留数法）

设函数 $F(z)z^{k-1}$ 除有限个极点 $z_1, z_2, \cdots, z_n$ 外，其在 z 域上还是解析的，则有反演积分公式

$$f(kT) = \frac{1}{2\pi i}\oint_C F(z)z^{k-1}\mathrm{d}z = \sum_{i=1}^n \mathrm{Res}[F(z)z^{k-1}]_{z\to z_i} \tag{7-38}$$

式中，$\mathrm{Res}[F(z)z^{k-1}]_{z\to z_i}$ 表示函数 $F(z)z^{k-1}$ 在极点 z_i 处的留数，留数计算方法如下：

若 z_i（$i = 0, 1, 2, \cdots, n$）为单极点，则

$$\mathrm{Res}[F(z)z^{k-1}]_{z\to z_i} = \lim_{z\to z_i}[(z-z_i)F(z)z^{k-1}] \tag{7-39}$$

若 z_i 为 m 阶重极点，则

$$\mathrm{Res}[F(z)z^{k-1}]_{z\to z_i} = \frac{1}{(m-1)!}\left\{\frac{\mathrm{d}^{m-1}}{\mathrm{d}z^{m-1}}[(z-z_i)^m F(z)z^{k-1}]\right\}_{z=z_i} \tag{7-40}$$

如果 z 变换函数 $F(z)$ 是超越函数，则无法应用部分分式法及幂级数法来求 z 反变换，只能采用反演积分法。反演积分法对 $F(z)$ 为有理分式的情形也适用。

【例 7-10】 设 $F(z)$ 同例 7-8，试用反演积分法求 $f(kT)$。

解 根据式（7-39），有

$$\begin{aligned}
f(kT) &= \sum \mathrm{Res}\left[\frac{10z}{(z-1)(z-2)}z^{k-1}\right] \\
&= \left[\frac{10z^k}{(z-1)(z-2)}\cdot(z-1)\right]_{z=1} + \left[\frac{10z^k}{(z-1)(z-2)}\cdot(z-2)\right]_{z=2} \\
&= -10 + 10\times 2^k = 10(-1+2^k) \qquad k = 0, 1, 2, \cdots
\end{aligned}$$

【例 7-11】 设 z 变换函数

$$F(z) = \frac{z^3}{(z-1)(z-5)^2}$$

试用反演积分法求其 z 反变换。

解 因为函数

$$F(z)z^{k-1} = \frac{z^{k+2}}{(z-1)(z-5)^2}$$

有 $z_1 = 1$ 是单极点，$z_2 = 5$ 是 2 阶重极点，根据式（7-39）和式（7-40），极点处的留数

$$\begin{aligned}
\mathrm{Res}[F(z)z^{k-1}]_{z\to z_1} &= \lim_{z\to 1}[(z-1)F(z)z^{k-1}] \\
&= \lim_{z\to 1}(z-1)\frac{z^{k+2}}{(z-1)(z-5)^2} = \frac{1}{16}
\end{aligned}$$

$$\mathrm{Res}\left[F(z)z^{k-1}\right]_{z\to z_2} = \frac{1}{(m-1)!}\left[\frac{\mathrm{d}^{m-1}}{\mathrm{d}z^{m-1}}[z-5]^2 F(z)z^{k-1}\right]_{z\to 5}$$

$$= \frac{1}{(2-1)!}\left\{\frac{\mathrm{d}^{2-1}}{\mathrm{d}z^{2-1}}\left[(z-5)^2 \frac{z^{k+2}}{(z-1)(z-5)^2}\right]\right\}_{z\to 5}$$

$$= \frac{(4k+3)5^{k+1}}{16}$$

所以

$$f(kT) = \sum_{i=1}^{2}\mathrm{Res}\left[F(z)z^{k-1}\right]_{z\to z_i}$$

$$= \frac{1}{16} + \frac{(4k+3)5^{k+1}}{16} = \frac{(4k+3)5^{k+1}+1}{16}$$

7.4 离散控制系统的数学描述

和连续系统一样，离散控制系统的性能分析与控制器的设计离不开系统的数学描述。离散控制系统的数学描述就是用某些数学形式来表征系统的动态行为，从而得到系统的各种形式的数学模型。线性离散控制系统的数学描述形式通常有差分方程、脉冲传递函数、离散状态空间表达式等。这些数学描述形式之间是有联系的，并且可以相互转换。本节介绍差分方程、脉冲传递函数以及开环、闭环系统脉冲传递函数的建立。

7.4.1 差分方程与离散传递函数

1. 离散控制系统

采样脉冲序列 $f^*(t)$ 可以抽象为离散序列 $f(k)$。输入和输出信号均为离散信号的物理系统就是离散控制系统。数学上，将离散控制系统抽象为一种由系统的离散输入信号 $r(k)$ 到系统的离散输出信号 $y(k)$ $(k=0,\pm1,\pm2,\cdots)$ 的变换关系或映射，记作

$$y(k) = \mathscr{F}[r(k)] \tag{7-41}$$

其中，$r(k)$ 和 $y(k)$ 分别表示系统的输入和输出在 kT 时刻的数值，T 为采样周期。

（1）线性离散控制系统

如果离散控制系统满足叠加原理，则将其称为线性离散控制系统，即若

$$y_1(k) = \mathscr{F}[r_1(k)]$$
$$y_2(k) = \mathscr{F}[r_2(k)]$$

且有

$$r(k) = ar_1(k) \pm br_2(k)$$

其中，a 和 b 为任意常数，则有

$$y(k) = \mathscr{F}[r(k)] = \mathscr{F}[ar_1(k) \pm br_2(k)]$$
$$= a\mathscr{F}[r_1(k)] \pm b\mathscr{F}[r_2(k)] = ay_1(k) \pm by_2(k)$$

（2）线性时不变离散控制系统

输入与输出之间的变换关系不随时间变化而变化的线性离散控制系统称为线性时不变离散控制系统。也就是说，若系统输入信号为 $r(k)$，输出信号为 $y(k) = \mathscr{F}[r(k)]$，则当系统输入信号为 $r(k-n)$ 时，输出信号 $y(k-n) = \mathscr{F}[r(k-n)]$ ($n=0, \pm 1, \pm 2, \cdots$)。本节仅讲解此类系统。

2. 差分方程

对于一个动态系统，它的输出不仅与当前输入有关，还与输入与输出的各阶导数有关。对于离散控制系统来说，连续信号的各阶导数对应于离散控制系统的各阶差分。

（1）差分

差分有前向差分和后向差分。

一阶前向差分定义为

$$\Delta f(k) = f(k+1) - f(k) \tag{7-42}$$

二阶前向差分定义为

$$\begin{aligned}
\Delta^2 f(k) &= \Delta f(k+1) - \Delta f(k) \\
&= [f(k+2) - f(k+1)] - [f(k+1) - f(k)] \\
&= f(k+2) - 2f(k+1) + f(k)
\end{aligned} \tag{7-43}$$

n 阶前向差分定义为

$$\Delta^n f(k) = \Delta^{n-1} f(k+1) - \Delta^{n-1} f(k) \tag{7-44}$$

一阶后向差分定义为

$$\nabla f(k) = f(k) - f(k-1) \tag{7-45}$$

二阶后向差分定义为

$$\begin{aligned}
\nabla^2 f(k) &= \nabla f(k) - \nabla f(k-1) \\
&= [f(k) - f(k-1)] - [f(k-1) - f(k-2)] \\
&= f(k) - 2f(k-1) + f(k-2)
\end{aligned} \tag{7-46}$$

n 阶后向差分定义为

$$\nabla^n f(k) = \nabla^{n-1} f(k) - \nabla^{n-1} f(k-1) \tag{7-47}$$

（2）差分方程

n 阶非齐次前向差分方程的基本形式为

$$\begin{aligned}
&\Delta^n y(k) + \alpha_1 \Delta^{n-1} y(k) + \cdots + \alpha_n y(k) \\
&= \beta_0 \Delta^m r(k) + \beta_1 \Delta^{m-1} r(k) + \cdots + \beta_m r(k)
\end{aligned} \tag{7-48}$$

式中，系数 $\alpha_1, \cdots, \alpha_n, \beta_0, \beta_1, \cdots, \beta_m$ 均为实常数。如果输入量 $r(k)=0$，就是齐次方程。

应用前向差分定义，可将方程（7-48）化为非齐次差分方程的标准形式

$$\begin{aligned}
&y(k+n) + a_{n-1} y(k+n-1) + \cdots + a_0 y(k) \\
&= b_m r(k+m) + b_{m-1} r(k+m-1) + \cdots + b_0 r(k)
\end{aligned} \tag{7-49}$$

式中，系数 $a_{n-1}, \cdots, a_0, b_m, b_{m-1}, \cdots, b_0$ 均为实常数。对于有因果关系的物理系统，总有 $m \leqslant n$，即系统当前时刻的输出值 $y(k)$ 与系统未来时刻的输入值 $r(k+j)$ 无关，其中 $j > 0$。当 $m < n$ 时，表明系统存在延迟。

n 阶非齐次后向差分方程的基本形式为

$$\nabla^n y(k) + \alpha_1 \nabla^{n-1} y(k) + \cdots + \alpha_n y(k)$$
$$= \beta_0 \nabla^m r(k) + \beta_1 \nabla^{m-1} r(k) + \cdots + \beta_m r(k) \tag{7-50}$$

式中，系数 $\alpha_1, \cdots, \alpha_n, \beta_0, \beta_1, \cdots, \beta_m$ 均为实常数。如果输入量 $r(k)=0$，就是齐次方程。

应用后向差分定义，可将方程（7-50）化为非齐次差分方程的标准形式

$$y(k) + a_{n-1} y(k-1) + \cdots + a_0 y(k-n)$$
$$= b_m r(k) + b_{m-1} r(k-1) + \cdots + b_0 r(k-m) \tag{7-51}$$

式中，系数 $a_{n-1}, \cdots, a_0, b_m, b_{m-1}, \cdots, b_0$ 均为实常数。由式（7-51）可知，n 阶后向差分方程描述的离散控制系统，其当前时刻 kT 的输出 $y(k)$ 与当前时刻 kT 及以前各时刻的输入值 $r(k), r(k-1), \cdots, r(k-m)$ 有关，同时也与 kT 时刻以前各时刻的输出值 $y(k), y(k-1), \cdots, y(k-n)$ 有关。

在工程应用中，采用差分方程的标准形式来描述离散控制系统。前向差分方程多用于描述非零初始条件的离散控制系统，后向差分方程多用于描述零初始条件的离散系统。

3. 差分方程的求解

对差分方程的求解，就是在系统的输入、输出的初始条件和输入序列已知的条件下，求解方程描述的系统在任何时刻的输出序列值。工程上常用的求解方法有迭代法和 z 变换法。

（1）迭代法

由式（7-49）得到

$$y(k+n) = b_m r(k+m) + b_{m-1} r(k+m-1) + \cdots + b_0 r(k) -$$
$$a_{n-1} y(k+n-1) - \cdots - a_0 y(k) \tag{7-52}$$

迭代法就是将初始条件和已知响应代入式（7-52）的左边得到系统当前响应，即

$$y(n) = b_m r(m) + b_{m-1} r(m-1) + \cdots + b_0 r(0) - a_{n-1} y(n-1) - \cdots - a_0 y(0)$$

$$y(n+1) = b_m r(m+1) + b_{m-1} r(m) + \cdots + b_0 r(1) - a_{n-1} y(n) - \cdots - a_0 y(1)$$

迭代法适用于系统的数值分析，不足之处是难以得到解析解。

（2）z 变换法

记 $\mathscr{Z}[y(k)] = Y(z)$，$\mathscr{Z}[r(k)] = R(z)$。根据 z 变换的移位定理，有

$$\mathscr{Z}[f(k+i)] = z^i [F(z) - f(0) - f(1) z^{-1} - \cdots - f(i-1) z^{-(i-1)}]$$
$$= z^i F(z) - f(0) z^i - f(1) z^{i-1} - \cdots - f(i-1) z \tag{7-53}$$

对式（7-49）进行 z 变换，得到

$$z^n Y(z) + a_{n-1} z^{n-1} Y(z) + \cdots + a_0 Y(z) - c_n z^n - c_{n-1} z^{n-1} - \cdots - c_1 z$$
$$= b_m z^m R(z) + b_{m-1} z^{m-1} R(z) + \cdots + b_0 R(z) - d_m z^m - d_{m-1} z^{m-1} - \cdots - d_1 z \tag{7-54}$$

其中

$$c_i = a_i y(0) + a_{i+1} y(1) + \cdots + a_n y(n-i), \quad i = 1, 2, \cdots, n \tag{7-55}$$

$$d_i = b_i r(0) + b_{i+1} r(1) + \cdots + b_m r(m-i), \quad i = 1, 2, \cdots, m \tag{7-56}$$

因此

$$Y(z) = \frac{(b_m z^m + b_m z^{m-1} + \cdots + b_0) R(z)}{z^n + a_{n-1} z^{n-1} + \cdots + a_0} +$$
$$\frac{c_n z^n + c_{n-1} z^{n-1} + \cdots + c_1 z - d_m z^m - d_{m-1} z^{m-1} - \cdots - d_1 z}{z^n + a_{n-1} z^{n-1} + \cdots + a_0}$$

(7-57)

进行 z 反变换，即可得到 $y(k)$。

【例 7-12】 设 $r(k) = 1$，$k \geqslant 0$，$y(0) = 0$，$y(1) = 2$，解二阶差分方程

$$y(k+2) - 3y(k+1) + 2y(k) = r(k+1) - r(k)$$

解 对差分方程的每一项进行 z 变换，得到

$$[z^2 Y(z) - y(0)z^2 - y(1)z] - 3[zY(z) - y(0)z] + 2Y(z) = [zR(z) - r(0)z] - R(z)$$

将 $y(0) = 0$，$y(1) = 2$ 和 $R(z) = z/(z-1)$ 代入，整理得到

$$Y(z) = \frac{2z}{z^2 - 3z + 2} = \frac{2z}{z-2} - \frac{2z}{z-1}$$

进行 z 反变换，得到

$$y(k) = 2^{k+1} - 2$$

4. 离散传递函数

由式（7-57）可以发现，离散控制系统的响应与连续系统一样，可以分为零输入响应和零初始条件的零状态响应。其中，零状态响应由离散传递函数与输入决定。在式（7-57）中令初始条件为零，$R(z) = 1$，得到离散传递函数

$$G(z) = \frac{b_m z^m + b_m z^{m-1} + \cdots + b_0}{z^n + a_{n-1} z^{n-1} + \cdots + a_0}$$

(7-58)

系统在零初始条件下，输出为

$$Y(z) = G(z)R(z)$$

(7-59)

差分方程和离散传递函数可以用于描述离散控制系统的动态。但是离散控制系统是采样系统的一种等效模型，这种等效关系无法通过差分方程和离散传递函数表达，因此需要研究采样系统的离散等效模型。

7.4.2 脉冲传递函数

离散控制系统中的离散序列是连续系统中的脉冲序列的抽象，因此考察离散控制系统与连续系统的关系时，连续系统的输入和输出信号必须是脉冲序列。当输入为脉冲序列时，一个连续系统的输出仍然是连续信号；如果在输出端外接一个采样开关，则系统的输入和输出都是采样信号，如图 7-11a 所示。

在图 7-11b 中，离散控制系统 $G(z)$ 的输入为 $r(k)$，输出为 $y(k)$。在零初始条件下，如果图 7-11a 与图 7-11b 的输入、输出关系满足

$$r^*(t) = \sum_k r(k)\delta(t - kT)$$

(7-60)

$$y^*(t) = \sum_k y(k)\delta(t - kT)$$

(7-61)

则认为离散控制系统 $G(z)$ 是连续系统的等效离散控制系统。这个等效的离散控制系统的传递

函数是零初始条件下连续系统的采样输出的 z 变换 $Y(z)$ 与采样输入的 z 变换 $R(z)$ 的比，即

$$G(z) = Y(z)/R(z) \qquad (7\text{-}62)$$

称为脉冲传递函数。

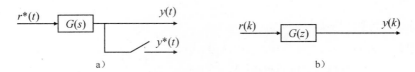

图 7-11　连续系统的等效离散控制系统

a）采样系统　b）离散控制系统

注意，将连续系统转化为等效离散控制系统时，不包含输入端的采样开关，但包含输出端的采样开关。当输入为脉冲信号，对于连续系统，$r^*(t) = \delta(t)$，$y(t) = \mathscr{L}^{-1}[G(s)]$。对于等效离散控制系统，$R(z) = \mathscr{Z}[\delta(t)] = 1$，$Y(z) = \mathscr{Z}[y^*(t)] = \mathscr{Z}[G(s)]$。因此

$$G(z) = Y(z)/R(z) = \mathscr{Z}[G(s)] \qquad (7\text{-}63)$$

对于串联系统，分两种情况讲解其脉冲传递函数。如图 7-12a 所示，串联系统之间有采样开关。由 $D(z) = \mathscr{Z}[G_1(s)]R(z)$，$Y(z) = \mathscr{Z}[G_2(s)]D(z)$，根据脉冲传递函数的定义，得到

$$G(z) = \mathscr{Z}[G_1(s)]\mathscr{Z}[G_2(s)] \qquad (7\text{-}64)$$

如图 7-12b 所示，串联系统之间没有采样开关。因此

$$G(z) = \mathscr{Z}[G_1(s)G_2(s)] \qquad (7\text{-}65)$$

有时将 $\mathscr{Z}[G_1(s)G_2(s)]$ 简记为 $G_1G_2(z)$。注意，$G_1G_2(z) \neq G_1(z) \cdot G_2(z)$。

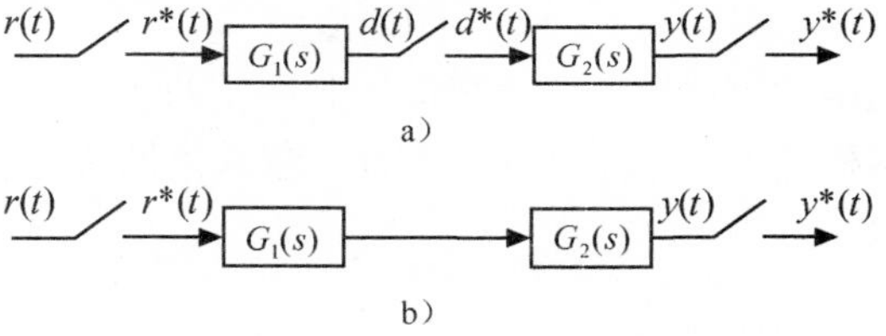

图 7-12　串联系统的结构

a）串联系统之间有采样开关　b）串联系统之间没有采样开关

【例 7-13】　采样系统如图 7-12 所示，其中 $G_1(s) = \dfrac{1}{s}$，$G_2(s) = \dfrac{1}{s+1}$，采样周期为 T。求系统的脉冲传递函数。

解　对于图 7-12a

$$G(z) = \mathscr{Z}\left[\frac{1}{s}\right] \cdot \mathscr{Z}\left[\frac{1}{s+1}\right] = \frac{z^2}{(z-1)(z-\mathrm{e}^{-T})}$$

对于图 7-12b

$$G(z) = \mathscr{Z}\left[\frac{1}{s(s+1)}\right] = \mathscr{Z}\left[\frac{1}{s} - \frac{1}{s+1}\right] = \frac{z}{z-1} - \frac{z}{z-\mathrm{e}^{-T}} = \frac{(1-\mathrm{e}^{-T})z}{(z-1)(z-\mathrm{e}^{-T})}$$

可见，不同连接形式的脉冲传递函数是不同的。

通常采样信号经过零阶保持器后才进入连续系统，即在图 7-11a 中，$G(s)$ 的前端还有一个零阶保持器

$$G(s) = \frac{1 - e^{-sT}}{s} G_p(s) \tag{7-66}$$

这样，含有零阶保持器的连续系统的等效离散控制系统为

$$G(z) = \mathscr{Z}\left[\frac{1 - e^{-sT}}{s} G_p(s)\right] = (1 - z^{-1})\mathscr{Z}\left[\frac{G_p(s)}{s}\right] \tag{7-67}$$

闭环系统的情况比较复杂。常见的一种结构如图 7-13 所示。为了与离散控制系统对比，分别在输入端和输出端各虚设了一个采样开关。

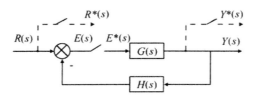

图 7-13　闭环系统的结构

各信号之间的关系如下

$$E(s) = R(s) - Y(s)H(s) \tag{7-68}$$

$$Y(s) = E^*(s)G(s) \tag{7-69}$$

根据 z 变换的定义 $F(z) = F^*(s)\big|_{s = \frac{1}{T}\ln z}$ 以及各信号的关系，有

$$
\begin{aligned}
E(z) &= E^*(s) \\
&= R^*(s) - [Y(s)H(s)]^* \\
&= R(z) - [E^*(s)G(s)H(s)]^* \\
&= R(z) - E(z)\mathscr{Z}[G(s)H(s)]
\end{aligned} \tag{7-70}
$$

即

$$E(z) = \frac{R(z)}{1 + \mathscr{Z}[G(s)H(s)]} = \frac{R(z)}{1 + GH(z)} \tag{7-71}$$

$$Y(z) = Y^*(s) = [E^*(s)G(s)]^* = E(z)\mathscr{Z}[G(s)] = \frac{R(z)G(z)}{1 + GH(z)} \tag{7-72}$$

闭环系统的脉冲传递函数为

$$\frac{Y(z)}{R(z)} = \frac{G(z)}{1 + GH(z)} \tag{7-73}$$

采样开关在不同的位置时，闭环系统的脉冲传递函数有不同的形式。但是，只要误差信号 $e(t)$ 处没有采样开关，输入采样信号 $r^*(t)$ 便不存在，此时不可能求出闭环离散控制系统对于输入量的脉冲传递函数，而只能求出输出采样信号的 z 变换函数 $Y(z)$。

7.5 离散控制系统的分析

7.5.1 s 域到 z 域的映射

在 z 变换的定义中，$z = \mathrm{e}^{sT}$（T 为采样周期）给出了 s 域到 z 域的映射关系。由于 s 域中的任意点可表示为 $s = \sigma + \mathrm{i}\omega$，映射到 z 域则为

$$z = \mathrm{e}^{(\sigma + \mathrm{i}\omega)T} = \mathrm{e}^{\sigma T} \mathrm{e}^{\mathrm{i}\omega T} \tag{7-74}$$

因此，s 域到 z 域的基本映射关系式为

$$|z| = \mathrm{e}^{\sigma T} \tag{7-75}$$

$$\angle z = \omega T \tag{7-76}$$

根据这个映射关系，可以得到以下结论，如图 7-14 所示。

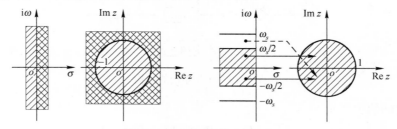

图 7-14　s 平面与 z 平面的映射关系

1）s 域的实轴映射到 z 域的正实轴。$\sigma = +\infty$ 映射到 $z = +\infty$；$\sigma = 0$ 映射到 $z = 1$；$\sigma = -\infty$ 映射到 $z = 0$。

2）s 域的虚轴映射到 z 域的单位圆上。$\omega = 2k\pi / T$ 映射到 $z = 1$；$\omega = (2k+1)\pi / T$ 映射到 $z = -1$。实际上，根据采样定理，采样频率 $\omega_s = 2\pi / T$ 不能小于信号频率的 2 倍，因此 s 域映射到 z 域应该限制为 $-\pi / T < \omega < \pi / T$ 的一个条形范围。

3）s 平面的左半平面映射到 z 域的单位圆内，s 平面的右半平面映射到 z 域的单位圆外。

7.5.2 离散控制系统的响应

线性离散控制系统的数学模型可以用差分方程（7-49）表示。重写差分方程的解（7-57）如下

$$Y(z) = \frac{(b_m z^m + b_m z^{m-1} + \cdots + b_0)R(z)}{z^n + a_{n-1}z^{n-1} + \cdots + a_0} +$$

$$\frac{c_n z^n + c_{n-1}z^{n-1} + \cdots + c_1 z - d_m z^m - d_{m-1}z^{m-1} - \cdots - d_1 z}{z^n + a_{n-1}z^{n-1} + \cdots + a_n}$$

式中

$$\Delta(z) = z^n + a_{n-1}z^{n-1} + \cdots + a_0 \tag{7-77}$$

为离散控制系统的特征方程。将 $Y(z)$ 分解为部分分式，再进行 z 反变换，可以得到如下形式的系统响应

$$y(k) = d_1(k)p_1^{\ k} + d_2(k)p_2^{\ k} + \cdots + d_l(k)p_l^{\ k}$$ （7-78）

其中，$p_1, p_2, \cdots, p_l$ 是特征方程 $\Delta(z)$ 的根和输入 $R(z)$ 的极点，$d_1(k), d_2(k), \cdots, d_l(k)$ 是变量 k 的多项式（若特征方程没有重根，则为常数）。可见离散控制系统响应的形式也是由系统脉冲传递函数与输入的极点共同决定的。

7.5.3 离散控制系统的稳定性判据

1. Jury 判据

线性时不变连续系统稳定的充要条件是闭环传递函数的极点均在 s 平面的左半平面上。根据 s 域到 z 域的映射关系，线性时不变离散控制系统稳定的充要条件是系统闭环脉冲传递函数的极点均分布在 z 平面的单位圆内，即所有特征根的模 $|z_i| < 1$。

Jury 判据可以用于判断特征根是否在单位圆内。设离散控制系统特征方程为式（7-77），列出 Jury 阵列（见表 7-3）。其中

1）第一行系数是特征方程的系数。

2）偶数行系数是奇数行系数的逆序排列。

3）其余奇数行系数的计算公式如下：

$$b_k = \begin{vmatrix} a_0 & a_{n-k} \\ a_n & a_k \end{vmatrix}, \quad k = 0, 1, \cdots, n-1$$

$$c_k = \begin{vmatrix} b_0 & b_{n-k-1} \\ b_{n-1} & b_k \end{vmatrix}, \quad k = 0, 1, \cdots, n-2$$

$$d_k = \begin{vmatrix} c_0 & c_{n-k-2} \\ c_{n-2} & c_k \end{vmatrix}, \quad k = 0, 1, \cdots, n-3$$

$$\cdots\cdots\cdots\cdots$$

$$q_0 = \begin{vmatrix} l_0 & l_3 \\ l_3 & l_0 \end{vmatrix}, \quad q_1 = \begin{vmatrix} l_0 & l_2 \\ l_3 & l_1 \end{vmatrix}, \quad q_2 = \begin{vmatrix} l_0 & l_1 \\ l_3 & l_2 \end{vmatrix}$$

表 7-3　Jury 阵列

	z^0	z^1	z^2	z^3	$\cdots$	z^{n-k}	$\cdots$	z^{n-2}	z^{n-1}	z^n
1	a_0	a_1	a_2	a_3	$\cdots$	a_{n-k}	$\cdots$	a_{n-2}	a_{n-1}	a_n
2	a_n	a_{n-1}	a_{n-2}	a_{n-3}	$\cdots$	a_k		a_2	a_1	a_0
3	b_0	b_1	b_2	b_3	$\cdots$	b_{n-k}	$\cdots$	b_{n-2}	b_{n-1}	
4	b_{n-1}	b_{n-2}	b_{n-3}	b_{n-4}	$\cdots$	b_{k-1}	$\cdots$	b_1	b_0	
5	c_0	c_1	c_2	c_3	$\cdots$	c_{n-k}	$\cdots$	c_{n-2}		
6	c_{n-2}	c_{n-3}	c_{n-4}	c_{n-5}	$\cdots$	c_{k-2}	$\cdots$	c_0		
$\cdots$	$\cdots$	$\cdots$	$\cdots$	$\cdots$	$\cdots$	$\cdots$				
$2n-5$	l_0	l_1	l_2	l_3						
$2n-4$	l_3	l_2	l_1	l_0						
$2n-3$	q_0	q_1	q_2							

Jury 判据如下：线性时不变离散系统稳定的充要条件为

1）$\Delta(1) = \Delta(z)|_{z=1} > 0$。

2）$(-1)^n \Delta(-1) = (-1)^n \Delta(z)|_{z=-1} > 0$。

3）以下 $n-1$ 个约束条件成立

$$|a_0| < a_n, \quad |b_0| > |b_{n-1}|, \quad |c_0| > |c_{n-2}|, \quad ..., \quad |l_0| > |l_3|, \quad |q_0| > |q_2|。$$

当以上诸条件均满足时，则系统稳定，否则系统不稳定。

2. 双线性变换与 Routh 判据

判断离散控制系统闭环脉冲传递函数的极点是否分布在 z 平面的单位圆内的另一种方法是进行如下变量代换

$$z = \frac{1+w}{1-w}, \quad w = \frac{z-1}{z+1} \tag{7-79}$$

这种变换称为双线性变换。令

$$z = x + \mathrm{i}y, \quad w = u + \mathrm{i}v \tag{7-80}$$

则有

$$u + \mathrm{i}v = \frac{(x^2 + y^2) - 1}{(x+1)^2 + y^2} + \mathrm{i}\frac{2y}{(x+1)^2 + y^2} \tag{7-81}$$

注意

$$u = \frac{(x^2 + y^2) - 1}{(x+1)^2 + y^2} \tag{7-82}$$

1）当 $u = 0$ 时，$x^2 + y^2 = 1$，表明 w 平面的虚轴对应于 z 平面的单位圆。

2）当 $u < 0$ 时，$x^2 + y^2 < 1$，表明 w 平面的左半平面对应于 z 平面单位圆内的区域。

3）当 $u > 0$ 时，$x^2 + y^2 > 1$，表明 w 平面的右半平面对应于 z 平面单位圆外的区域。

可见双线性变换使 z 平面单位圆内的区域映射到 w 平面上的左半平面上。这样，用双线性变换将线性时不变离散控制系统的特征方程转化为 w 域特征方程，然后运用 Routh 判据就可以判断系统稳定性。

【例 7-14】 单位反馈离散控制系统的开环脉冲传递函数为

$$G(z) = \frac{Kz}{z^2 - 1.368z + 0.368}$$

试求系统稳定时 K 的临界值。

解 闭环特征方程为

$$1 + G(z) = z^2 + (K - 1.368)z + 0.368 = 0$$

令 $z = (1+w)/(1-w)$，得

$$\left(\frac{1+w}{1-w}\right)^2 + (K - 1.368)\left(\frac{1+w}{1-w}\right) + 0.368 = 0$$

$$(w^2 + 2w + 1) + (K - 1.368)(1 - w^2) + 0.368(w^2 - 2w + 1) = 0$$

$$(2.736 - K)w^2 + 1.264w + K = 0$$

列出 Routh 表

$$
\begin{array}{ccc}
w^2 & 2.736-K & K \\
w^1 & 1.264 & 0 \\
w^0 & K &
\end{array}
$$

为保证系统稳定，必须有 $0<K<2.736$ ，故系统稳定的临界增益为 $K=2.736$ 。

在一些教材中将双线性变换写成 $z=\dfrac{w+1}{w-1}$ 和 $w=\dfrac{z+1}{z-1}$ ，这样变换后也可以用 Routh 判据判断系统稳定性。但是必须注意，这种变换纯粹是一种坐标映射关系，而没有实际物理意义。式（7-79）的双线性变换实际上是基于梯形法则对微分方程进行差分近似，它不仅不改变系统稳定性，而且在采样周期较小时有很好的近似程度，因此是离散控制系统分析和设计时将离散模型和连续模型相互转化的常用方法。

7.5.4 离散控制系统的暂态响应

离散控制系统的动态特性与闭环极点的分布密切相关（见式 7-78）。我们先分析一个实极点或一对共轭极点产生的响应分量。为了简化问题，不考虑重极点的情况。表 7-4 列出了极点的分布位置与系统响应的关系。可以得到以下结论：

1）闭环极点位于单位圆外时，系统输出的幅值不断增大；闭环极点位于单位圆内时，系统输出的幅值不断衰减；闭环极点越靠近原点，系统输出的幅值的衰减速度越快。

2）闭环极点位于 z 平面的左半平面时，输出脉冲波动很大，动态过程质量较差；闭环极点位于负实轴上时，输出脉冲交替变号，动态过程质量最差。

3）闭环极点位于 z 平面的右半平面时，输出脉冲较平缓地振荡衰减或发散；闭环极点位于正实轴上时，输出脉冲无振荡地衰减或发散。

表 7-4 离散控制系统的动态特性与闭环极点的关系

因此，在进行离散控制系统极点配置时，应把闭环极点安置在 z 平面的右半平面的单位圆内，且尽量靠近原点。

7.5.5 离散控制系统的稳态误差

与连续控制系统相似，一般离散控制系统的结构如图 7-15 所示。其中，$G(z)$ 是被控对象，$C(z)$ 是控制器，$H(z)$ 是测量装置。被控对象不仅受到控制信号 $u(k)$ 的作用，还有扰动 $d(k)$ 的作用。我们期望被控对象的输出为 $y_d(k)$，期望值被变换为电信号 $r(k)$ 后，与测量装置 $H(z)$ 的输出进行比较，差值提供给控制器计算并产生控制信号 $u(k)$。

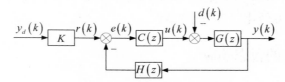

图 7-15　一般离散控制系统的结构

控制器设计目标就是使输出能够跟随期望值，因此误差应该定义为

$$E(z) = Y_d(z) - Y(z) \qquad (7\text{-}83)$$

在实际系统中，误差必须是可以测量的，这样才能被控制器用于计算和调整控制量，因此一般定义误差为

$$E(z) = R(z) - H(z)Y(z) \qquad (7\text{-}84)$$

如果是单位反馈系统，则

$$E(z) = R(z) - Y(z) \qquad (7\text{-}85)$$

1. 稳态误差的计算

不考虑扰动的作用时，可得误差脉冲传递函数：

$$G_{er}(z) = \frac{E(z)}{R(z)} = \frac{1}{1 + C(z)G(z)H(z)} \qquad (7\text{-}86)$$

由终值定理，可得稳态误差为

$$e_{ss} = \lim_{z \to 1}(z-1)E(z) = \lim_{z \to 1}(z-1) \cdot \frac{R(z)}{1 + C(z)G(z)H(z)} \qquad (7\text{-}87)$$

式（7-87）的应用条件是 $(z-1)E(z)$ 的极点均位于 z 平面的单位圆内。

只考虑扰动的作用时，扰动误差脉冲传递函数为

$$G_{ed}(z) = \frac{E(z)}{D(z)} = \frac{G(z)H(z)}{1 + C(z)G(z)H(z)} \qquad (7\text{-}88)$$

同样用终值定理计算扰动稳态误差为

$$e_{ss} = \lim_{z \to 1}(z-1)E(z) = \lim_{z \to 1}(z-1) \cdot \frac{R(z)G(z)H(z)}{1 + C(z)G(z)H(z)} \qquad (7\text{-}89)$$

2. 典型输入下的稳态误差与系统型别

当为阶跃输入 $R(z) = \dfrac{z}{z-1}$ 时，若定义位置误差系数

$$K_p = \lim_{z \to 1} C(z)G(z)H(z) \tag{7-90}$$

则稳态误差

$$e_{ss} = \lim_{z \to 1}(z-1)\frac{z}{z-1}\frac{1}{1+C(z)G(z)H(z)} = \frac{1}{1+K_p} \tag{7-91}$$

当为单位斜坡输入 $R(z) = \dfrac{Tz}{(z-1)^2}$ 时，若定义速度误差系数

$$K_v = \lim_{z \to 1}(z-1)C(z)G(z)H(z) \tag{7-92}$$

则稳态误差

$$e_{ss} = \lim_{z \to 1}(z-1)\frac{Tz}{(z-1)^2}\frac{1}{1+C(z)G(z)H(z)} = \frac{T}{K_v} \tag{7-93}$$

当为单位抛物线输入 $R(z) = \dfrac{T^2 z(z+1)}{2(z-1)^3}$ 时，若定义加速度误差系数

$$K_a = \lim_{z \to 1}(z-1)^2 C(z)G(z)H(z) \tag{7-94}$$

则稳态误差

$$e_{ss} = \lim_{z \to 1}(z-1)\frac{T^2 z(z+1)}{2(z-1)^3} \cdot \frac{1}{[1+C(z)G(z)H(z)]} = \frac{T^2}{K_a} \tag{7-95}$$

注意，系数 T 是输入信号带来的，而各种误差系数是由系统本身决定的。

设系统的开环脉冲传递函数

$$C(z)G(z)H(z) = KF(z)/(z-1)^v \tag{7-96}$$

其中，K 为常数，$F(z)$ 没有积分环节（即没有 $z=1$ 的极点），且 $\lim\limits_{z \to 1} F(z) = 1$（静态增益为 1），则称为 v 型系统。系统型别决定了系统的稳态误差的大小。

表 7-5 给出了系统型别与稳态误差的关系，这与表 3-2 类似。

表 7-5　系统的型别与稳态误差的关系

	单位阶跃输入	单位斜坡输入	单位抛物线输入
0 型系统	$K_p = K$ $e_{ss} = \dfrac{1}{1+K}$	$K_v = 0$ $e_{ss} = \infty$	$K_a = 0$ $e_{ss} = \infty$
I 型系统	$K_p = \infty$ $e_{ss} = 0$	$K_v = K$ $e_{ss} = \dfrac{T}{K}$	$K_a = 0$ $e_{ss} = \infty$
II 型系统	$K_p = \infty$ $e_{ss} = 0$	$K_v = \infty$ $e_{ss} = 0$	$K_a = K$ $e_{ss} = \dfrac{T^2}{K}$

7.6 线性离散控制系统的校正

线性离散控制系统的校正方法可分为连续化设计和离散化设计两种。连续化设计方法是按连续系统理论设计连续校正装置，然后将该连续校正装置离散化。离散化设计方法是将被控对象离散化，然后直接在离散域设计控制器。本章简单介绍了最少拍控制、有限拍控制和离散 PID 控制的离散化设计方法。更多的离散控制系统校正方法参见计算机控制系统课程的内容。

7.6.1 最少拍控制

最少拍控制系统的设计目标是在典型输入作用下，能在最短时间内结束暂态响应过程，且在采样时刻上无稳态误差。我们知道，连续系统为了消除稳态误差必须使开环传递函数有一定数量的积分环节，对于采样系统也有类似的结论。对于输入信号

$$R(z) = \frac{z}{z-1} \quad （单位阶跃信号）$$

$$R(z) = \frac{Tz}{(z-1)^2} \quad （单位斜坡信号）$$

$$R(z) = \frac{T^2 z(z+1)}{2(z-1)^3} \quad （单位抛物线信号）$$

可归结为 $R(z) = \dfrac{M(z)}{(z-1)^v}$，其中 $M(z)$ 为 z 的多项式。因此，误差为

$$E(z) = \frac{M(z)}{(z-1)^v} G_{er}(z) \tag{7-97}$$

稳态误差为

$$e_{ss} = \lim_{z \to 1}(z-1)\frac{M(z)}{(z-1)^v} G_{er}(z) \tag{7-98}$$

为了使稳态误差为 0，应有 $G_{er}(z) = (z-1)^v F(z)$，其中 $F(z)$ 为 z 的分式且不含 $z=1$ 的零点。由于传递函数分母的阶次不能小于分子的阶次，因此最简单的情况是取 $F(z) = z^{-v}$，即

$$G_{er}(z) = \left(\frac{z-1}{z}\right)^v \tag{7-99}$$

由 $G_{er}(z) = \dfrac{1}{1 + C(z)G(z)}$，得到控制器方程为

$$C(z) = \frac{1}{G(z)} \cdot \frac{z^v - (z-1)^v}{(z-1)^v} \tag{7-100}$$

这样设计得到的控制系统称为最少拍控制系统。将式（7-99）代入式（7-97）中，得到

$$E(z) = \frac{M(z)}{z^v} \tag{7-101}$$

由式（7-101）可知，$E(z)$ 最高阶项是 z^{1-v} 项，因此误差将在 v 拍后变为 0。

最少拍控制器只能使输出 $y(t)$ 经过 v 拍后在采样点等于稳态值，而不能使 $y(t)$ 在其他时刻保持稳态值。信号在两个采样点之间发生的变化称为纹波。设被控对象阶数为 n，则控制器 $C(z)$ 为 $(n+v-1)$ 阶系统，因此当信号输入后，最快需要经过 $(n+v-1)$ 拍才能使控制器的输出 $u(k)$ 稳定。而控制器输出的变化必然导致被控对象的输出 $y(t)$ 产生变化，从而产生纹波。

【例 7-15】 已知某采样系统的被控对象传递函数为

$$G(s) = \frac{1-e^{-sT}}{s} \frac{12}{(s+2)(s+5)}$$

采样时间 $T=0.5\text{s}$。试设计单位阶跃输入和单位斜坡输入下的最少拍控制系统。

解 将被控对象离散化

$$G(z) = (1-z^{-1})\mathscr{Z}\left[\frac{12}{s(s+2)(s+5)}\right]$$

$$= \frac{z-1}{z} \cdot \left[\frac{1.2z}{z-1} - \frac{2z}{z-e^{-1}} + \frac{0.8z}{z-e^{-2.5}}\right]$$

$$= \frac{0.52z+0.17}{z^2-0.45z+0.03}$$

在单位阶跃输入下，$v=1$，控制器为

$$C(z) = \frac{1}{G(z)} \cdot \frac{z-(z-1)}{(z-1)}$$

$$= \frac{z^2-0.45z+0.03}{0.52z+0.17} \cdot \frac{1}{z-1}$$

$$= \frac{z^2-0.45z+0.03}{0.52z^2-0.35z-0.17}$$

在单位斜坡输入下，$v=2$，控制器为

$$C(z) = \frac{1}{G(z)} \frac{z^2-(z-1)^2}{(z-1)^2}$$

$$= \frac{z^2-0.45z+0.03}{0.52z+0.17} \frac{2z-1}{(z-1)^2}$$

$$= \frac{2z^3-1.90z^2+0.51z+0.03}{0.52z^3-0.87z^2+0.18z+0.17}$$

单位阶跃输入下系统的响应如图 7-16 所示。

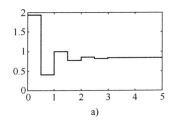
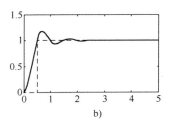

a) b)

图 7-16 例 7-15 单位阶跃输入下系统的响应

a）控制器输出 $u(k)$ b）系统输出 $y(k)$

可以看到，虽然经过一拍后系统输出在采样点上已达到稳态值 1，但是实际上系统输出仍然在振荡。

7.6.2　有限拍控制

要消除纹波必须要求系统输出 $y(k)$ 和控制器输出 $u(k)$ 在经过若干周期后严格达到稳定。这就是有限拍控制系统的设计目标。下面给出有限拍控制系统的设计方法，限于篇幅省略了具体推导过程。

设被控对象的脉冲传递函数 $G(z) = B(z)/A(z)$，其中 $A(z)$ 是 z 的多项式且最高阶项 z^n 的系数为 1，$B(z)$ 是不超过 n 阶的 z 的多项式。要求在单位阶跃输入下系统输出 $y(k)$ 和控制器输出 $u(k)$ 在经过 n 拍后均严格达到稳定。由此设计的有限拍控制系统的闭环脉冲传递函数为

$$G_{yr}(z) = \frac{C(z)G(z)}{1 + C(z)G(z)} = \frac{q_0 B(z)}{z^n} \tag{7-102}$$

其中

$$q_0 = 1/B(1) \tag{7-103}$$

可以推出控制器的脉冲传递函数为

$$C(z) = \frac{q_0 A(z)}{z^n - q_0 B(z)} \tag{7-104}$$

注释 1：闭环系统仍然是 n 阶。控制器抵消了对象的极点，保留了对象的零点。

注释 2：误差脉冲传递函数

$$G_{er}(z) = 1 - G_{yr}(z) = \frac{z^n - q_0 B(z)}{z^n} = 1 - q_0 B^*(z^{-1}) \tag{7-105}$$

展开后最高阶项是 z^{-n}。

注释 3：单位阶跃输入下误差为

$$E(z) = G_{er}(z)R(z) = \left[1 - q_0 B^*\left(z^{-1}\right)\right]\left(1 - z^{-1}\right)^{-1} \tag{7-106}$$

$$U(z) = C(z)E(z) = q_0 A^*(z^{-1})(1 - z^{-1})^{-1} \tag{7-107}$$

由终值定理可知，系数 q_0 保证了系统稳态误差为 0，而控制量的稳态值为 $u = q_0 A(1) = G(1)$。

注释 4：由于 $E(z)$ 和 $U(z)$ 的最高阶项是 $z^{-(n+1)}$，所以误差和控制量在经过 n 拍后达到稳态值。

注释 5：因为 $A(z)$ 的最高阶项系数为 1，即 $A^*(z)$ 的常数项系数为 1，所以在式（7-107）中运用初值定理得到 $u(0) = q_0$，说明控制器的首拍输出是固定的。

7.6.3　离散 PID 控制

离散 PID 控制器是连续系统 PID 控制器的离散化模型。连续系统 PID 控制器的传递函数为 $C(s) = k_p + k_i/s + k_d s$。控制量中的积分项和微分项分别为

$$u_i(t) = k_i \int_0^t e(t)\mathrm{d}t \tag{7-108}$$

$$u_d(t) = k_d \frac{\mathrm{d}e(t)}{\mathrm{d}t} \tag{7-109}$$

对积分项进行采样得到

$$
\begin{aligned}
u_i(k) &= k_i \int_0^{kT} e(t)\mathrm{d}t \\
&= k_i \left[\int_0^{(k-1)T} e(t)\mathrm{d}t + \int_{(k-1)T}^{kT} e(t)\mathrm{d}t \right] \\
&= u_i(k-1) + k_i Te(k-1)
\end{aligned} \tag{7-110}
$$

进行 z 变换，得到积分环节的脉冲传递函数为

$$\frac{U_i(z)}{E(z)} = \frac{k_i T}{z-1} \tag{7-111}$$

而对微分项进行采样得到

$$u_d(k) \approx k_d \frac{e(k) - e(k-1)}{T} \tag{7-112}$$

进行 z 变换，得到微分环节的脉冲传递函数为

$$\frac{U_d(z)}{E(z)} = \frac{k_d(z-1)}{Tz} \tag{7-113}$$

因此离散 PID 控制器的脉冲传递函数为

$$C(z) = k_p + \frac{k_i T}{z-1} + \frac{k_d(z-1)}{Tz} \tag{7-114}$$

离散 PID 控制器的输出分为位置型和速度型（增量型）两种。位置型离散 PID 控制器直接输出控制量，如调节阀的开度，飞行器舵面的偏转量等。速度型离散 PID 控制器输出控制量的变化量，如调节阀开度的增量，飞行器舵面的相对偏转量。执行部件应该具有积分作用（如步进电动机）。速度型离散 PID 控制器主要有以下优点：①自动和手动切换时，对系统的冲击较小。②发生误动作时，影响较小。

离散 PID 控制器的常见结构如图 7-17 所示。

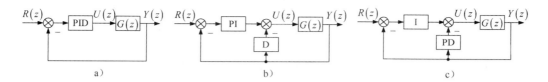

图 7-17 离散 PID 控制器的常见结构

7.7 小结

本章先介绍了采样过程和采样定理。信号被变换成一个理想脉冲序列，每个理想脉冲的面积等于采样瞬时输入信号的幅值。

z 变换法是离散控制系统理论的数学基础。它的地位与连续系统理论的 Laplace 变换一

样。利用 z 变换法原则上只能研究系统在采样点上的行为。

线性差分方程和脉冲传递函数是线性离散控制系统的常用数学模型。利用系统连续部分的传递函数，可以很方便地得出系统的脉冲传递函数。

线性离散控制系统分析与校正的任务是利用系统的脉冲传递函数研究系统的稳定性，给定输入作用下的稳态误差以及动态性能，所应用的概念和基本方法与线性连续系统所应用的方法原理是相通的。

本章最后介绍了最少拍控制与有限拍控制系统的设计，以及离散 PID 控制器的结构。

7.8 习题

7-1 求如下信号的频谱 $|F(\mathrm{i}\omega)|$。

（1） $f(t)=1$ 　　　　　　　　　　（2） $f(t)=\mathrm{e}^{-t}$

（3） $f(t)=\cos t$ 　　　　　　　　　（4） $f(t)=t$

（5） $f(t)=te^{-t}$ 　　　　　　　　　（6） $f(t)=t\cos t$

7-2 对题 7-1 的信号进行采样，采样频率为 $T=0.1\mathrm{s}$，请完成以下内容。

（1）求采样信号的频谱 $|F^{*}(\mathrm{i}\omega)|$。

（2）求采样信号的 z 变换。

7-3 已知连续信号的 Laplace 变换如下，对信号进行频率为 $T=0.1\mathrm{s}$ 采样后，求采样信号的 z 变换。

（1） $F(s)=\dfrac{1}{s}$

（2） $F(s)=\dfrac{1}{s+a}$，　$a>0$

（3） $F(s)=\dfrac{1}{s^{2}}$

（4） $F(s)=\dfrac{1}{(s+1)(s+3)}$

7-4 已知离散控制系统的差分方程如下，求系统在初始状态 $y(0)=2$、$y(1)=1$ 和输入 $r(k)=1$，$k\geqslant 0$ 下的响应。

（1） $y(k+2)-5y(k+1)+6y(k)=2r(k+1)-r(k)$

（2） $y(k+2)+2y(k+1)+y(k)=r(k)$

7-5 已知离散控制系统的闭环特征方程如下，验证闭环系统的稳定性。

（1） $z^{3}+4.03z^{2}+5.82z+2.03=0$

（2） $z^{3}+6.3z^{2}+13.9z+5.5=0$

7-6 一个二阶采样系统的结构图如题 7-6 图所示，采样周期 $T=0.1\mathrm{s}$。

（1）求使系统稳定的放大系数 K。

（2）如果没有采样开关和零阶保持器，K 的取值是否影响系统稳定性？

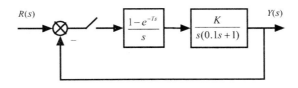

题 7-6 图

7-7 已知采样系统的结构如题 7-7 图所示,所有采样周期均为 $T=0.1\text{s}$。求对输出 $y(s)$ 进行采样后得到的信号的 z 变换式。

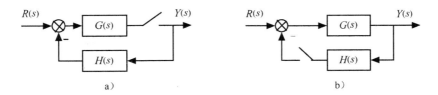

题 7-7 图

7-8 典型采样系统如题 7-8 图所示。其中,被控对象 $G(s)=\dfrac{1}{s(5s+1)}$,采样时间 $T=0.1\text{s}$。

(1)试设计单位阶跃输入下的最少拍控制器 $C(z)$,并用 Simulink 仿真系统输出,观察输出的纹波。

(2)试设计有限拍控制器 $C(z)$,使系统在单位阶跃输入下经过 2 拍后输出稳定且无纹波。

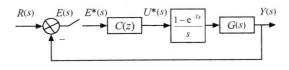

题 7-8 图

7-9 极点配置:在 5.7 节所述的极点配置设计完全可以应用于离散控制系统的控制器设计。把图 5-34 中的传递函数改为脉冲传递函数,连续时间信号改为离散时间信号,设过程脉冲传递函数为

$$G(z)=\frac{B(z)}{A(z)}=\frac{b_0 z+b_1}{z^2+a_1 z+a_2}$$

参考输入指令 u_c 至输出 y 的理想闭环系统的脉冲传递函数为

$$\frac{B_m(z)}{A_m(z)}=\frac{b_{m0} z}{z^2+a_{m1} z+a_{m2}}$$

考虑对消过程零点和不对消过程零点两种情况,分别求控制器多项式 $R(z)$、$S(z)$ 和 $T(z)$。

参 考 文 献

[1] K J Astrom，R M Murray. Feedback Systems[M]. New Jersey：Princeton University Press，2008.

[2] N Wiener. 控制论[M]. 2 版. 郝季仁，译. 北京：科学出版社，1963.

[3] K Ogata. Modern Control Engineering[M]. 4 版. 北京：清华大学出版社，2006.

[4] Youla，J J Bongiorno，C N Lu. Single-loop feedback-stabilization of linear multivariable dynamical plants[J]. Automatica,1974, 10(2)：159-173.

[5] 胡寿松. 自动控制原理[M]. 4 版. 北京：科学出版社，2001.

[6] 夏德钤，翁贻方. 自动控制理论[M]. 2 版. 北京：机械工业出版社，2004.

[7] 卢京潮. 自动控制原理[M]. 西安：西北工业大学出版社，2004.